全国建设行业中等职业教育规划推荐教材

建筑制图与阴影透视

（第二版）

（建筑设计技术　城镇建设　建筑装饰技术专业适用）

谭伟建　　　　　主编

雷克见　吴　越

刘小聪　季　敏　编

都　俊　　　　　主审

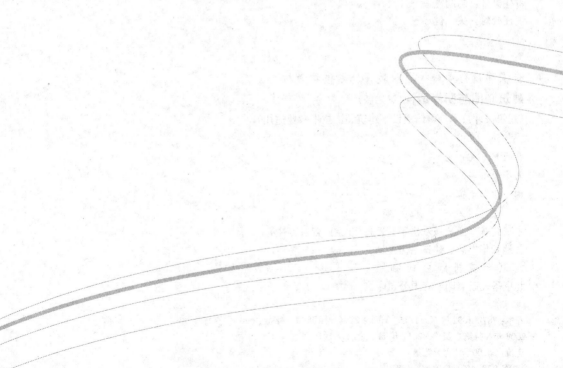

中国建筑工业出版社

图书在版编目(CIP)数据

建筑制图与阴影透视/谭伟建主编. —2版. —北京:中国建筑
工业出版社,2008

全国建设行业中等职业教育规划推荐教材(建筑设计技术　城
镇建设　建筑装饰技术专业适用)

ISBN 978-7-112-09848-4

Ⅰ. 建… Ⅱ. 谭… Ⅲ. 建筑制图—透视投影—专业学校—
教材　Ⅳ. TU204

中国版本图书馆 CIP 数据核字(2008)第 038209 号

本书为中等职业教育建筑设计技术、城镇建设、建筑装饰技术专业教
学用书,还可作为二级注册建筑师考试复习用书。本书主要介绍了正投影、
平面体、曲面体、组合体、轴测图、阴影及透视图等的基本理论和作图方
法;地形图的识读与应用;建筑施工图、结构施工图、室内设备施工图的
画法及阅读。结合目前的实际需要,还着重介绍了室内装饰施工图,包括
装饰平面图、立面图、剖面图、大样图、室内效果图的画法及应用等。

责任编辑:陈　桦　王玉容
责任设计:赵明霞
责任校对:关　健　王　爽

全国建设行业中等职业教育规划推荐教材
建筑制图与阴影透视(第二版)
(建筑设计技术　城镇建设　建筑装饰技术专业适用)
谭伟建　主编
雷克见　吴　越
刘小聪　季　敏　编
都　俊　主审

*

中国建筑工业出版社出版、发行(北京西郊百万庄)
各地新华书店、建筑书店经销
北京天成排版公司制版
北京圣夫亚美印刷有限公司印刷

*

开本:787×1092毫米　1/16　印张:22½　插页:1　字数:546千字
2008年8月第二版　　2011年11月第十六次印刷
定价:38.00元(含习题集)
ISBN 978-7-112-09848-4
　　(16552)

第二版前言

《建筑制图与阴影透视》和《建筑制图与阴影透视习题集》教材第一版于 1997 年 6 月由中国建筑工业出版社出版。十年来已印刷 13 次，受到广大读者的欢迎。经过编者的使用、自检和部分读者的指正，发现书中还存在一些错漏之处，尤其是最新版的建筑制图国家标准没有及时更正，因此对本教材进行修订已十分必要。

第二版修订是在第一版的基础上，以最新版《房屋建筑制图统一标准》GB/T 50001—2001、《总图制图标准》GB/T 50103—2001、《建筑制图标准》GB/T 50104—2001 等 6 种制图国家标准作为修订本教材的依据。考虑到各校使用本教材的连续性，与第一版教材配套做的教学模型、教学挂图、多媒体课件的可用性，除对室内装饰施工图的内容重新编写，教材中有关的制图标准及规定均按最新的制图标准进行改正外，对第一版教材的体系、内容没有作大的更改，并保留本书第一版的特点。同时对与教材配套的习题进行了修订，增加了装饰施工图阅读内容等。

本教材第二版由湖南省城建职业技术学院谭伟建、雷克见、吴越、刘小聪、季敏合编，原四川省建筑工程学校高级讲师都俊主审。

修订过程中得到中南大学周刃荒（国家一级注册建筑师、一级注册结构工程师）、湘潭大学李应明（副教授）、湖南大学谭征宇（博士）的指导与帮助，在此表示衷心的感谢。

由于编者水平有限，对于本修订版中存在的疏漏之处，诚望读者批评、指正。

编　者
2008 年 6 月

第一版前言

《建筑制图与阴影透视》为中等专业学校建筑设计技术、城镇规划、建筑装饰专业教学用书。本书是根据建设部制定的普通中等专业学校建筑设计技术、城镇规划、建筑装饰专业《建筑制图与阴影透视》课程教学大纲及国家颁发的有关规程、标准等编写的。本书适用于本专业各类中专层次的教学和自学要求，亦可作为二级注册建筑师考试复习用书。

本书按照教学大纲的要求，讲述了正投影的基本理论和作图方法，阴影透视投影、轴测投影、专业制图的基本知识和画法，使读者通过本书的学习，能正确地识读和绘制有关建筑专业的工程图样。本书在编写过程中，贯彻了"专业适用性"和"读画结合"的原则，力求内容精炼、图文并茂、通俗易懂。另外，从教学需要出发，编排内容在体系上作了适当的调整。

为了巩固学习内容，另编有《建筑制图与阴影透视习题集》与本书配套使用。

本书由湖南省建筑学校谭伟建、雷克见、吴越、刘小聪、季敏合编。其中绪论、第1、2、3、4、5、7、10、11、12、14、15章由谭伟建编写；第8、9章由雷克见、谭伟建、吴越合编；第6章及附图由刘小聪编写；第13章由季敏编写。全书由谭伟建主编，四川省建筑工程学校高级讲师都俊主审。

在编写过程中，湖南省建筑学校高级讲师周刃荒给予了大力的支持与指导。在此表示衷心的感谢。

由于编者水平有限，教材中如有疏漏和差错之处，诚望读者批评指正。

出 版 说 明

　　为适应全国建设类中等专业学校教学改革和满足建筑技术进步的要求，由建设部中等专业学校建筑与城镇规划专业指导委员会组织编写，推荐出版了中等专业学校系列教材，由中国建筑工业出版社出版。

　　这套教材采用了国家颁发的现行标准、规范和规定，内容符合建设部制定的中等专业学校建筑设计技术专业教育标准、专业培养方案和课程教学大纲的要求，符合全国注册建筑师管理委员会制定的"二级注册建筑师教育标准"的要求，并且理论联系实际，取材适当，反映了目前建筑科学技术的先进水平。

　　这套教材适用于中等专业学校建筑设计技术专业教学，也是二级注册建筑师资格考试复习参考资料的辅助用书，同时也适用于建筑装饰等专业相应课程的教学使用。为使这套教材日臻完善，望各校师生和广大读者在教学过程中提出宝贵意见，并告我司职业技术教育处或建设部中等专业学校建筑与城镇规划专业指导委员会，以便进一步修订。

建设部人事教育劳动司

1997 年 6 月

目　录

绪论 ………………………………………………………………………………… 1

第1章　制图的基本知识 …………………………………………………… 3

　1.1　制图工具及用品 …………………………………………………… 4

　1.2　图幅、线型、工程字、尺寸标注 ………………………………… 7

　1.3　徒手作图 …………………………………………………………… 13

第2章　投影概念和正投影图 …………………………………………… 15

　2.1　制图中的投影概念 ………………………………………………… 16

　2.2　正投影图的特性 …………………………………………………… 18

　2.3　形体的几何元素正投影分析 ……………………………………… 22

　2.4　正投影图的分析 …………………………………………………… 25

第3章　平面体的投影 …………………………………………………… 27

　3.1　棱柱、棱锥、棱台的投影 ………………………………………… 29

　3.2　同坡屋面的投影 …………………………………………………… 33

第4章　曲面体的投影 …………………………………………………… 35

　4.1　圆柱体的投影 ……………………………………………………… 36

　4.2　圆锥、球体的投影 ………………………………………………… 38

　4.3　圆柱螺旋线的正投影 ……………………………………………… 42

　4.4　其他曲面的投影 …………………………………………………… 44

第5章　组合体的投影画法与识读 ……………………………………… 49

　5.1　组合体的构成方式 ………………………………………………… 50

　5.2　组合体的画法与识读 ……………………………………………… 51

第6章　轴测投影图 ……………………………………………………… 59

　6.1　几种常用的轴测图 ………………………………………………… 60

　6.2　轴测投影图的画法 ………………………………………………… 62

第7章　形体的剖切 ……………………………………………………… 71

　7.1　剖面图的形成与画法 ……………………………………………… 72

　7.2　截面图的形成与画法 ……………………………………………… 74

第8章 阴影 ·············· 77

8.1 阴影的基本知识 ·············· 78

8.2 求阴影的基本方法 ·············· 79

8.3 建筑形体及立面的阴影 ·············· 84

8.4 曲面体的阴影 ·············· 89

第9章 透视投影 ·············· 95

9.1 透视投影的基本知识 ·············· 96

9.2 两点透视的画法 ·············· 100

9.3 一点透视的画法 ·············· 109

9.4 透视图的选择 ·············· 112

9.5 圆的透视 ·············· 115

9.6 透视图的简捷作图法 ·············· 117

9.7 其他画法在建筑透视图中的运用 ·············· 120

9.8 透视阴影与虚影 ·············· 126

第10章 地形图的识读与应用 ·············· 133

10.1 地形图的识读 ·············· 134

10.2 地形图的应用 ·············· 138

第11章 建筑工程施工图的编制与画法的有关标准 ·············· 141

11.1 施工图的作用 ·············· 142

11.2 房屋的组成 ·············· 142

11.3 施工图的分类和编排顺序 ·············· 143

11.4 施工图画法的有关标准 ·············· 143

第12章 建筑施工图 ·············· 151

12.1 首页图和总平面图 ·············· 152

12.2 建筑平面图 ·············· 153

12.3 建筑立面图 ·············· 155

12.4 建筑剖面图 ·············· 158

12.5 建筑详图 ·············· 159

12.6 建筑施工图阅读与绘制的一般方法 ·············· 166

第13章 结构施工图 ·············· 169

13.1 基础图 ·············· 170

13.2 楼层、屋面结构平面布置图 ·············· 173

13.3 钢筋混凝土梁的结构详图 ·············· 177

第14章 室内设备施工图 ·············· 179

14.1 室内给水排水施工图 ·············· 180

14.2　室内电气照明施工图 ·· 185

14.3　室内采暖施工图 ·· 188

14.4　室内通风施工图 ·· 192

第15章　室内装饰施工图 ·· 197

15.1　概述 ·· 198

15.2　装饰平面图 ·· 200

15.3　室内装饰立面图 ·· 203

15.4　装饰详图 ·· 206

附图 ·· 209

附表 ·· 223

参考文献 ·· 240

绪　　论

0.1　制图课程的目的和要求

0.2　制图课程的学习方法

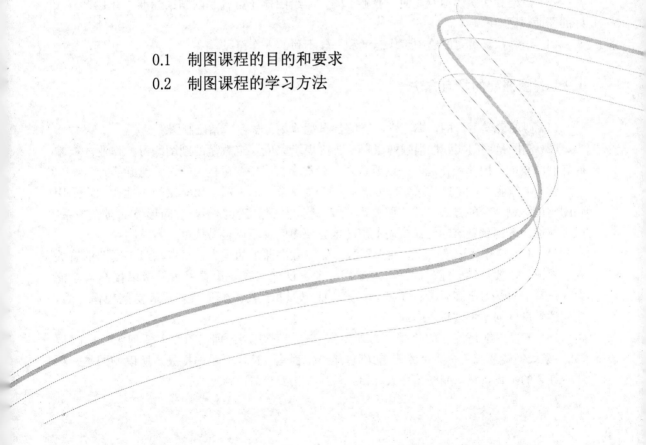

在工程技术界，人们根据投影法及国家颁布的各类制图标准画出的图，称为工程图样，简称图样。

图样已成为工程技术上不可缺少的重要文件资料；是表达设计意图，进行技术交流和保证工业生产正常进行的一种特殊语言工具；也是人类智慧和语言高度发展的具体体现。因此，从事工程技术的人员，都应该具备本专业图样的阅读和绘制的本领。

建筑工程图样是工程图样中的一种。建筑工程图样的主要内容包括：建筑施工图及表现图、结构施工图、装饰施工图及表现图、设备施工图等。这些施工图最常使用的是正投影，表现图使用的是透视投影。《建筑制图与阴影透视》课程，是建筑工程图样的阅读和绘制规律与方法的一门技术基础学科。

0.1 制图课程的目的和要求

本课程的教学目的是：培养学生具有一定的读图能力、空间想像能力和绘图的实际技能。学习完本课程后应达到以下几点要求：

(1) 掌握正投影的基础理论和作图方法，学习透视投影、轴测投影的基本知识和画法。

(2) 能正确使用绘图工具，有较熟练的绘图技能。

(3) 能绘制和识读本专业的一般施工图。所绘图样应符合制图国家标准，并且具有较好的图面质量。

(4) 培养认真负责的绘图工作态度和一丝不苟的工作作风。

0.2 制图课程的学习方法

(1) 要明确学习目的，端正学习态度，自觉地刻苦学习，钻研制图理论。

(2) 制图是一门实践性很强的课程，要按规定完成一定数量的制图练习、作业才能掌握好制图技能。因此做作业时一定要认真、精益求精，切莫粗枝大叶、马虎潦草。

(3) 做作业时，要独立思考。可借助于一些模型，加强图、物对照的感性认识，采用画图与读图相结合的方式，并按照投影规律去分析、想像投影图与空间形体的对应关系，反之亦然。若遇到疑难问题或模糊不清的地方要多问，不可轻易放过。

(4) 上课应作好记录，课后便于复习。要注意讲课中的重点、难点。对于制图的有关规定要记住，要正确地理解，灵活地运用。预习课文时，要边看书边思考以提高自学能力。只有平时学习中多思考、多画、多读才能掌握和运用投影原理，提高空间想像能力，从而达到良好的学习效果。

(5) 工程图纸是施工的依据，必须要求完整、正确、合理，图纸上任何细小的错误(如一条线的疏忽或一个数字的差错)都可能给工程建设造成严重的损失。所以制图是一项非常细致的工作，从学制图第一天开始，就应严格要求自己。

第 1 章

制图的基本知识

1.1 制图工具及用品

1.2 图幅、线型、工程字、尺寸标注

1.3 徒手作图

1.1 制图工具及用品

学习制图，首先要了解和熟悉制图工具和用品的性能、特点、使用方法、维护等知识，以提高制图的质量和速度。

1.1.1 常用制图工具

1）图板

图板通常用胶合板作板面，并在四周镶以硬木条，使图板板面质地轻软，有弹性，平滑无节，两端平整，角边垂直。

图板不能受潮或曝晒，以防变形，为保护板面平滑，贴图纸宜用透明胶带纸，不宜使用图钉。不画图时，应将图板竖立保管。

2）丁字尺

丁字尺由尺头和尺身组成。尺头的内侧和尺身的工作边须平直，不应有毛刺或凹凸不平的缺口。丁字尺和图板配合主要用来画水平线，应当注意，画水平线时，尺头内侧必须紧靠着图板的左边，线条沿着尺身的工作边自左向右画出（图 1-1a）。不允许将尺头靠在图板其他侧边画线，以避免图板各边不垂直时，画出的图线不准确（图 1-1b）。

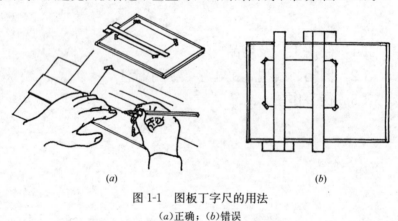

图 1-1　图板丁字尺的用法
(a)正确；(b)错误

3）三角板

三角板有 30°和 45°两种规格。三角板和丁字尺配合使用时，可画垂直线和特殊角度（30°、45°、60°、75°、15°）的斜线（图 1-2a）。两块三角板配合使用时，也可以画平行线或垂直线（图 1-2b）。

4）曲线板

曲线板是用来画非圆曲线的工具。绘图时，先定出要画的曲线上的若干点，用铅笔徒手顺着各点轻轻而流畅地画出曲线，然后选用曲线板上曲率合适的部分，分几段逐步描深。每段至少应有三点与曲线板相吻合，并留出一小段，作为下次接其相邻部分之用，以保证线条的流畅光滑（图 1-3）。

5）比例尺

比例尺又称三棱尺（图 1-4a），它是根据一定比例关系制成的尺子。尺的度量单位为米(m)，尺身分为六个面，分别标有不同的比例，如 1∶100、1∶200、1∶300、1∶400、

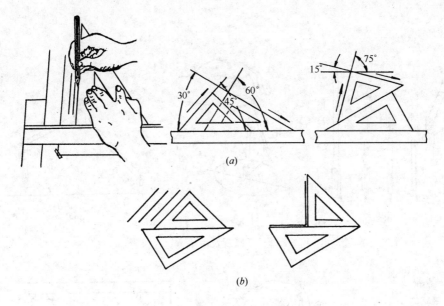

图 1-2 三角板的使用方法

(a)用三角板画垂直线，30°、45°、60°、75°、15°斜线；(b)用三角板画平行线及垂直线

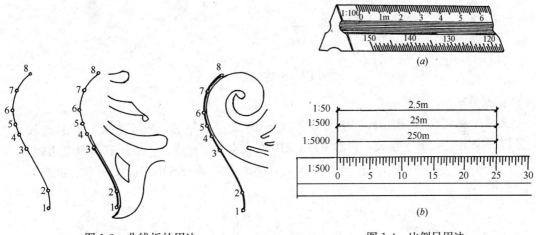

图 1-3 曲线板的用法   图 1-4 比例尺用法

1：500、1：600。而 1：10、1：20……和 1：1000、1：2000 等，三棱尺上虽没有这种直接的比例，但可分别对应在 1：100、1：200……的比例尺面上绘出。例如：1：500 的尺面刻度 25 表示 25m，若图样比例是 1：50 或 1：5000，可用 1：500 的比例来度量，其刻度为 25 的地方，分别表示为 2.5m、250m，以此类推(图 1-4b)。

6）圆规

圆规是画圆或圆弧的工具(图 1-5a)。画圆时，圆规应稍向运动方向倾斜(图 1-5b)，当画较大圆时，应使圆规两脚均与纸面垂直(图 1-5c)，必要时，可接延伸杆。加深图线时，则圆规铅芯的硬度应比画直线的铅芯软一级，以保证图线深浅一致。

7）分规

分规是截量长度和等分线段的工具。分规的针尖应密合(图 1-6a)，其使用方法如图 1-6(b)、(c)所示。

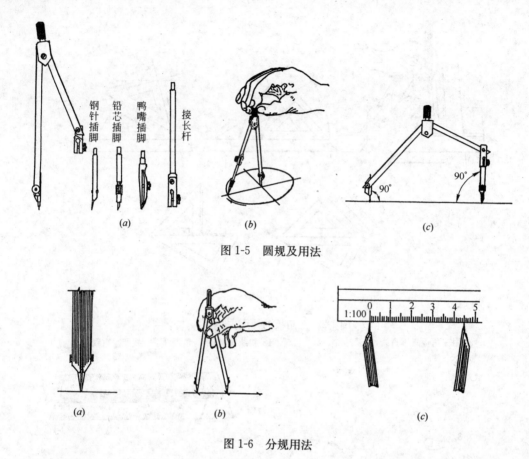

图 1-5　圆规及用法

图 1-6　分规用法

8）绘图铅笔

绘图铅笔的铅芯硬度用 B 和 H 标明。B～6B 表示软铅芯，数字愈大，铅芯愈软；H～6H表示硬铅芯，数字愈大，铅芯愈硬；HB 则表示中等硬度。一般作底图时选用较硬的 H、2H 铅笔，加深图线时，可用 HB、B、2B 型铅笔。铅笔的削法及使用方法如图 1-7（a）、（b）所示。

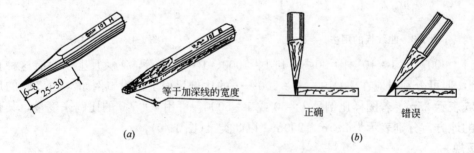

图 1-7　铅笔的用法

（a）铅笔的削法；（b）铅笔的用法

9）直线笔（鸭嘴笔）

直线笔是画墨线的工具。画线前，先把直线笔的两钢片调到要画线型的宽度，然后加入墨汁，墨汁高度以 4～6mm 为宜。其使用方法见图 1-8。

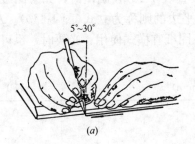
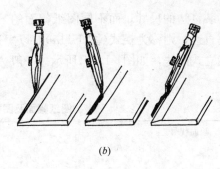

图 1-8 直线笔用法

(a)持直线笔姿势；(b)直线笔不应内外倾斜

10) 针管笔

针管笔杆内有储存碳素墨水的笔胆，笔头用细不锈钢管制成(图 1-9)。每支绘图笔只能画出一种线型，一般画细线时用 0.35mm，中粗线用 0.5mm，粗线用 1.0mm。画图时，笔尖可倾斜 10°～15°，但不能重压笔尖。长期不用时，应用吸水方法洗净针管。

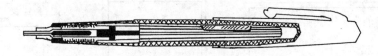

图 1-9 针管笔

1.1.2 制图用品

1) 图纸

绘图时需要的绘图纸，一般选用颜色洁白，橡皮擦试不易起毛为佳。

2) 其他制图用品

橡皮、刀片、砂纸、胶带纸等，此外，还有用以擦去多余线条的擦线板，它是用透明塑料或不锈钢制成的薄片。薄片上有各种形状的缺口(图 1-10)。使用时，用橡皮擦去缺口对准的线条，而不影响其邻近的线条。

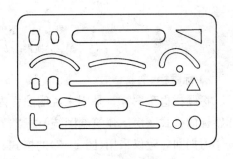

图 1-10 擦线板

1.2 图幅、线型、工程字、尺寸标注

在这一节里，主要介绍国标《房屋建筑制图统一标准》GB/T 50001—2001 中有关图幅、线型、工程字及尺寸标注的一些规定。详细的规定见相关建筑制图标准。

1.2.1 图纸幅面及标题栏

1) 图纸幅面

图幅大小均应按《房屋建筑制图统一标准》GB/T 50001—2001 中规定(表 1-1)执行。表中 b 及 l 分别表示图幅的短边及长边的尺寸，a 及 c 分别表示图框线到图纸边线的距离。

其中 a 为装订边的尺寸,而不同图纸幅面的 c 值直接查表 1-1。在画图时,如果图纸以短边作为垂直边,则称为横式(图 1-11a),以短边作水平边的则称为立式(图 1-11b)。A$_4$ 图纸图框线立式画法,如图1-11(c)所示。一般 A$_0$~A$_3$ 图纸宜横式使用;必要时,也可立式使用。

图纸幅面及图框尺寸(mm) 表 1-1

幅面代号 尺寸代号	A$_0$	A$_1$	A$_2$	A$_3$	A$_4$
$b×l$	841×1189	594×841	420×594	297×420	210×297
c	10			5	
a	25				

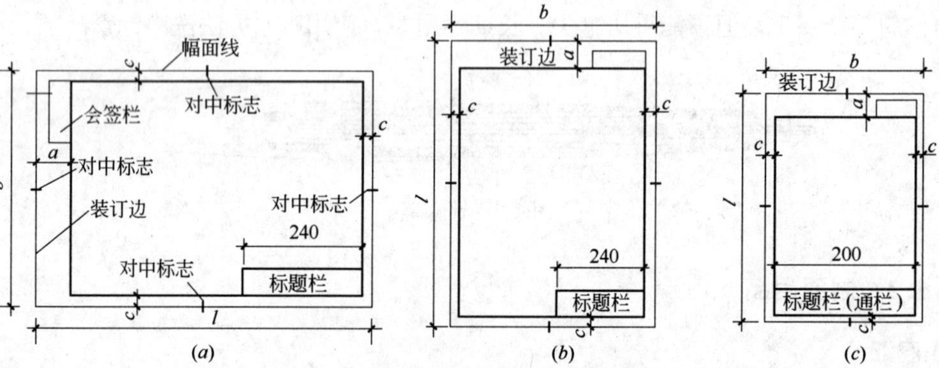

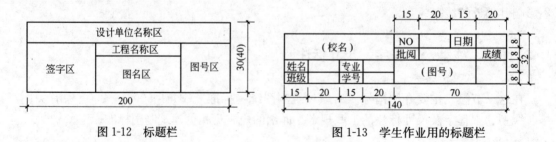

图 1-11 图纸幅面格式及其尺寸代号
(a)横式;(b)立式;(c)A$_4$ 图立式格式

2) 标题栏

标题栏也称图标,是用来说明图样内容的专栏。它规定画在图纸的右下角(图 1-11)。标题标的格式《房屋建筑制图统一标准》GB/T 50001—2001 也作出了规定(图 1-12)。在校学习期间,建议采用(图 1-13)的格式。

图 1-12 标题栏

图 1-13 学生作业用的标题栏

1.2.2 图线

图样上的图线有如下规定:

(1) 图线的名称、线型及一般用途见表 1-2。

线　型　　　　　　　　　　　　　　　　　　　　　　　　　表 1-2

名称		线　型	线　宽	一　般　用　途
实线	粗		b	主要可见轮廓线
	中		$0.5b$	可见轮廓线
	细		$0.25b$	可见轮廓线、图例线
虚线	粗		b	见各有关专业制图标准
	中		$0.5b$	不可见轮廓线
	细		$0.25b$	不可见轮廓线、图例线
单点长画线	粗		b	见各有关专业制图标准
	中		$0.5b$	见各有关专业制图标准
	细		$0.25b$	中心线、对称线等
双点长画线	粗		b	见各有关专业制图标准
	中		$0.5b$	见各有关专业制图标准
	细		$0.25b$	假想轮廓线、成型前原始轮廓线
折断线			$0.25b$	断开界线
波浪线			$0.25b$	断开界线

（2）画图时，每个图样应根据复杂程度与比例大小，先确定基本线宽 b，再选用表 1-3 中相应的线宽组。

线宽组（mm）　　　　　　　　　　　　　　　　　　　　　　表 1-3

线宽比	线　宽　组					
b	2.0	1.4	1.0	0.7	0.5	0.35
$0.5b$	1.0	0.7	0.5	0.35	0.25	0.18
$0.25b$	0.5	0.35	0.25	0.18		

注：1. 需要微缩的图纸，不宜采用 0.18mm 及更细的线宽。

　　2. 同一张图纸内，各不同线宽中的细线，可统一采用较细的线宽组的细线。

1.2.3　字体

图纸上所需书写的文字、数字或符号等，均应笔画清晰、字体端正、排列整齐；标点符号应清楚正确。汉字的简化书写，必须符合国务院公布的《汉字简化方案》和有关规定。

1）长仿宋体字的特点

长仿宋体字的特点是挺秀端正、粗细均匀、便于书写。图样及说明的汉字，宜采用长仿宋体，宽度与高度的关系应符合表 1-4 规定。如需书写更大的字，其高度应按 $\sqrt{2}$ 的比值递增。

长仿宋体字高宽关系（mm）　　　　　　　　　　　　　　　表 1-4

字　高	20	14	10	7	5	3.5
字　宽	14	10	7	5	3.5	2.5

2）长仿宋体字的书写方法

（1）横平竖直 横笔基本要平，由左向右行笔稍微向上倾斜一点。竖笔要直，笔划要刚劲有力。

（2）起落分明 横、竖的起笔和收笔，撇的起笔，钩的转角等，都要顿一下笔，形成小三角。几种笔画的书写方法和要点如表1-5。

几种笔画的写法 表1-5

名称	笔划	运笔要点	名称	笔划	运笔要点
点		起笔轻、行笔渐重，落笔顿	捺		起笔轻、由上向右下倾斜，行笔渐重，落笔顿
横	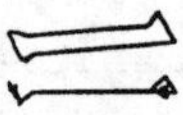	起笔顿，由左向右行笔稍上倾，落笔顿	挑		起笔顿，由左向右上行笔，渐轻成尖状
竖	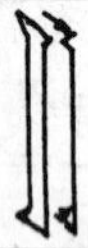	起笔顿，由上向下垂直，落笔顿	横折竖		象横画一样起笔，折时顿笔后向下稍偏左斜笔
撇		起笔顿，由上向左下倾斜，行笔渐轻	竖钩		象竖画一样行笔到底，顿笔向上挑勾成尖状

（3）笔锋满格 上下左右笔锋要触及字格，即一般长仿宋体字要填满格子。但也有个别的，如口、日、图等字，都要比字格略小，书写时要适当缩格（图1-14）。

图1-14 个别字缩格的效果

（4）布局均匀 笔划布局要均匀紧凑，并注意下列各点：

① 字型基本对称的应保持其对称，如图1-15中的土、木、平、面、金等。

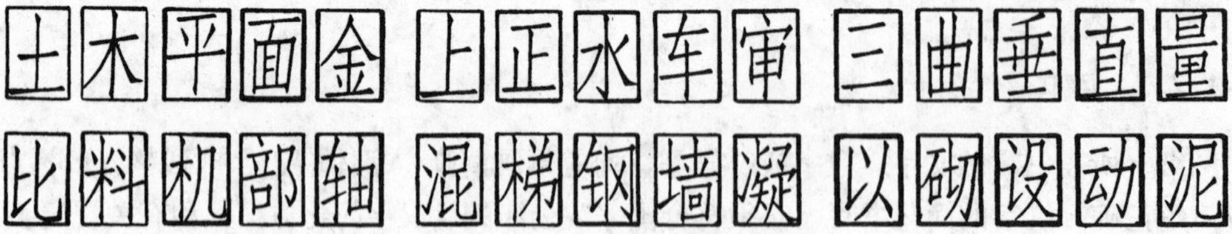

图1-15 长仿宋体字型的布局

② 有一竖笔居中的应保持该笔竖直而居中，如图中的上、正、水、车、审等。

③ 有三、四横竖笔划的大致平行等距，如图中的三、曲、垂、直、量等。

④ 偏旁所占的比例，有约占一半的，如图中的比、料、机、部、轴等；有约占1/3的，如混、梯、钢、墙；有约占1/4的，如凝。

⑤ 左右要组合紧凑，尽量少留空白，如图中的以、砌、设、动、泥等。

要写好长仿宋体字，正确的办法就是多看、多摹、多写、持之以恒。

3) 数字和字母

拉丁字母、阿拉伯数字或罗马数字，按字体高度与宽度比的不同，可分成一般字和窄体字两种，在书写方法上又分为直体和斜体字两种(图 1-16)。

1.2.4　尺寸标注

图样中的图形不论是缩小还是放大，但尺寸仍须按物体实际尺寸数值注写，尺寸数字是图样的重要组成部分。

图样上的尺寸，应包括尺寸界线、尺寸线、尺寸起止符号和尺寸数字，如图 1-17、图 1-18 所示。

尺寸界线与尺寸线应用细实线绘制，尺寸起止符号一般应用中粗斜短线绘制，其倾斜方向应与尺寸界线成顺时针 45°角，长度宜为 2~3mm。

半径、直径、角度与弧长的起止符号，宜用箭头表示(图 1-19)。

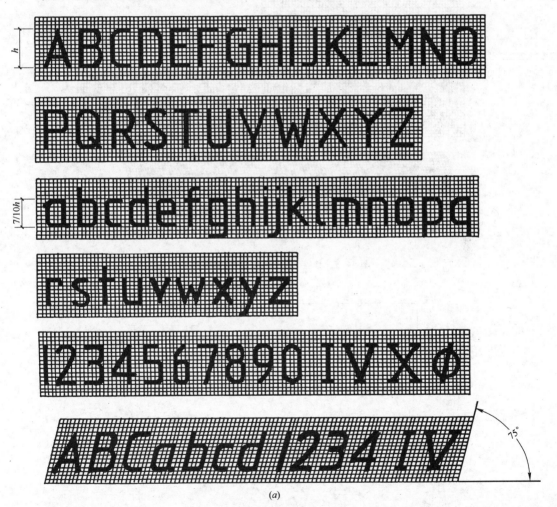

(a)

图 1-16　数字和字母的书写示例(一)

*(a)*数字及字母的一般字例示例

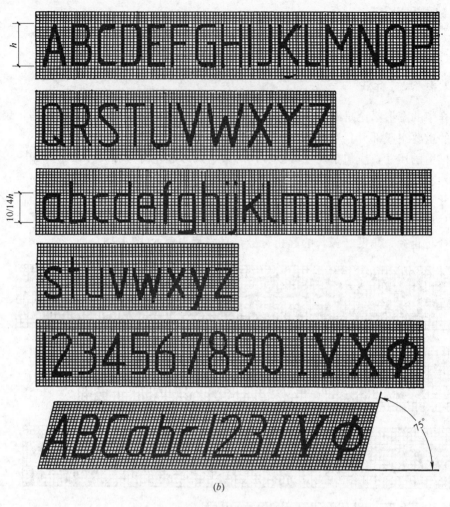

图 1-16 数字和字母的书写示例(二)

(b)数字及字母的窄字体示例

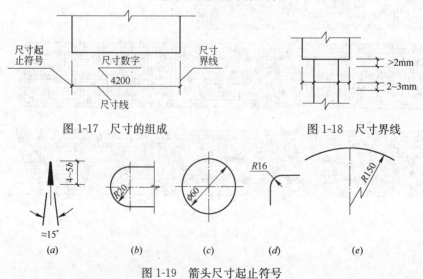

图 1-17 尺寸的组成   图 1-18 尺寸界线

图 1-19 箭头尺寸起止符号

(a)箭头画法；(b)半径标注；(c)直径标注；(d)小圆弧标注；(e)大圆弧标注

1.3 徒手作图

徒手作图是一种不受条件限制，作图迅速、容易更改的作图方法。它常被应用在表达新的构思、拟定设计方案、创作、现场参观记录及交谈等方面上。因此，工程技术人员应熟练掌握徒手作图的技能。

徒手作图同样有一定的作图要求，即布图、图线、比例、尺寸大致合理，但不潦草。

徒手作图，可以使用钢笔、铅笔等画线工具。如果选用铅笔时，最好选软一些，一般选用 B 型或 2B 型铅笔，铅笔削长一点，笔芯不要过尖，要圆滑些。

1.3.1 直线的画法

画直线时，要注意执笔方法，画短线时，则手腕运笔，画长线时，则整个手臂动作。

(1) 画水平线时，铅笔要平放些。画长水平线可先标出直线两端点，掌握好运笔方向，眼睛此时不要看笔尖，要盯住终点，用较快的速度轻轻画出底线。加深底线时，眼睛却要盯住笔尖，沿底线画出直线并改正底线不平滑之处，如图 1-20(a)。

(2) 画竖直线时，铅笔可稍竖高些(图 1-20b)，画竖直线的方法与画水平线的方法相同。

(3) 画斜线时，铅笔要更竖高些(图 1-20c)。画向右上倾斜的线，手法与画水平线相似；画向右下倾斜的线，手法与画竖直线相似。

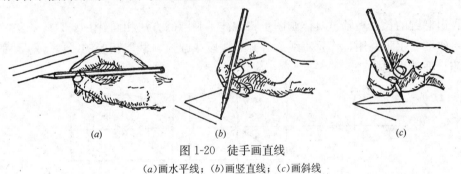

(a)   (b)   (c)

图 1-20　徒手画直线

(a)画水平线；(b)画竖直线；(c)画斜线

1.3.2 徒手画角度

先画出相互垂直的两交线(图 1-21a)从原点 O 出发，在两相交线上适当截取相同的尺寸，并各标出一点，徒手作出圆弧(图 1-21b)。若需画 45°角，则取圆弧的中点与原点 O 的连线，即得连线与水平线间的夹角为 45°角(图 1-21c)。若画 30°角与 60°角时，则把圆弧作三等分。自第一等分点起与原点 O 连线，即得连线与水平线间的夹角为 30°角；第二等分点与原点 O 连线，即得连线与水平线间的夹角为 60°角(图 1-21d)。

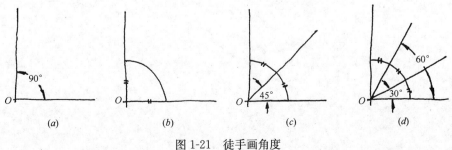

(a)   (b)   (c)   (d)

图 1-21　徒手画角度

1.3.3 徒手画圆

先作出相互垂直的两直线，交点 O 为圆心（图 1-22a），估计或目测徒手作图的直径，在两直线上取半径 $OA=OB=OC=OD$，得点 A、B、C、D，过点作相应直线的平行线，可得到正方形线框，AB、CD 为直径（图 1-22b）。再作出正方形的对角线，分别在对角线上截取 $OE=OF=OG=OH=$ 半径 OA，于是在正方形上得到 8 个对称点（图 1-22c）。徒手用圆弧连点，即得徒手画出的圆（图 1-22d）。

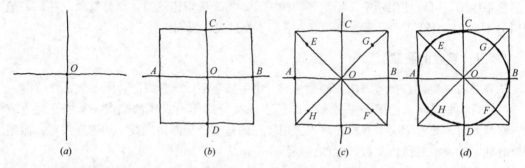

图 1-22 徒手画圆

1.3.4 椭圆的画法

先画出椭圆的长、短轴，具体画图步骤与徒手画圆的方法相同（图 1-23）。

徒手作图要手眼并用，作垂直线、等分一线段或圆弧、截取相等的线段等等，都是靠眼睛目测、估计决定的。

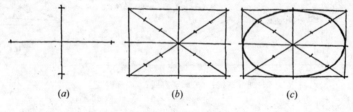

图 1-23 徒手画椭圆

第 2 章

投影概念和正投影图

2.1 制图中的投影概念

2.2 正投影图的特性

2.3 形体的几何元素正投影分析

2.4 正投影图的分析

人们一般知道图 2-1 所示的立体图是房屋、木扶手沙发、小汽车，因为这种图样和人们常见到的实物印象大体一致。但这种图样还没有全面表示出房屋、木扶手沙发、小汽车的各侧面的形状，也不便于标注尺寸。因此，画出来的立体图样还不能满足加工、制作和工程施工的要求。在工程上一般使用的图样常采用正投影的画法（图 2-2），根据实际需要按正投影规律把若干个图样综合在一起表示一个实物。这种正投影图样既能保证度量性，又能充分反映实物的真实大小，满足加工、制造及工程施工要求。

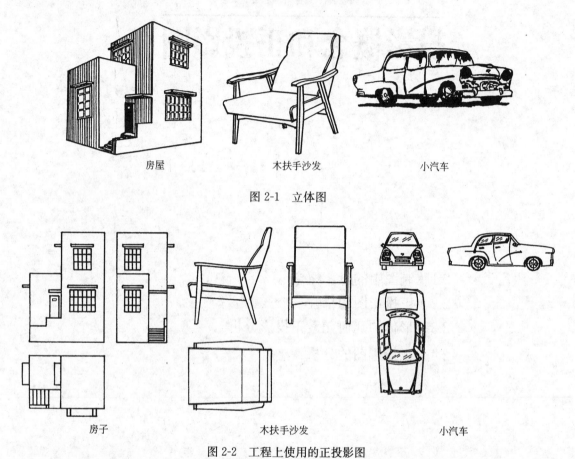

房屋　　　　　　　　　木扶手沙发　　　　　　　　小汽车

图 2-1　立体图

房子　　　　　　　　　木扶手沙发　　　　　　　　小汽车

图 2-2　工程上使用的正投影图

用正投影法画出来的图样没有立体感，要经过学习后才能读图。因此，投影概念与原理是读、画正投影图的基础，掌握了投影概念与原理，就比较容易学会读图与画图。

2.1　制图中的投影概念

2.1.1　投影概念

在光线的照射下，人和物在地面或墙面上产生影子的现象，早已为人们所熟知（图 2-3）。人们经过长期的实践，将这些现象加以抽象、分析研究和科学总结，从中找出影子和物体之间的关系，用以指导工程实践。这种用光线照射形体，在预先设置的平面上投影产生影像的方法，称之为投影法。如图 2-4 所示，光源称为投影中心；从光源发射出去的光线称为投影线；预设的平面称为投影面；形体在预设的平面上的影像，称为形体在投影面上的投影；投影中心和投影面以及它们所在的空间称为投影体系。在这个体系中，假设投影线可以穿透形体，使得所产生的"影子"不像真实的影子那样黑色一片（图 2-4a），而能在"影子"范围内有轮廓线来显示形体的感光面的形状；同时，又假设形体受光面的下方还有不同形状轮廓线，则用虚线来显示；如图2-4(b)所示。此外，对投影线的方向也作出了假定，使其能够产生合适的投影。

2.1.2　投影法的分类

投影法可分为中心投影法和平行投影法两类。

1) 中心投影法

图 2-3　墙、地面上的影子

指投影线都经过投影中心的投影方法（图2-4b）。中心投影法常用于绘制透视图。

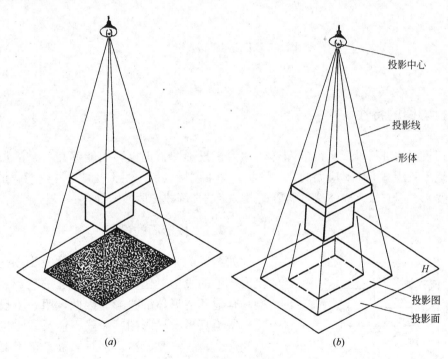

图 2-4　投影体系

(a)灯光和形体的影子；(b)投影图的形成

2) 平行投影法

假设光源移至无限远处时，则靠近形体的投影线，就可以看作是一组平行的投影线，即产生了平行投影法。它是由互相平行的投影线，在投影面作出形体投影的方法。

制图中只研究物体所占空间的大小和形状，而不涉及材料、重量等物理性质，故将物体称之为形体。

根据互相平行的投影线是否垂直于投影面，平行投影法又可分为：斜投影法与正投影法。

（1）斜投影法：投影线的方向倾斜于投影面的投影方法（图 2-5a）。斜投影法主要用来绘制轴测图。

(2)正投影法：投影线的方向垂直于投影面的投影方法(图2-5b)。正投影法是工程投影的主要表示方法。

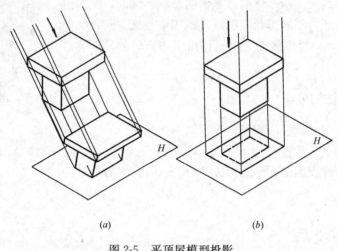

(a)   (b)

图 2-5　平顶屋模型投影

(a)斜投影图；(b)正投影图

2.2　正投影图的特性

采用正投影法进行投影所得的图样，称为正投影图。正投影图能够在各自的投影面中，确切地反映所画形体对应面的几何形状。其主要特点是：便于度量尺寸，能满足生产技术上的要求。但它缺乏立体感，需要经过一定的训练才能读懂图纸。

2.2.1　投影面的设置

如图 2-6 所示，H 投影面上的投影图，可以是形体 Ⅰ 的投影，也可以是形体 Ⅱ 的投影，还可能是其他几何形体的投影。因此，用一个投影面投影所绘画出的投影图，一般不能反映出确切的空间形体，故需要适当增加投影面。至于要增加几个投影面，则要看形体的复杂程度而定。初学制图时，常以三投影面投影体系进行基本训练。

我国规定采用第一角画法，即：将形体放置在观察者和相应的投影面之间进行投影(图2-7)。在第一角三个投影面中，正立在观察者对面的投影面叫做正立投影面，简称正面，用字母 V 标记；水平放置的投影面叫做水平投影面，简称水平面，用字母 H 标记；右侧的投影面叫做侧立投影面，简称侧面，用字母 W 标记。OX、OY、OZ 三根坐标轴互相垂直，其交点称为原点。

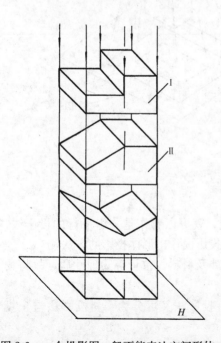

图 2-6　一个投影图一般不能表达空间形体

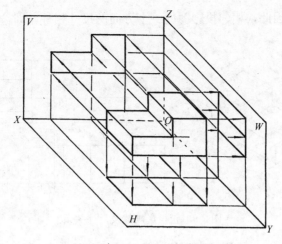

图 2-7 形体在第一角投影

2.2.2 投影面的展开

为了把三个互相垂直的投影面的投影图表示在平面图纸上，以便于作图，须将互相垂直的投影面，按一定规律展开摊平在同一平面内。按规定：投影面展开时，V 投影面不动，H 投影面绕投影轴 OX 向下旋转 $90°$，W 投影面绕投影轴 OZ 向右旋转 $90°$。此时，投影轴 OY 假想分成两根，一根随 W 投影面旋转至与 OX 轴处在同一直线上，记作 Y_W；另一根随 H 投影面旋转至与 OZ 轴处在同一直线上，记作 Y_H；这样使得 V、H、W 投影面摊平在同一平面图纸上(图 2-8)。作图时，因理论投影面是无限大的，故通常在工程图样上不画投影面的边线和投影轴，各投影面的名称也不标注，可由投影位置关系来识别投影面。但初学制图时，仍可保留投影轴和标注。

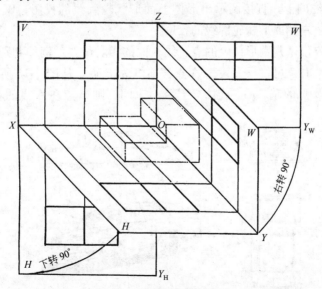

图 2-8 投影面的展开方法

2.2.3 正投影规律及尺寸关系

由图 2-9 所示，V 投影图反映形体的长与高；H 投影图反映形体的长与宽；W 投影图反映形体的高与宽。因此，相邻投影图同一个方向的尺寸相等，即：

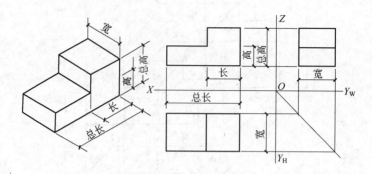

图 2-9 正投影规律及尺寸关系

V、*H* 投影图中的相应投影长度相等，并且对正、简称长对正。

V、*W* 投影图中的相应的投影高度相等，并且平齐，简称高平齐。

H、*W* 投影图中的相应投影宽度相等，并且量取的 Y_H 等于 Y_W，简称宽相等。

应当指出，不论是什么样的形体，只要对其进行正投影，形体中每一部分在各投影面上都要符合"长对正，高平齐，宽相等"的投影规律及尺寸关系。

2.2.4 正投影图中的方位关系

人们对于汽车的前、后、上、下、左、右位置关系，一般都能够区分得清楚。如图 2-10 所示的立体图，它与投影图的方位有着相同的对应关系。*V* 投影面反映汽车的上下、左右、前；*H* 投影面反映汽车的前后、左右、上；*W* 投影面反映汽车的前后、上下、左。从投影图中可以看出，*V* 投影面上标注的前，直接图示出形体（汽车）前面形状轮廓线的投影；*H* 投影面上标注的上，直接图示出形体上面形状轮廓线的投影；*W* 投影面上标注的左，直接图示出形体左侧面形状轮廓线的投影。

我们可以根据方位来判别形体上的点、线、面的相对位置。例如判别汽车的反光镜在汽车前灯的什么位置时，可设反光镜为 *A* 点、前灯为 *B* 点，从图 2-10 所示投影图的分析可以看出，*A* 点在 *B* 点的左、后、上方，若反过来问，则 *B* 点在 *A* 点的右、前、下方。

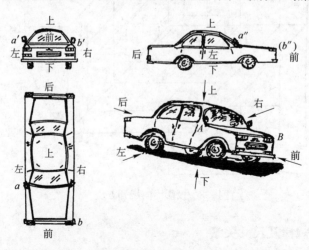

图 2-10 形体方位关系

又如图 2-11 所示，木榫头的投影方位，判别 CD 线在 AB 线的什么位置时，从图中的分析可以看出，CD 线在 AB 线的左、后、下方；反之，则 AB 线在 CD 线的右、前、上方。

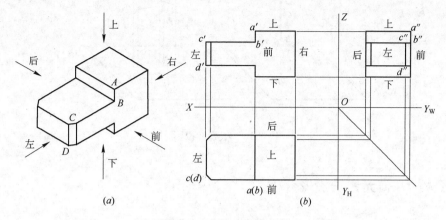

图 2-11　木榫头投影方位

在投影图中，一般规定空间点用大写字母表示，在三投影面上的投影用同一字母的小写字母表示，且在 H 投影上只用小写字母表示，V 投影则在小写字母的右上角加一撇表示，W 投影则在小写字母的右上角加二撇表示。例如图 2-11 所示，空间位置的形体上标注了交点 A，该点在三投影面上的标注用同一字母的小写字母 a、a'、a'' 表示，反之 a、a'、a'' 也表示了空间点 A。

2.2.5　正投影的重影性与积聚性

1）重影性及其可见性

如果两个或两个以上的空间点（或线、面）不连续，但它们是位于同一投影线上的投影，则各点（或线、面）必然重影在投影面上，这种特性叫重影性。为了剖析重影性还须判别其可见性。对 H 投影，在上的点（或线、面）可见，在下的点（或线、面）不可见（图2-12 a、b、c），V、W 投影的可见性判别类同。在投影图上一般规定，重影点中不可见点的投影用小写字母加括号表示。

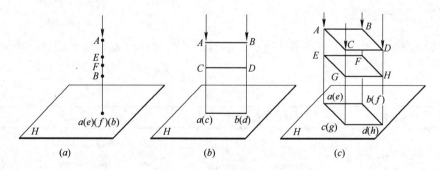

图 2-12　重影性及其可见性

2）积聚性

垂直于投影面的直线，其正投影为一点，该直线上的任意一点的投影也落在这一点上（图 2-13a）。垂直于投影面的平面，其正投影为一条线。该面上的任意一点或线或其他图形的投影也都积聚在这条线上（图 2-13b）。投影中的这种特性称为积聚性。

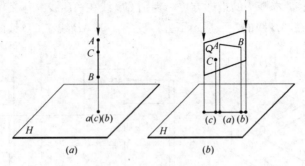

图 2-13 积聚性投影

2.3 形体的几何元素正投影分析

2.3.1 点的投影

(1) 点的正投影仍是点(图 2-14a)。

(2) 点的三面投影应符合点的投影规律(图 2-14b)。

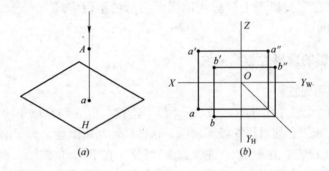

图 2-14 点的投影

2.3.2 直线的投影

对投影面来说,形体上有各种不同位置的直线,其各种位置和投影特点分别见表2-1、表 2-2、表 2-3 中的图示分析。

一般位置线   表 2-1

名称	空间位置	在形体投影图中的位置	投 影 图	投影特点
一般线(一般位置线)				1. ab、$a'b'$和$a''b''$都倾斜,而且都比AB短 2. 倾角 α、β、γ 的投影都不反映实形

投影面平行线 表 2-2

名称	空间位置	在形体投影图中的位置	投影图	投影特点
水平线（水平面平行线）	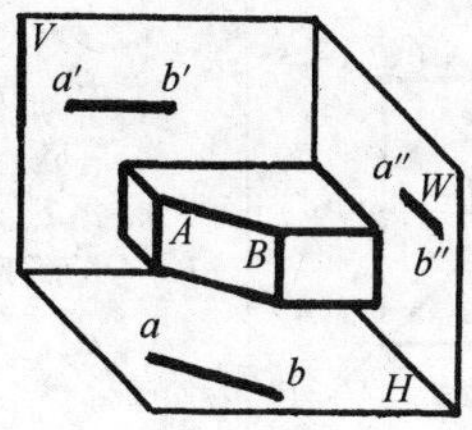	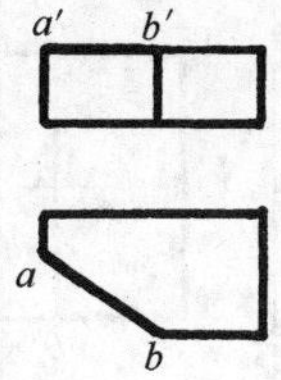	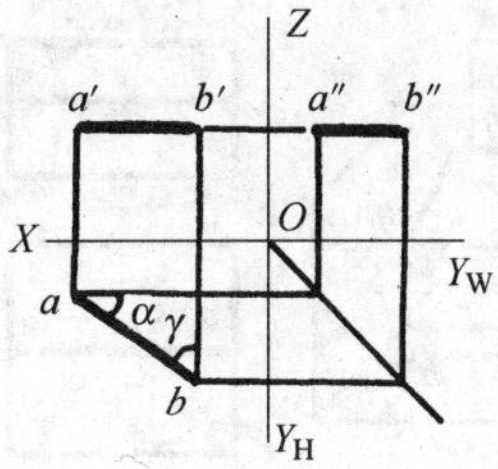	1. ab 倾斜而反映实长 2. ab 倾斜度反映 AB 对 V 面和 W 面的倾角 β 和 γ 的实形
正平线（正平面平行线）	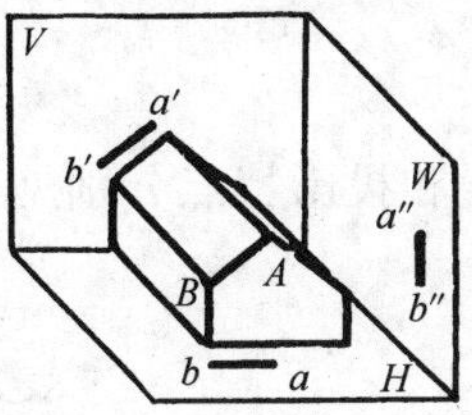	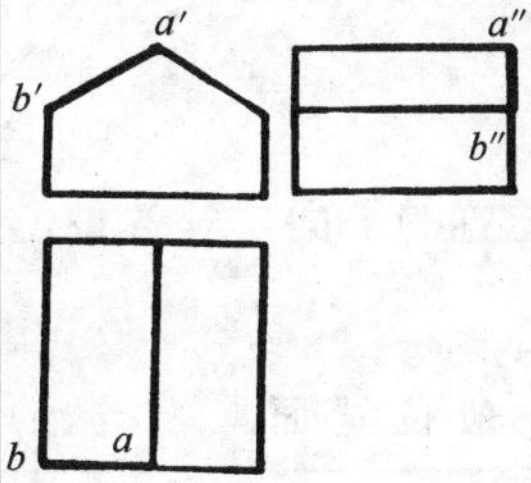	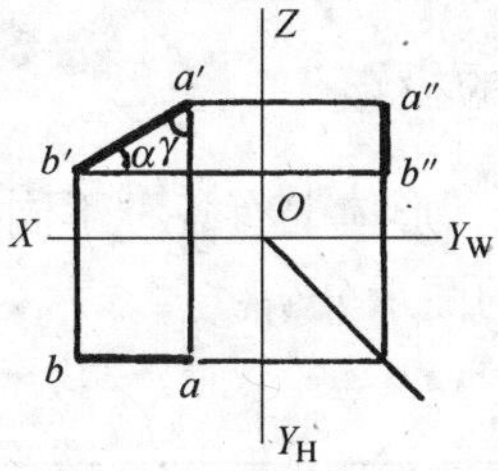	1. $a'b'$ 倾斜而反映实长 2. $a'b'$ 倾斜度反映 AB 对 H 面和 W 面的倾角 α、γ 的实形
侧平线（侧面平行线）	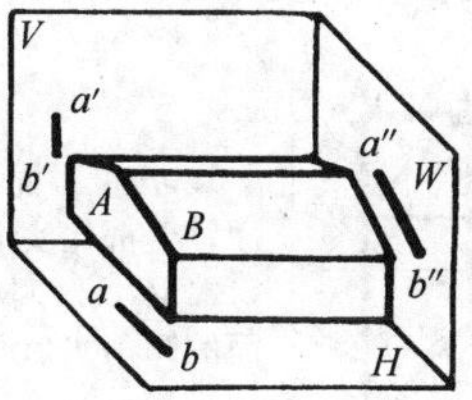	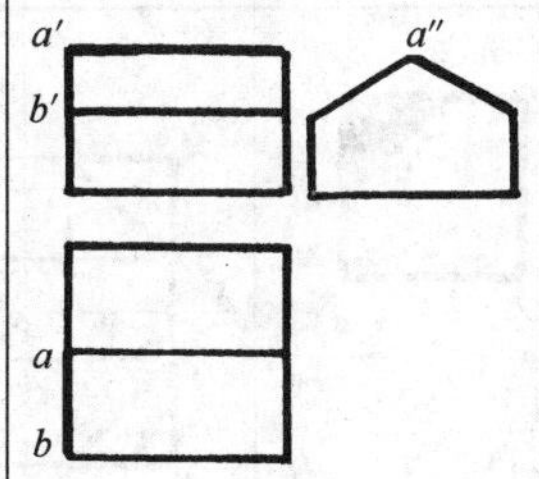	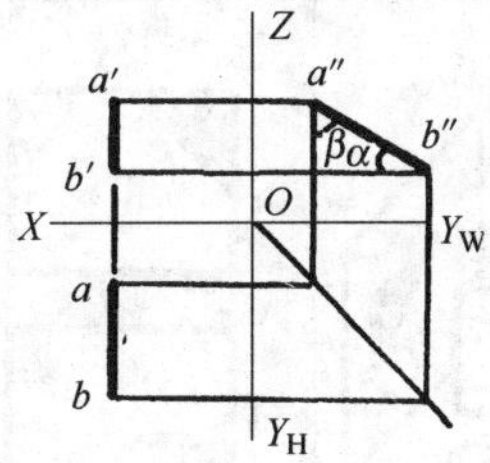	1. $a''b''$ 倾斜而反映实长 2. $a''b''$ 倾斜度反映 AB 对 H 面和 V 面的倾角 α 和 β 的实形

投影面垂直线 表 2-3

名称	空间位置	在形体投影图中的位置	投影图	投影特点
铅垂线（水平面垂直线）	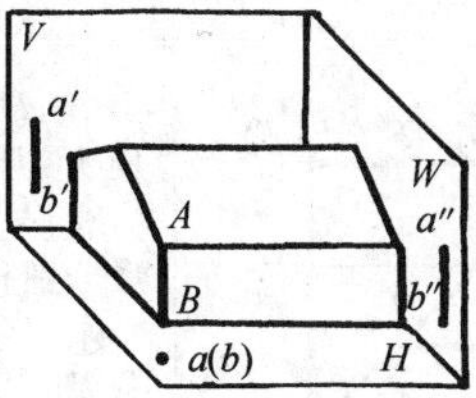	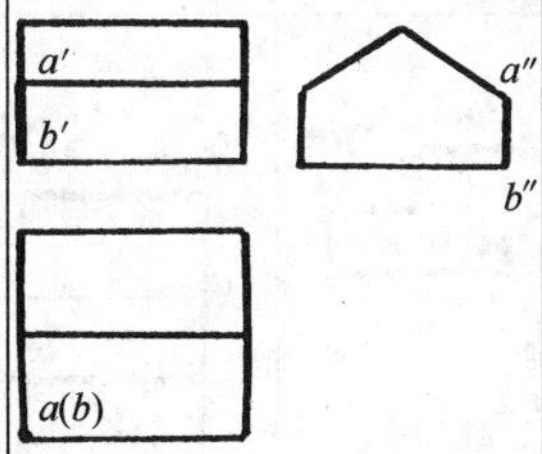	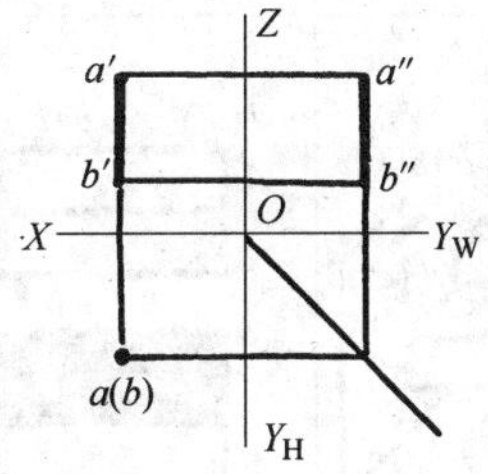	1. H 面积聚为一点 $a(b)$ 2. $a'b'$ // OZ、$a''b''$ // OZ 都反映实长
正垂线（正面垂直线）	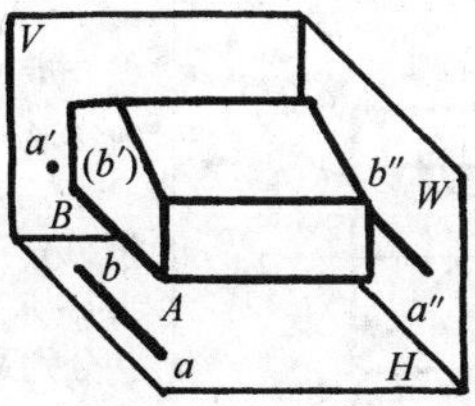	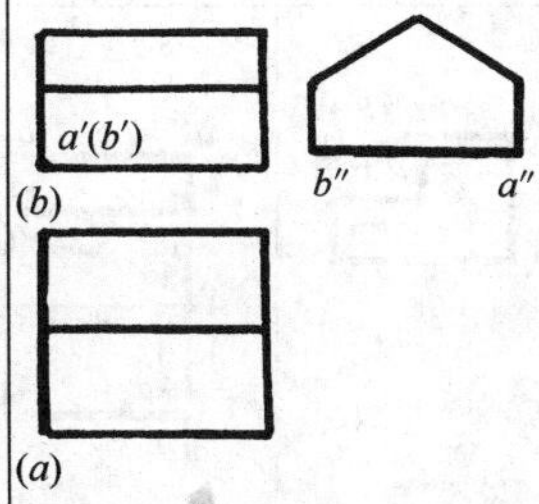	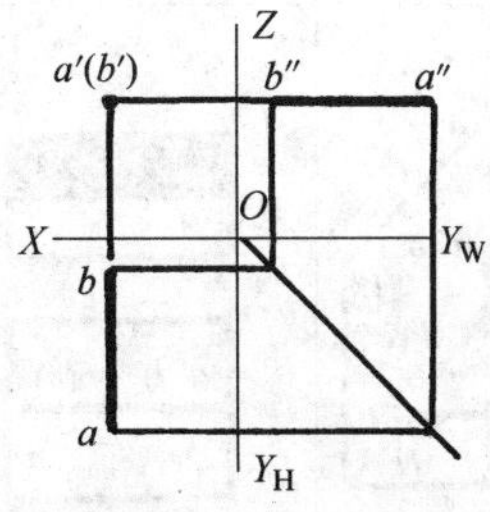	1. V 面积聚为一点 $a'(b')$ 2. ab // OY_H、$a''b''$ // OY_W 都反映实长

续表

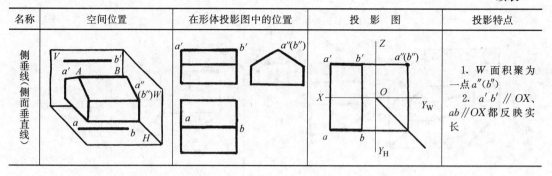

名称	空间位置	在形体投影图中的位置	投影图	投影特点
侧垂线（侧面垂直线）				1. W 面积聚为一点 $a''(b'')$ 2. $a'b'$ // OX、ab // OX 都反映实长

2.3.3　平面的投影

对投影面来说，形体上有各种不同位置的平面，其各种位置和投影特点分别见表2-4、表2-5、表2-6中的图示分析。

一 般 位 置 面 表 2-4

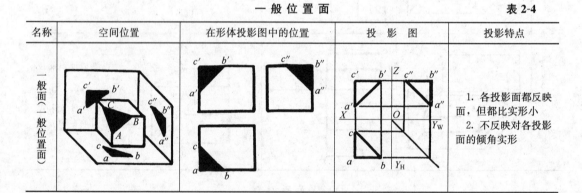

名称	空间位置	在形体投影图中的位置	投影图	投影特点
一般面（一般位置面）				1. 各投影面都反映面，但都比实形小 2. 不反映对各投影面的倾角实形

投 影 面 平 行 面 表 2-5

名称	空间位置	在形体投影图中的位置	投影图	投影特点
水平面（水平面平行面）				1. H 投影反映实形 2. V、W 投影分别积聚为一水平线，并分别平行于 OX 与 OY_W
正平面（正面平行面）				1. V 投影反映实形 2. H、W 投影分别积聚为一水平线，并分别平行于 OX 与 OZ

续表

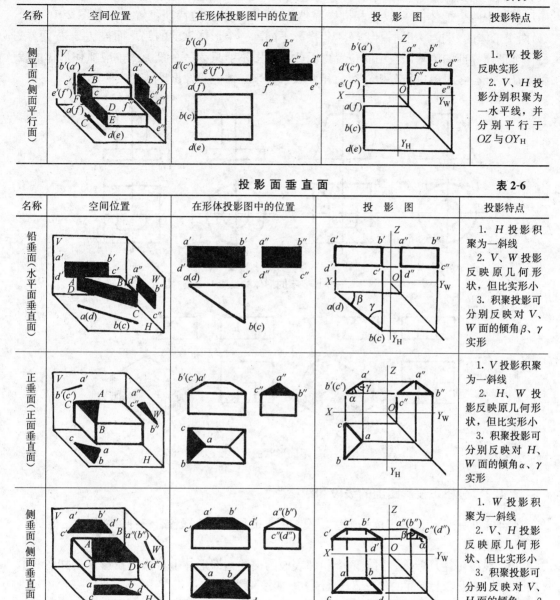

投影面垂直面 表 2-6

2.4 正投影图的分析

2.4.1 形体的投影特征

三面投影图，每个投影面的投影，只反映同一形体一个侧面的形状，而不是反映形体的全貌。读图时一般把给定的两个、三个或更多的投影图联系起来阅读，其中最主要的是把能反映形体特征形状的图先看，再综合各侧面的特征想像出空间形体的形象。例如图 2-15(*a*)、(*b*)两个形体的 *V* 投影相同，但一个表达圆锥台，另一个表达四棱台，两者差别很大,其差别要根据 H 投影才能看出,因此,H 投影是主要的特征位置。同理,图 2-15 (c)、(d)中两个形体的 V 投影相同,显然 H 投影是主要的特征位置。又如图 2-16(a)、(b)两个形体的 V 投影相同,但 H、W 投影不同。一个形体靠前的侧垂面在左、右两端;另一个形体靠前的侧垂面在中间位置。因此,读图不能只读一个投影图,应抓住形体的投影特征,综合各投影进行分析对照,相互联系起来,才能想像出形体的实际形状。

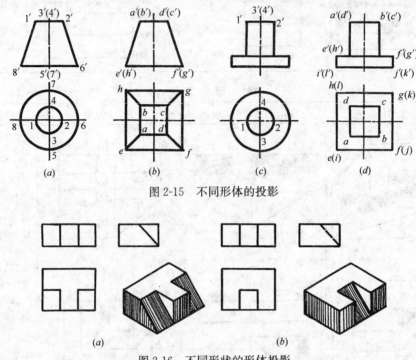

图 2-15 不同形体的投影

图 2-16 不同形状的形体投影

2.4.2 分析正投影图上的线段和线框

归纳前面一些简图的识读和画法,投影图上的线段和线框各有三种可能性:

1)线段

(1)线段可能是形体表面上两个相邻表面的交线,即形体上棱边的投影。例如图 2-15(b)所示,H 投影上标注的 ae、df、cg、bh 四段斜线。

(2)线段可能是形体某一侧面的积聚投影。例如图 2-15 所示,各形体的顶面和底面在 V 面的投影均是积聚投影。

(3)线段也可能是曲面投影轮廓线。例如图 2-15(a)中的 V 投影 $1'8'$、$2'6'$ 为锥台左、右轮廓素线位置。

2)线框

(1)可能是某一侧面的实形投影。例如图 2-15 所示,各形体的顶面和底面的 H 投影均反映实形。

(2)可能是某一侧面的非实形投影。例如图 2-15(b)所示,V 投影 $a'd'f'e'$ 和 H 投影 $adfe$ 均不反映实形。

(3)也可能是某一曲面的投影。例如图 2-15(a)、(c)所示,图 2-15(a)中 V 投影 $1'2'6'4'$ 是圆锥表面,图 2-15(c)中 V 投影是两个大小不同圆柱的表面投影。

第 3 章
平面体的投影

3.1　棱柱、棱锥、棱台的投影

3.2　同坡屋面的投影

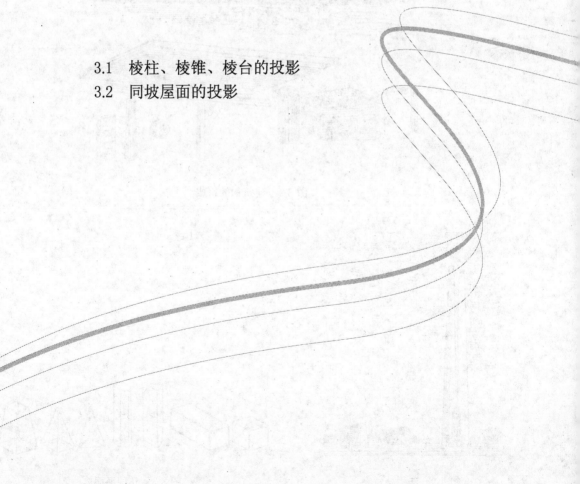

　　一般建筑物或建筑构件的形状虽然复杂多样，若用形体分析法去观察这些形体，都可以看成由长方体、棱柱、棱台、圆柱、圆锥、圆锥台、球等基本几何体（简称基本体）按一定方式组合而成。例如图 3-1 所示的建筑物，是由几种不同形状的基本体组合而成的；图 3-2 所示的标志建筑物是由两块竖立的三面体组合而成。学习制图应从简单的基本体学起，做到熟练掌握各种基本体的投影特点和分析方法。

　　由平面围成的立体称为平面体（图 3-3），平面体是基本体中的一种类型。平面体相邻表面的交线称为棱线，棱线也是表面边线，被称为各表面的轮廓线。画平面体的投影图，其实质是画各表面的轮廓线的投影。平面体主要分成棱锥和棱柱几种。

图 3-1　建筑物的组成

图 3-2　标志建筑物

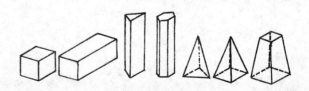

图 3-3　几种平面体

3.1 棱柱、棱锥、棱台的投影

3.1.1 三棱柱的投影

1) 投影分析

图 3-4(a)所示的三棱柱形体，常见于两坡顶屋面。画投影图时，应按坡屋面实际位置，水平摆放后再投影(图 3-4b)。由图所示，三棱柱前、后两端画为平行于 V 面的平面，左、右两个棱面为正垂面，底棱面是水平面。因此，V 投影为等腰三角形，它反映前、后两端面的实形，其三条边则是三棱面 $ca'(e')(f')b'$、$ca'(e')(d')c'$、$cb'(f')(d')c'$ 的积聚性投影。H 投影的外形轮廓线 $\square cbfd$ 是底面的投影，反映实形；而其中的两个相同的小线框 $\square aefb$ 和 $\square aedc$ 是左、右两棱面的非实形投影。W 投影是个矩形，反映左、右棱面的重合投影；矩形的前、后两边线 $a''b''(c'')$、$e''f''(d'')$ 以及下边线 $b''(c'')(d'')f''$，分别是三棱柱前、后两端面和底棱面的积聚性投影；上边线 $a''e''$ 是顶棱线，是正垂线在 W 面上的投影。

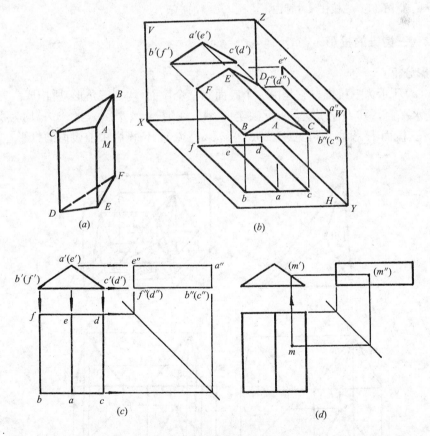

图 3-4 三棱柱的投影

(a)三棱柱；(b)水平摆放与投影；(c)画图过程；(d)求作 M 点

从以上分析可知，平面体投影图中的各条轮廓线(不论可见与不可见)有如下方面的含意：

(1) 表示某棱线的投影；

（2）表示某平面有积聚性的投影。

2）画图过程

如图 3-4(c)所示，先画出 V 投影图，然后根据"长对正、高平齐、宽相等"的投影规律画出 H、W 投影图。

3）三棱柱表面上的点

由图 3-4(d)所示，已知表面上点 M 的 H 投影 m（可见），求作 m′ 及 m″ 的方法是：

（1）按 m 点的位置及可见性可知，M 点在右棱面上。

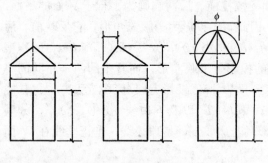

（2）右棱面的 V 投影积聚成一条斜线，根据投影关系 m′ 必在此斜线上，m′ 为不可见点。

（3）因右棱面的 W 投影不可见，故投影点 m″ 为不可见。

4）三棱柱尺寸标注

对于等腰三棱柱、不等边三棱柱、等边三棱柱的尺寸标注分别见图 3-5 所示。

图 3-5　三棱柱尺寸标注

3.1.2　三棱锥的投影

1）投影分析

图 3-6(a)所示为三棱锥。它是由一个底面和三个棱面（均为三角形）所构成。三棱锥底面 ABC 是水平面，其 H 投影 △abc 反映实形，V、W 投影 a′b′(c′) 与 (a″)b″c″ 均为积聚性的水平直线，三棱面 H 投影均可见（△sab、△sac、△sbc）；V 投影中前棱面的投影 △s′a′b′ 可

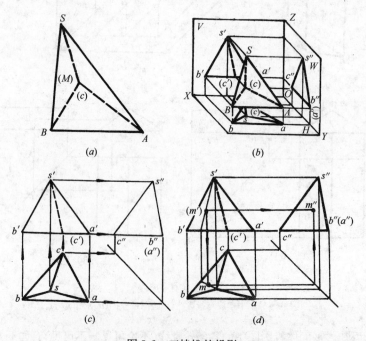

图 3-6　三棱锥的投影

(a)三棱锥；(b)三棱锥的摆放与投影；(c)画图过程；(d)求作 M 点

见，其余两棱面△$s'a'(c')$与△$s'b'(c')$的投影不可见，均为一般位置面，$s'(c')$为虚线；W投影中，因前棱面 SBA 是侧垂面，故投影 $s''b''(a'')$ 为一条积聚性直线，左、右两棱面的投影重合，左棱面的投影△$s''b''c''$可见，右棱面的投影△$s''c''(a'')$不可见(图 3-6b)。

2）画图过程

图 3-6(c)所示为三棱锥的画图过程，先画出 H 投影图，然后定出锥顶 S 的各面投影，再根据投影规律画出 V、W 投影图。

3）三棱锥表面上的点

已知 M 点的 V 投影(m')，求作 m 及 m''的方法是：

（1）按 M 的位置及可见性可知 M 点在左棱面 SCB 上 (图 3-6a)。

（2）因左棱面为一般位置，故可在△SCB 内作辅助直线求解，具体作图如图 3-6(d)所示。

（3）所示 m 及 m''均为可见。

4）三棱锥尺寸标注

三棱锥的底面为非等边三角形时，尺寸标注如图 3-7(a)所示；底面为等边三角形时，其尺寸标注如图 3-7(b)所示。

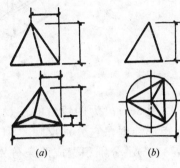

(a)   (b)

图 3-7 三棱锥尺寸标注

3.1.3 三棱锥的截交线

假设用于截断三棱锥的平面称为截平面，截平面与形体表面相交的交线称为截交线，截交线围成的平面称截平面。如图 3-8(a)所示，三棱锥被平面 P 所截，截交线Ⅰ-Ⅱ-Ⅲ-Ⅰ在平面 P 上，也在三棱锥上，因此截交线是平面 P 与三棱锥表面的共有线，并且是封闭的平面折线。图 3-8(b)所示是三棱锥截交线的投影作图方法：

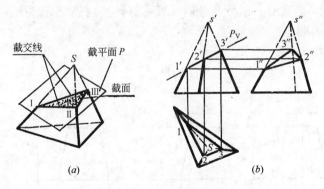

截交线 S 截平面 P 截面

(a)   (b)

图 3-8 求作三棱锥截交线

因截平面 P 为正垂面，故利用 P_V 的积聚性即可求出截交线上的三个转折点，V 投影 $1'$、$2'$、$3'$。然后按投影规律求出 H 投影 1、2、3 和 W 投影 $1''$、$2''$、$3''$之后，依次连结 1-2-3-1 和 $1''$-$2''$-$3''$-$1''$，即得截交线。求平面体的截交线可归结为求出各棱边与截平面的交点，然后依次连接起来，即得截交线。

3.1.4 四棱锥台的投影

1）投影分析

图 3-9(a)所示为四棱锥台，它可看成由平行于四棱锥底面的平面截去锥顶一部分

而形成的。其顶面□ABCD与底面□EFGH为互相平行的平面，均反映实形；前、后侧面（□ABFE、□CDHG）为侧垂面，左、右两侧面（□ADHE、□BCGF）为正垂面。

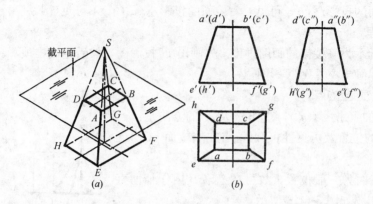

图 3-9　四棱台的投影

图 3-9(b)为四棱台的三投影图，四棱台顶面和底面的 H 投影（abcd、efgh）分别为矩形线框，它分别反映了顶面和底面的实形，顶面的 V、W 投影 $a'b'(c')(d')$、$a''(b'')(c'')d''$ 分别积聚成两条分别平行于 X 轴和 Y_W 轴的线段；前、后两侧面的 W 投影 $a''(b'')(f'')e''$、$d''(c'')(g'')h''$ 积聚成两条斜线，V、H 投影 $a'b'f'e'$、$(c')(d')(h')(g')$、（abfe、cdhg）为等腰梯形线框，是类似形；左、右两侧面的 V 投影 $a'(d')(h')e'$、$b'(c')(g')f'$ 积聚成两条斜线，H、W 投影（adhe、bcgf）、$a''d''h''e''$、$(b'')(c'')(g'')(f'')$ 为等腰梯形线框，也是类似形。四条侧棱的投影 ae、bf、cg、dh 分别为一般位置线。

2）画图过程

一般先画 H 画，把底面、顶面及各侧面投影好，然后确定好顶面高度，根据投影规律，把 V、W 面画出来。

3）棱锥台的尺寸标注

图 3-10 都标注了长、宽、高三个方向的尺寸。

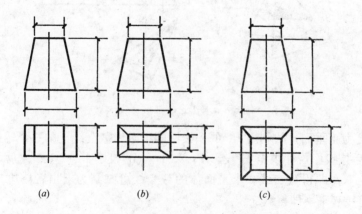

图 3-10　几种棱台的尺寸标注

3.2 同坡屋面的投影

坡屋面是常见的一种屋面形式，一般有两坡和四坡顶两种，如图 3-4 和图 3-11 所示。坡屋顶的各顶面通常做成对 H 面的倾角相等，又称为同坡屋面。

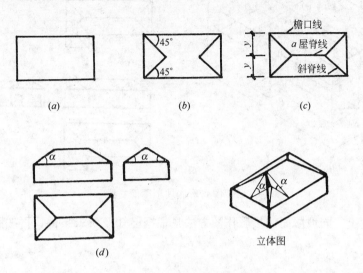

图 3-11 作四坡顶屋面的交线

（a）已知平面形状；（b）作 45°斜脊线；（c）过公有点 a 连屋脊线；
（d）按投影规律作 V、W 投影图

同坡屋面有如下特点：

（1）檐口线平行的两个坡面相交，其交线是一条水平的平行于檐口线的屋脊线，屋脊的 H 投影，必平行于檐口线的 H 投影，且与两檐口线等距（图 3-11c）。

（2）檐口线相交的相邻两个坡面，其交线是一条斜脊线或天沟线。它们的 H 投影为两檐口线 H 投影夹角的平分线。斜脊位于凸墙角上，天沟位于凹墙角上（图 3-12a）。

（3）如果两斜脊、两天沟或一斜脊和一天沟相交于一点，必有另一条屋脊线通过该点。该点是三个相邻屋面的公有点。

屋面坡度大小（a）与屋面材料有关，因此，W 面上斜脊线对檐口线的夹角 α，需设计后才能确定，练习画图时，V、W 投影 α 角一般按 30°画出。

四坡顶屋面作图步骤见图 3-11 所示。

L 形四坡屋面作图步骤如下：

（1）先把屋顶的 H 投影分为两个矩形 $abcd$ 及 $cefg$（图 3-12b）。

（2）画出各矩形线框凸墙角处 45°的斜脊线，两斜脊线相交点必有屋脊线从该点出发。

（3）画出凹墙角处 45°天沟线，交于矩形线框 $cefg$ 的屋脊线，其交点必有斜脊线从该点出发（图 3-12c）。

（4）擦出多余的图线即得 H 投影图（图 3-12d）。

（5）根据所绘屋顶坡面的倾角和墙体的高度，按照"长对正、高平齐、宽相等"的投影规律，即可画出 V、W 面投影图（图 3-12e）。

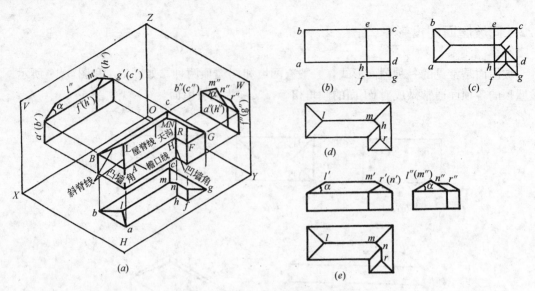

图 3-12　作 L 形四坡顶屋面交线

　　由此可归纳出：同坡屋面的投影作图方法是根据已知及所求条件，再按照上述投影作图规律求得。

第4章

曲面体的投影

4.1 圆柱体的投影
4.2 圆锥、球体的投影
4.3 圆柱螺旋线的正投影
4.4 其他曲面的投影

由曲面或曲面与平面围成的立体称为曲面体。圆柱、圆锥、圆球等都是工程上常见的曲面体，由它们可以组合成不同形状的建筑物。例如：上海"东方明珠"电视塔其塔高468m，为亚洲第一、世界第三高塔，气势宏伟，标志着上海的腾飞。这种建筑艺术要求很高的标志性建筑，也是用球体、圆柱体等几何图形经过有机的组合构成的。图4-1为"东方明珠"调整后的设计方案。

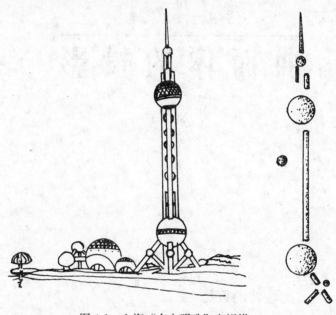

图4-1　上海"东方明珠"电视塔

4.1　圆柱体的投影

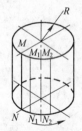

图4-2　圆柱面
的形成

由两条平行的直线，一条为母线，一条为轴线，母线绕轴线旋转，即得圆柱面。

如图4-2所示，母线 MN 在旋转过程中的任一位置，如 M_1N_1、M_2N_2……等，称为圆柱面上的素线。圆柱面上左、右、前、后的最大素线位置，又称为圆柱体最大的轮廓线位置。绘制圆柱体的投影图，主要是绘制其轮廓线的投影。

4.1.1　投影分析

图4-3(a)所示，圆柱体是由圆柱面和上、下两底面所构成。由于圆柱轴线垂直 H 面，它的 H 投影为一圆，它反映圆柱上顶与下底面的实形，圆的周围是圆柱面积聚性的投影；V、W 投影则是两个相等的矩形。其宽为圆柱体的直径，高为圆柱体的高。应注意的是，V、W 投影中，两个相等的矩形轮廓线并非同一对素线的投影。V 投影是圆柱面上最左（AA_1）和最右（BB_1）两条素线（又称转向素线）的投影，这对素线把圆柱体分为前、后两半，前半圆柱面为可见，后半圆柱面为不可见，AA_1、BB_1 的 W 投影与轴线重合。W 投影则是圆柱面上最前（DD_1）与最后（CC_1）两条素线的投影，把圆柱体分为左、右两半，左半圆柱面为可见，右半圆柱面为不可见。

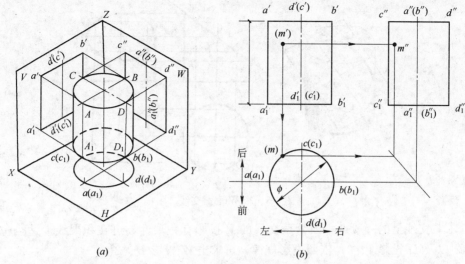

图 4-3　圆柱体的投影

4.1.2　圆柱面上点的投影

【例 4-1】　在图 4-3(b)中，已知点(m')，求点 m 和 m'' 的投影。

经过分析可知，M 点位于后半圆柱面上。利用圆柱面 H 投影的积聚性可作出点(m)，根据点的投影规律，又可作出 W 投影点 m''，投影点(m)为不可见，m'' 为可见。

4.1.3　尺寸标注

圆柱体只需标注圆柱直径和圆柱高度尺寸(图 4-3b)。

4.1.4　圆柱体的截交线

1) 水平截平面截圆柱体

截平面与圆柱轴线的相对位置不同，则有不同形状的截交线。截平面与轴线垂直或平行时，求作截交线比较容易(图 4-4)，但对截平面倾斜于轴线时的截交线，有一个投影为椭圆，须按一定的步骤分析作图。求作圆柱体的截交线的方法为先求出截交线上的若干点然后把点圆滑地连接起来，即为截交线。根据投影规律求出若干点，可分两步进行，先求特殊点，后求一般点。

【例 4-2】　已知 V、H 投影，求作 W 投影。

如图 4-5 所示，截交线的 V 投影积聚在截平面的 V 投影上，H 投影为圆柱面积聚性投影。求作 W 投影面的步骤为：

① 求截交线上的特殊点：从图 4-5(a)可以看出，截交线上的点 A、B、C、D 分别是最左、最右、最前、最后四个点，也是椭圆长短轴的端点。四个点的 W 投影可直接从 V、H 投影图上求出，并符合点的投影关系(图 4-5b)。

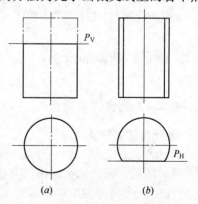

图 4-4　圆柱体的截交线
　(a)截平面与轴线垂直；
　(b)截平面与轴线平行

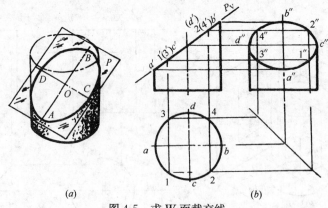

图4-5 求W面截交线

② 求截交线上的一般点：因为截交线的 V 投影有积聚性，可在积聚线上适当位置取点 $1'$、$2'$ 以及 H 投影 1、2，依照投影规律，可求出 W 投影 $1''$、$2''$。

③ 相同的方法可求得 $(3')$、$(4')$、3、4、$3''$、$4''$等点的投影。圆滑地连接 a''-$1''$-c''-$2''$-b''-$4''$-d''-$3''$-a''，即得截交线的 W 投影（图4-5b）。

2）两相交截平面截圆柱

【例4-3】 已知 V、W 投影，求作 H 投影。

由图4-6所示，被切去的部分可看作是两个截平面倾斜于圆柱轴线相切而成，其截交线分别为部分椭圆，作 H 投影的步骤为：

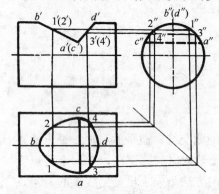

图4-6 有切口圆柱的投影图

① 求特殊点：对 V、W 投影稍加分析可知，V 面有最左最右 b'、d' 两点；W 面上有前、后 a''、c'' 两点。依照投影规律即可求出 H 投影 b、d、a、c 四点。

② 求截交线上的一般点：在 V 面适当位置取点 $1'$、$3'$ 以及 W 投影 $1''$、$3''$，可求出 H 投影 1、3。

③ 相同的方法可求得 $(2')$、$(4')$、2、4、$2''$、$4''$ 等点的投影，圆滑地连接 a-3-d-4-c-2-b-1-a，并画出 ac 线段，它是两部分椭圆的相交线，即得两相交截平面截圆柱的截交线。

4.2 圆锥、球体的投影

4.2.1 圆锥体的投影

1）圆锥体的形成

两条相交的直线，以一条为母线绕另一条为轴线旋转，即得圆锥面。如图4-7所示，圆锥体是圆锥面及底面所构成，母线在旋转过程中的任一位置如 SA_1、SA_2、SA_3……等称为素线。

2）投影分析

图4-8所示的圆锥体，H 投影为圆，它反映底面实形，又是圆锥面的投影，两者间并没有积聚性，底圆中心点为锥顶的投影 S，圆锥的 V、W

图4-7 圆锥体
的形成

投影均为两个等腰三角形。在 V 投影中素线 $s'a'$ 与 $s'c'$ 是圆锥面最左和最右轮廓的投影，这对最大位置素线把圆锥分成前、后两半，在前边的可见，在后边的不可见。在 W 投影中素线 $s''b''$ 与 $s''d''$ 是圆锥面最前和最后轮廓的投影，这一对最大位置素线把圆锥分成左、右两半，在左边的可见，在右边的为不可见。

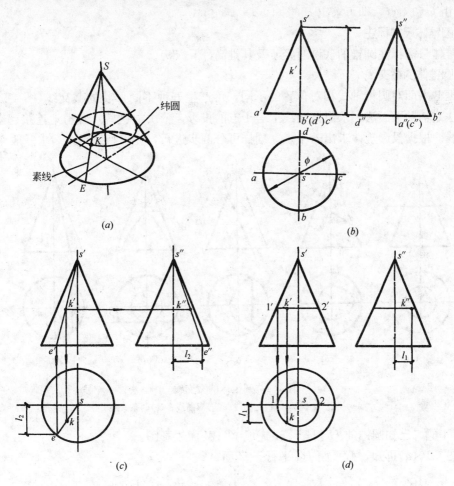

图 4-8 求圆锥表面上点的投影

(a)圆锥体；(b)圆锥体三投影面；(c)素线法；(d)纬圆法

3) 圆锥面上点的投影

(1) 从圆锥体的形成可知，圆锥表面是由许多素线组成的，表面上若有一个点，必在某一条素线上。若已知圆锥表面上点的一个投影，求作其他投影时，可直接过已知点作一条素线，按投影规律作出素线在其他面的投影，然后求出素线上该点的投影。用这种方法求点的投影，称为素线法。

【例 4-4】 图 4-8(a)所示，已知圆锥面 V 投影点 k'，求 k、k'' 的投影。

① 过 k' 点作素线 $s'e'$（图 4-8c）；

② 由 $s'e'$ 求出 se 和 $s''e''$ 的投影；

③ 由 k' 点即可求出 k'' 和 k 点的投影。

(2) 假设用一个垂直于圆锥轴线的水平截面，过圆锥表面上的点截断圆锥，移出上面部分，再向下投影，即在 H 面上反映一个圆，这个连着点的圆称为纬圆（图 4-8a），用这种方法求点的投影，又称为纬圆法。

【例 4-5】　图 4-8(d)所示，已知 V 投影点 k'，求作 k、k'' 的投影。

① 过 k' 点作纬圆直径 $1'2'$；

② 以 s 点为圆心，取直径 $1'2'$ 的 1/2 为半径，在 H 面上画出纬圆实形，k 点必然在纬圆上；

③ 由 k' 和 k 点，即可求出 k''（图 4-8d）。

4）圆锥体尺寸标注

圆锥体只需标注圆锥的底圆直径 ϕ 及其锥高（图 4-8b）。

5）圆锥体的截交线

根据截平面对圆锥轴线相对位置的不同，可产生五种不同形状的截交线（图 4-9）。可用素线法或辅助平面法，求出截交线上若干点的投影，依次把这些点圆滑地连接起来，即为截交线。根据投影规律求出若干点，同样可分两步进行，先求特殊点，后求一般点。

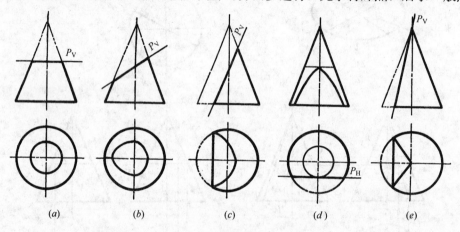

图 4-9　圆锥体的截交线

(a)圆；(b)椭圆；(c)抛物线；(d)双曲线；(e)两条素线

【例 4-6】　已知圆锥的 H 投影，试完成 V、W 面投影图。

由图 4-10(a)可知，截平面 P_H 平行于 V 面。

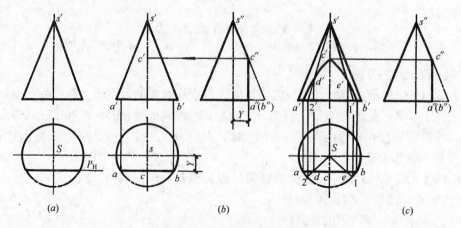

图 4-10　求作圆锥的截交线

(a)已知条件；(b)完成 W 投影定出最高、最低点；(c)求一般点，完成全图投影

① 求特殊点：先作出 W 投影 c''，即为双曲线上最高点，a''、(b'') 即为最低点，依照点的投影规律，即可得到特殊点 c'、a'、b'、c、a、b（图 4-10b）；

② 求一般点：在 H 投影上任取一点 e，然后用素线法求出 e'，用同样的方法求得与点 E 对称的点 D 的投影 d、d'（图 4-10c）；

③ 连点：在 V 投影上依次连接 a'-d'-c'-e'-b' 各点，即得 V 投影截交线为双曲线，截交线在 H、W 面的投影均已积聚。

4.2.2 圆球体的投影

圆球面是以一圆周作母线绕本身的一条直径旋转而成（图 4-11）。

1）投影分析

由图 4-12 所示，圆球的三面投影的轮廓线都是相同直径的圆形。投影 a' 对应于圆素线 A 的 V 投影，把球面分成前、后两半，前半球面可见，后半球面不可见；投影 b 对应于圆素线 B 的投影，把球面分成上、下两半，上半球面可见，下半球面不可见；投影 c'' 对应于圆素线 C 的投影，把球面分成左、右两半，左半球面可见，右半球面不可见。

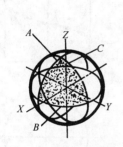

图 4-11 圆球面的形成

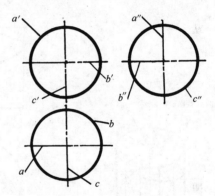

图 4-12 圆球的投影

2）球面上点的投影

可用纬圆法求作球面上点的投影。如图 4-13(a) 所示，图中的平面 P 为截平面。

【例 4-7】 已知点 M 的 V 投影 m'，求作 H 和 W 面的投影（图 4-13）。

① 先确定点 M 的位置及其可见性，经分析点 M 是在球的右、上、前半球部位，则 H 投影可见，W 投影为不可见；

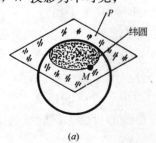

(a)

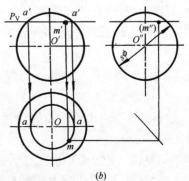

(b)

图 4-13 球面上点的投影

(a)纬圆；(b)纬圆法求点

② 过 V 投影 m' 点作纬圆且平行于 OX 轴的直线 $a'a'$，再以直线 $a'a'$ 的一半为半径在 H 面上画出纬圆，即得投影点 m；

③ 按点的投影规律即得投影点 m''（图 4-13b）。

3）尺寸标注

圆球只标注一个尺寸 $S\phi$，如图 4-13(b)所示。

4.3　圆柱螺旋线的正投影

如果有一动点 K 在圆柱面母线(MN)上作等速运动，而该母线同时绕与它平行的一轴线等速旋转时，动点在圆柱表面上的运动轨迹称为圆柱螺旋线。当母线旋转一周，回到原来位置时，动点在该母线上移动了的距离，又称为螺旋线的距离(简称螺距)，用字母 P 表示(图 4-14)。

螺旋线的形状取决于圆柱直径 ϕ 和螺距 P 的尺寸大小。螺旋线的可见部分是自左向右上升的称为右螺旋线，可见部分是自右向左上升的称为左螺旋线(图 4-15)。

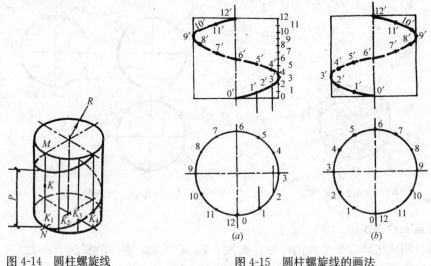

图 4-14　圆柱螺旋线　　　图 4-15　圆柱螺旋线的画法

(a)右螺旋线的投影图；(b)左螺旋线的投影图

现以右螺旋线为例，投影步骤如下：

(1) 由已知的圆柱直径 ϕ 和螺距 P，画出圆柱的 V、H 投影(图 4-16a)。

(2) 把圆柱面的 H 投影——圆周分为若干等分，V 投影螺距 P 也等分相同数(例如十二等分)。

(3) 过 V 投影图内各等分点作平行线，过 H 面各等分点向 V 面引垂线。

(4) 各平行线与垂线相交于 V 投影面，于是可求出对应等分点的相交点 $0'$、$1'$、$2'$、$3'……12'$。并且将这些点用圆滑曲线连接起来，即得螺旋线的投影。螺旋线的 H 投影都落在圆周上(图 4-16b)。

(5) 判别可见性。V 投影中因圆柱后面一段螺旋线为不可见，用虚线画出。

(6) 展开螺旋线。以圆柱圆周长 $2\pi R$ 为底边，螺距 P 为高，作出的直角三角形，其斜边即为螺旋线展开后的直线(图 4-16c)。

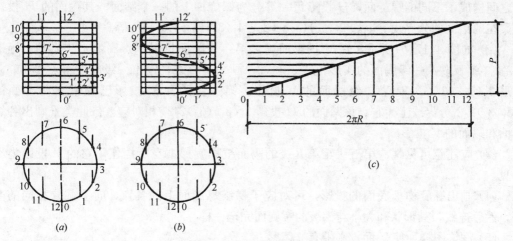

图 4-16 右螺旋线的画法

(a)求作对应交点；(b)连接各点；(c)螺旋线展开

根据圆柱螺旋线的投影原理，可以画出房屋建筑中旋转楼梯的投影图。一般作图步骤如下：

（1）如图 4-17(a)所示，V、H 面投影可看作由两个同轴圆柱面的投影，并有相等的螺距 P。然后按照上述圆柱螺旋线的画法，画出两个同轴圆柱面各自的螺旋线。由大小螺旋

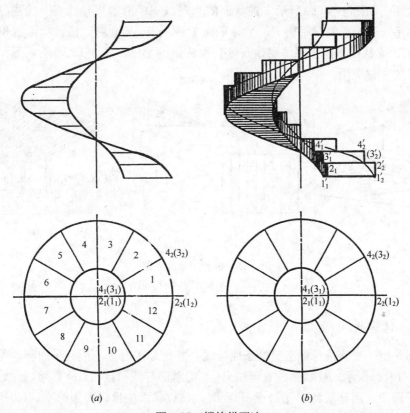

图 4-17 螺旋梯画法

(a)画圆柱螺旋面和螺旋梯的 H 投影；

(b)画螺旋梯踢面的 V 投影和完成的螺旋梯两投影

线之间构成了不同的螺旋面，H 投影每一等分为螺旋梯上的一个踏面。其踢面的 H 投影积聚在两踏面的分界线上，如 $2_1(1_1)(1_2)2_22_1$、$4_1(3_1)(3_2)4_24_1$……等。

（2）如图 4-17(b)所示，在 V 投影面确定第一级踢面长 $1'_11'_2$、高 $2'_11'_1$、$2'_21'_2$，矩形 $1'_12'_12'_21'_1$ 反映第一级踢面的实形。过 $3'_1$ 和 $(3'_2)$ 画一竖直线，定出一级高度得点 $4'_1$ 和 $4'_2$，矩形 $3'_14'_14'_2(3_2)'3'_1$ 是第二级踢面的 V 投影。第一步踏面 V 投影已积聚在两踢面的 $2'_13'_1(3'_2)2'_22'_1$ 分界线上，它与该踏面的 H 投影 $2_1(3_1)(3_2)2_22_1$ 相对应。依此类推画出各级踏面和踢面的 V 投影。

（3）应注意可见性。第五级至第九级的踢面被螺旋梯本身所挡住，它的 V 投影为不可见。

（4）画出螺旋梯板底面的投影，可对应于梯级螺旋面上的各点，向下截取相同的高度，然后连线，其形状和大小与梯级的螺旋面完全一样。

（5）润饰图样，使 V 面投影带有立体感。

4.4 其他曲面的投影

4.4.1 锥状面

由一根直母线沿一条直导线和一条曲导线，同时平行于一个导平面移动所形成的曲面，叫锥状面。如图 4-18(a)所示，锥状面的直母线 AC 沿着直导线 CD 和曲导线 AB 移动，并始终平行于铅垂的导平面 P。当导平面 P 平行于 W 面时，该锥状面的投影图如图 4-18(b)所示。锥状面多用于壳体屋顶及带直螺旋面的物体。图 4-18(c)所示屋面，是锥状面在工程上的一种应用。

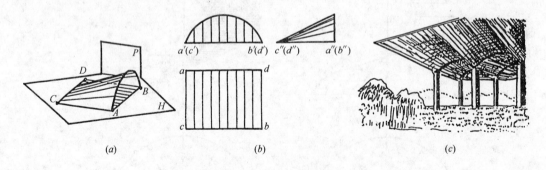

图 4-18 锥状面及其应用

(a)形成；(b)投影图；(c)实例

4.4.2 柱状面

柱状面是由一根直线母线沿着两条曲导线，并始终平行于一个导平面移动所形成的曲面。如图 4-19(a)所示，柱状面的直母线 AC，沿着曲导线 AB 和 CD 移动，并始终平行于铅垂的导平面 P。当导平面 P 平行于 W 面时，该柱状面的投影图如图 4-19(b)所示。柱状面常用来作壳体屋顶，隧道拱及管子接头。图 4-19(c)所示的屋面，是柱状面在工程上的一种应用。

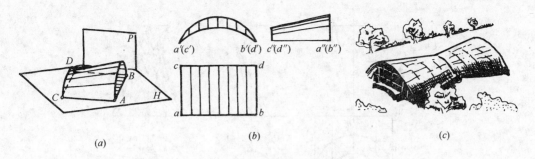

图 4-19　柱状面及其应用

(a)形成；(b)投影图；(c)实例

4.4.3　单叶双曲回转面

单叶双曲回转面是由直母线与它交叉的轴线旋转而形成（图 4-20a）。只要给出母线 MN 和轴线 O，就可作出曲面的投影。其作图步骤如图 4-21 所示。

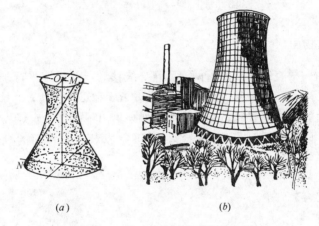

(a)　　　　　　　　　　(b)

图 4-20　单叶双曲回转面及其应用

(a)单叶双曲回转面；(b)冷凝塔

（1）已知直母线 MN 和轴线 O 的两面投影 $m'n'$、mn 和 o'、o（图 4-21a）。

（2）母线旋转时，每一点的运动轨迹都是一个垂直于轴线 O 而平行于 H 面的纬圆。先作出过母线两端点 M 和 N 的纬圆，以 o 为圆心，分别以 om 和 on 为半径作图，即为所求两纬圆的 H 投影（图 4-21b）。

（3）把两纬圆分别从点 M 和 N 开始，各分为相同的等分，如 12 等分。MN 旋转 $30°$（即圆周的 1/12）后，就是素线 PQ，即投影为 pq 与 $p'q'$，如图 4-21(c)所示。

（4）顺次作出每转动 $30°$ 后，各素线的 H 投影和 V 投影（图 4-21d）。

（5）引平滑曲线作为包络线与各素线的 V 投影相切，这是双曲线。整个曲面也可以看成是由这双曲线绕它的虚对称轴旋转而成。这时，该双曲线便成为单叶双曲回转面的母线。曲面各条素线的 H 投影也有一根包络线，它是一个圆，即曲面颈圆的 H 投影（图 4-21d）。每根直母线的 H 投影，均与颈圆的 H 投影相切。

图 4-20(b)所示冷凝塔，是单叶双曲回转面在工程上的一个应用实例。

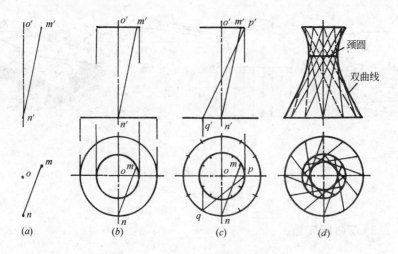

图 4-21　单叶双曲回转面的画法

(a)已知轴线 O 和母线 MN；(b)作出过母线两端点的纬圆；

(c)作出素线 PQ；(d)作出整个曲面

4.4.4　双曲抛物面

双曲抛物面是由一根直线母线沿着两交叉直导线移动，并始终平行于一个导平面而形成。如图 4-22(a)所示，直母线 AC 沿着交叉直导线 AB 和 CD 移动，并始终平行于铅垂导平面 P。双曲抛物面的相邻两素线是交叉直线。如果给出了两交叉直导线 AB、CD 及导平面 P(图 4-23a)只要画出一系列素线的投影，即可完成双曲抛物面的投影图，作图步骤如下：

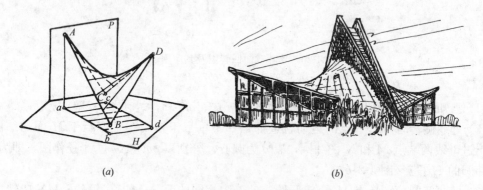

图 4-22　双曲抛物面及其应用

(a)双曲抛物面；(b)双曲抛物面屋面

(1) 分直导线 AB 为若干等分，例如 6 等分，得各等分点的 H 投影 a、1、2、3、4、5、b 和 V 投影 a′、1′、2′、3′、4′、5′、b′(图 4-23b)。

(2) 由于各素线平行于导平面 P，因此素线的 H 投影都平行于 P^H。如作过分点 II 的素线 II II₁ 时先作 22₁∥P^H，求出 c′d′上的对应点 2′₁ 后，即可画出该素线的 V 投影 2′2′₁(图 4-23b)。

(3) 同法作出过各等分点的素线的两投影。

（4）作出与各素线 V 投影相切的包络线。这是一根抛物线（图 4-23c）。

如果以原素线 AC 和 BD 作为导线，原导线 AB 或 CD 作为母线，以平行于 AB 和 CD 的平面 Q 作为导平面，也可形成同一个双曲抛物面（图 4-23d）。因此，同一个双曲抛物面可有两组素线，各有不同的导线和导平面。同组素线互不相交，但每一素线与另一组所有素线都相交。双曲抛物面多用来作多跨屋顶或大跨的、马鞍形壳体屋顶及岸坡的过渡面等。图 4-22(b)所示屋面，是其中的一例。

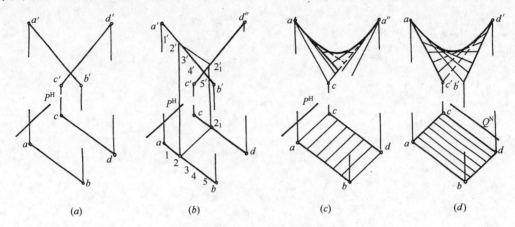

图 4-23 双曲抛物面的画法

(a)已知导线 AB、CD 和导平面 P；(b)作用一根素线ⅢⅢ₁；

(c)完成投影面；(d)另一组素线

第5章
组合体的投影画法与识读

5.1　组合体的构成方式
5.2　组合体的画法与识读

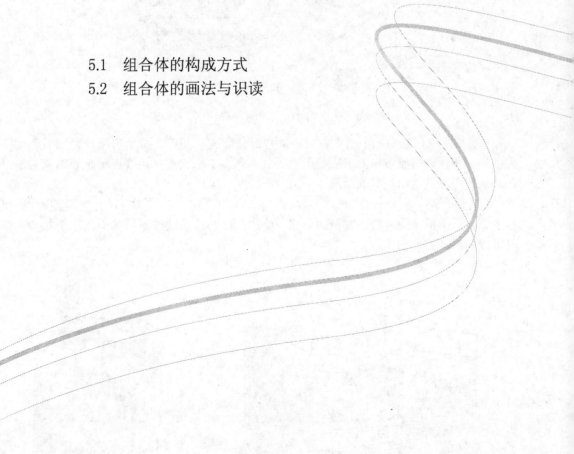

5.1　组合体的构成方式

　　由若干个基本形体(几何体)所构成的形体称为组合体,按其构成方式,组合体可分为:

　　(1)叠加型:它由几个基本形体叠加而成。图 5-1 所示房屋,可以看作是由 4 个尺寸大小不一的四棱柱、1 个三棱柱和 5 块长方体叠加在一起,组合成一栋高低错落、新颖活泼的房屋。

图 5-1　叠加型组合体

　　(2)切割型:它由一个基本体切去某些部分而成。图 5-2 所示房屋,可以看作由一个大型的四棱柱,按照建房要求进行切割而成。靠左下端切去一块变成了走廊,靠右上端切去一块使房屋造型出现高低错落。

　　(3)混合型:它兼有叠加与切割两种形式的组合体。图 5-3 所示为混合型的综合体,造型复杂,形体之间进行了有机的切割与叠加,能将许多功能不一的空间组合布置,同时又加以联系,方便使用。

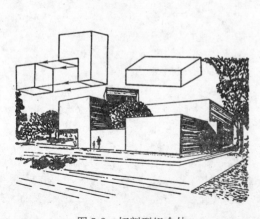

图 5-2　切割型组合体

图 5-3　混合型组合体

5.2 组合体的画法与识读

5.2.1 组合体表面交线的画法

组合体的表面交线常称为相贯线。相贯线是两立体表面的公有线，一般情况下是封闭交线(图 5-4)。正确画出相贯线是画组合体投影图中的一项重要内容。其一般画法如下：

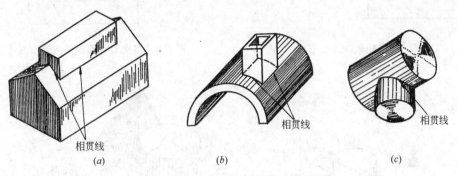

(a)　　　　　　　　(b)　　　　　　　　(c)

图 5-4　组合形体的表面交线——相贯线

1) 利用积聚性求相贯线

当两个基本体相交，其中有一个基本体的投影有积聚性时，可采用表面取线、取点的方法，求出相贯线上的点。

【例 5-1】 求天窗与屋面相贯线的 V 投影

图 5-5 所示，求作相贯线的 V 投影，正是利用投影有积聚性的特性。作图方法如下：

① 天窗与屋面相交，天窗垂直于 H 面，屋面垂直于 W 面，相贯线的 H 投影 $abcdefa$ 积聚在天窗的 H 投影上，相贯线的 W 投影 $a''(b'')(c'')(d'')e''f''a''$ 积聚在屋面的 W 投影上。相贯线前后对称，可利用屋面 W 投影的积聚性与天窗 H 投影的积聚性，直接求出相贯线的 V 投影。

② 自投影点 a'' 点 (b'') 作水平线，自投影点 a 点 e 与点 b 点 d 向 V 投影面引垂线，得相交点 $a'(e')$ 与 b'、(d')，再求天窗与屋脊线 V 投影交点 c'、f'。

③ 连接相贯线的 V 投影 $a'b'c'(d')(e')f'a'$ 即为所求。

如果没有给出 W 投影(图 5-6)，可利用表面取线取点的方法，求出相贯线上的点。在 H 投影上过 b 点，作一直线与屋脊线、檐口线相交于 1、2 两点，画出 Ⅰ Ⅱ 直线在 V 面上的投影 $1'2'$，按照点的投影规律求出点 b'。因相贯线 V 投影点 a' 与点 b' 等高，又因该相贯线前后对称，在后的相贯线为不可见，于是可得到 V 投影点 (d') 与点 (e')。V 投影点 c'、f' 的求作方法同图 5-5 所述；连接相贯线的 V 投影 $a'b'c'(d')(e')f'a'$ 即为所求。

2) 利用辅助平面法求相贯线

用辅助平面同时与两基本体相截，两截交线的交点是公有点，也就是相贯线上的点。在选择辅助平面时，应使截交线的投影简单易画为直线或圆(图 5-7)，一般情况下，多采用投影面平行面作为辅助平面。

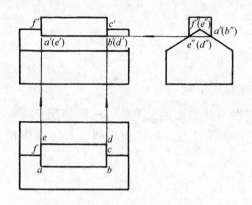 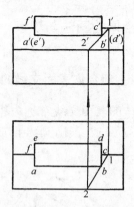

图 5-5 利用积聚性求相贯线　　　　图 5-6 表面取线取点法求相贯线上的点

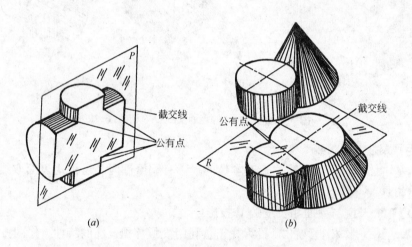

图 5-7 辅助平面法求相贯线

(a)直线与直线相交；(b)圆与圆相交

【例 5-2】 已知圆锥与圆柱相交的 V、H 投影，求作相贯线。

图 5-8(a)所示，两相交立体的轴线互相平行，圆柱在 H 面投影有积聚性，相贯线也积聚在圆柱的 H 投影上为已知，只需求出 V 投影相贯线，作图步骤如下：

① 求特殊位置：根据投影分析，可直接求得最低点 I（1，1′）、II（2，2′）。过锥顶 S 作圆柱水平投影圆的相切圆，可定出辅助水平面 R_{V3} 的高度位置，求得最高点 VII（7，7′），如图 5-8(b)所示；

② 求一般点：分别用辅助水平面 R_{V1}、R_{V2}，求出一般点投影 3、(3′)，4、4′，5、5′，6、(6′)；

③ 连点并判别可见性：最左、最右点是 II、V，最前、最后点是 I、VI，相贯线 V 面投影的虚实分界点是 5′。相贯线的 V 投影前段 1′-4′-5′为可见，画实线；后段 5′-(7′)-(6′)′-(3′)′-(2′)为不可见，画虚线；依次光滑连接 1′-4′-5′-(7′)-(6)′-(3)′-(2)′-1′，即为所求。

3）两圆柱正交时相贯线的画法

（1）两圆柱直径相等时，两圆柱表面的交线为两个垂直相交的椭圆，其正面投影成为两条相交的直线，如图 5-9 所示。

(2) 两圆柱直径明显不相等时，在作图要求不高的情况下，可采用简化画法（图5-10）：取大圆柱的半径 $D/2$ 为半径，以 a' 或 b' 为圆心画圆弧交于轴线 $0'$，再以 $0'$ 为圆心，以 $D/2$ 为半径作圆弧，即为相贯线投影的简化画法。

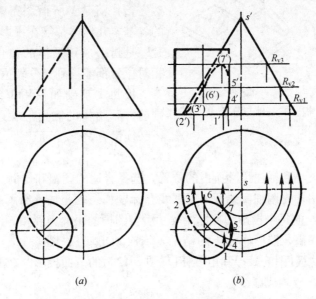

(a)　　　　　　　　(b)

图 5-8　辅助平面法求相贯线

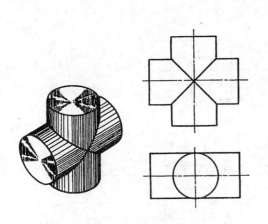

图 5-9　两圆柱直径相等的相贯线的画法

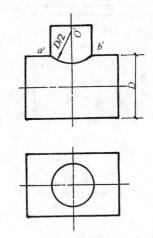

图 5-10　圆柱相贯线的简化画法

5.2.2　组合体的画法

现以板肋式基础为例，说明组合体的画法。

1）形体分析

板肋式基础是一个混合体，它由一块底板、一个带杯口的四棱柱和四块梯形肋板组成（图 5-11b）。

2）选择组合体的放置位置

组合体的放置位置，一般应有利于在各投影图中反映出各表面的实形，便于标注尺寸，并使其 V 投影能反映出形体的主要形状特征。建筑形体一般按工作位置平放，本例以

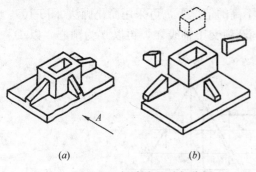

图 5-11 板肋式基础与分析

(a)立体图；(b)形体分析

A 向作为 V 投影方向(图 5-11a)。

3)确定投影面数量

确定的原则是用较少的投影面把形体表达完整、清楚。所谓"完整"指组成该形体的各基本几何体都能在投影中得到表达；"清楚"是指组成该形体的各几何体的形状及其相对位置都能得到充分表达。

板肋式基础如仅用 V、H 两个投影面，则前、后肋板的侧面形状还未反映出来，故还必须设有 W 投影面。

4)画投影图

(1)根据形体大小和标注尺寸所占的位置，选择合适的图幅和比例。

(2)布置投影图，先用细实线画出图框线和标题栏线框，估计所画的范围，然后定出三个投影图的位置，使每个投影图在标注尺寸后与图框的距离大致相等。

(3)画投影图底稿，按形体分析的结果，依次画出底板(图 5-12a)、中间四棱柱(图 5-12b)、四块梯形肋板(图 5-12c)和矩形杯口(图 5-12d)的三面投影。在 V、W 投影中杯口内轮廓是看不见的，应画成虚线。

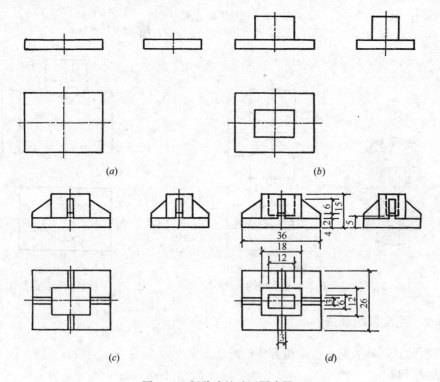

图 5-12 板肋式基础画图步骤

(a)布图、画底板；(b)画中间四棱柱；(c)画四块梯形肋板；

(d)画矩形杯口、擦去多余的线、标注尺寸、完成全图

画图时要注意到，形体分析仅仅是一种假想的分析方法。实际上组合形体是一个不可分割的整体，两个基本形体之间的形体尺寸、形状、所处相对位置不可能都完全相同，应

注意组合形体表面交线的画法。如果形体中两基本形体的平面处于同一平面上，就不应该在它们之间画交线。例如图 5-12(c)中的 W 投影，左边肋板的左侧面与底板的左侧面处在同平面上，它们之间不应画交线。若形体中两基本形体的平面不处在同一平面上，则应该在它们之间画交线。例如图 5-12(c)中的 V 投影，靠左边肋板的前面与底板前面，不处在同一平面上，它们之间就应画出交线，该交线与底板顶面投影积聚成一线。

（4）检查、整理、擦出多余的图线。

5）标注尺寸

先画出全部尺寸界线、尺寸线和起止线，然后认真写好尺寸数字，见图 5-12(d)所示。

6）检查核对

应用投影关系和形体分析法(或线面分析法)，仔细检查形体是否表达清楚，有无遗漏或错画轮廓线；尺寸标注是否齐全、有无错误。

7）加深图线、完成全图

经检查无误后，按各类线型要求，用较软的铅笔(B、2B)进行加深。最后填写标题栏内各项内容，完成全图。

5.2.3 组合体投影图的读图方法

读图实质上是根据已知的投影图想像出形体空间形状的思维过程。下面介绍几种读图的一般方法：

1）形体分析法

形体分析是假想把组合形体分解为一些基本形体来识读(或画图)，然后综合起来"想像整体形状"的读图、画图方法。由于组合体各侧面投影图是由构成组合体的各基本形体表面投影而成，所以各侧面图表现为一些线框的组合。形体分析法就是利用组合体中的基本体在三投影图中保持"长对正、高平齐、宽相等"的投影关系，在三投影图中读出(或画出)对应基本体的线框，然后综合各种基本体之间的投影特征，并读出每组对应线框表示的是什么基本体，以及它们之间的相对位置，最后达到综合起来想像出组合体的形状。

图 5-13(a)所示为台阶的三面投影。该台阶可分解为 3 块板，板Ⅰ、板Ⅱ组合在一起形成了两级台阶，板Ⅲ的前上角被切去了一角，由板Ⅲ挡在台阶的左端面，其分析结果如图 5-13(b)所示，然后依照三面投影图，按台阶的形成及投影关系，把被分解的基本形体重新组合成一体，综合起来想像出该投影图所表达的形体。

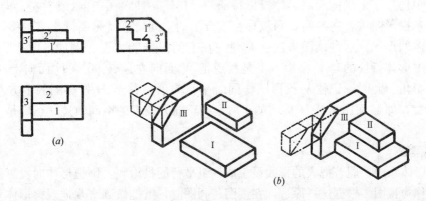

图 5-13 台阶形成分析

2）线面分析法

当组合体比较复杂或者是不完整的形体，而图中某些线框或线段的含意用形体分析法又不好解释时，则辅以线面分析法确定这些线框或线段的含意。线面分析法是利用线、面的几何投影特性，分析投影图中有关线框或线段表示（如平面、曲面、转向素线、表面交线、棱线等）哪一项投影，并确定其空间位置，然后联系起来想像形体。

图5-14所示形体：S 面在两个 R 面的后中上方，S 面与 R 面互相平行，并且都平行于 H 面。Q 面在两个 P 面的中前方，Q 面与 P 面互相平行，并且倾斜都垂直于 W 面。在该投影图中，可先看 W 面上的线或面，找出它们对应在 V、H 投影面中的位置关系。如 W 面上的两根倾斜线用 p''、q'' 所指，其 V、H 投影均为比实形小的面（分别用 p'、p，q'、q 标记），说明 P 与 Q 面均为垂直于 W 面的平面，Q 面在两个 P 平面的中间靠前的位置。s'' 所指的线，在 H 面上的投影反映该平面的实形，V 投影反映的线是积聚线，说明 S 面是平行于 H 面的平面。V 面标记的 s' 两侧的线分别是两个 P 平面的一端轮廓线。用同样的方法分析其他各线、面在投影图中的相互关系。然后依照该投影图，综合上述分析，联想出与该图对应的空间形体的形状。

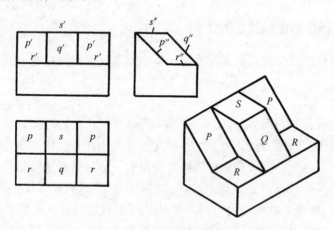

图5-14 形体的线面分析

3）逆转法

在第二章正投影的特性一节中，讲到了投影面展开的内容（图2-8）。读图时，如果把投影面展开的原理再逆转过来，恢复原来的第一分角投影，三投影面又互相垂直了。此时，思维中选择一个最能反映形体投影特征的投影图，使该图向前（或向左、向上）平行位移与另一投影图重合在空间，则位移、重合了的空间轨迹就是要读出来的多面投影所表达的形体的形状。这种读图方法，是建立在空间思维能力上。例如，图5-15三投影图中，反映形体特征的是 V 投影。于是假想把 W 面向左逆转90°，H 面向上逆转90°，恢复原投影角。此时，记住 V 投影图样同时平行向前位移至 H 投影图的上方与图重合在空间位置，即 V 面图移至 H 面图的正后方到正前方位置的空间轨迹，正好是"踏步模型"的形状。

4）观察法

在投影体系中，假若把人的视线设想成一组平行的投影线，则把形体向投影面投影所得的图形称为视图。根据这一原理，在读图、画图时，就能做到直观地观察形体与投影图之间的关系。例如图5-16所示，在 V 投影上，形体正面形状有 B、C 两个面（B 面垂直于

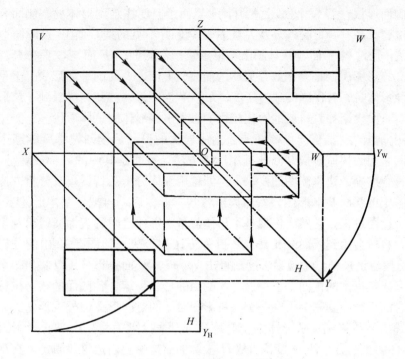

图 5-15　用逆转法读图

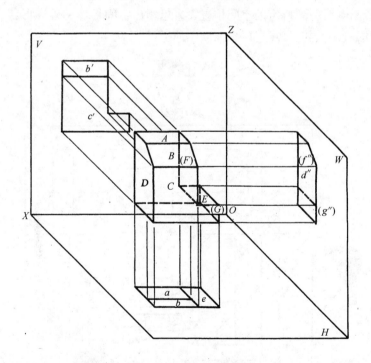

图 5-16　用观察法读形体

W 面、C 面平行于 V 面），而 V 投影图正好反映出相对应的两个面（b' 面与 c' 面，b' 面不反映实形）；在 H 投影上，形体有 A、B、E 三个面（A、E 面平行于 H 面、B 面垂直于 W 面），而 H 投影图正好反映出相对应的三个面（a、e、b 面，b 面不反映实形）；在 W 投影上，形体左侧面形状有 D 一个面。它平行于 W 面。但要注意到形体的右侧面有两个面不在同一平面位置，必有一根交线，从左往右投影为看不见的线，而 W 投影图上正好只反映出与 D 面相同的一个平面，并且画出一根虚线把右侧面的 F 面与 G 面分开。反过来识读 V、H、W 投影图时，是否正好是形体的前面、上面、左面的平面形状。于是我们根据投影图来想像形体时，若仔细阅读过了 V、H、W 面图形，就相当于看到了该形体的各侧面的形状，再依照投影关系，就能够比较快的思索出该形体的总体形状。

　　读投影图的目的主要是读出该图所表达的形体的形状。读图熟练后能够达到图与形体、形体与图之间的快速转换。因此运用读图方法，可能是其中的一种或者是多种并用，但它们都应符合准确、快速读图的要求。例如运用形体分析法读图，其分析方法是将组合形体分解为若干形状的基本形体，然后读出各基本形体后，再把各基本形体组合在一起。经过这样一个读图过程，必然会出现基本形体与基本形体之间的表面交线出现多余或者是缺少等现象，自然会用到线面分析法或者其他方法去解决，如图 5-12 中的分析。又如图 5-17 所示为房屋建筑模型。用观察法读图得出 V、H、W 面投影分别反映出 3 个面，它们均表示了房屋建筑模型的正面、上顶面、左侧面的形状，综合各侧面的相对位置及投影关系，在观察者的思维中立刻会出现一个与投影图对应的空间形体的外观形状。如果采用逆转法读图，读出 V 投影图反映形体的主要特征，根据投影关系，让 V 投影图由后朝前位移至 H 投影图的正上方，即 V 投影图从 H 投影的后边移至前边这段轨迹，在观察者的思维中是否同样会产生一个与投影图对应的空间形体。观察法与逆转法两种读图方法都比较直观，都是让投影图对应到特定的空间位置，来思索出空间形体的外观形状。因此，读图时可以充分发挥各自的读图特点，以提高读图速度。

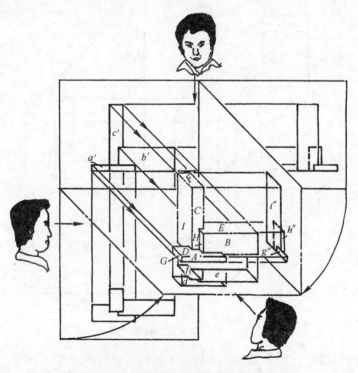

图 5-17　观察法与逆转法综合读图

第6章
轴测投影图

6.1　几种常用的轴测图

6.2　轴测投影图的画法

轴测投影图是根据平行投影的原理，把形体连同三个坐标轴一起投射到一个新投影面上所得到的单面投影图（图6-1）。它可以在一个图上同时表示形体长、宽、高三个方向的形状和大小，图形接近人们的视觉习惯，具有立体感，比较容易看懂，但它与正投影图比较起来不能准确地反映形体各部分的真实形状和大小（图6-2）。因而应用上有一定的局限性，在专业制图中一般作为辅助图样。

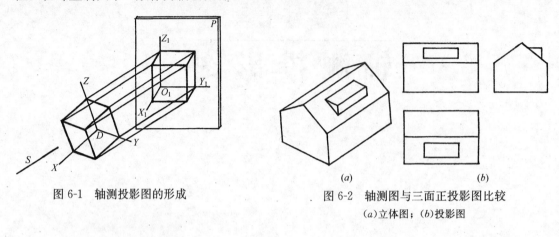

图6-1　轴测投影图的形成　　　　图6-2　轴测图与三面正投影图比较
(a)立体图；(b)投影图

6.1　几种常用的轴测图

6.1.1　正等轴测投影图

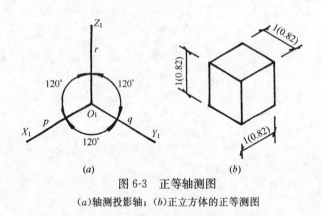

图6-3　正等轴测图
(a)轴测投影轴；(b)正立方体的正等测图

投影方向与轴测投影面垂直，空间形体的三个坐标轴与轴测投影面的倾斜角度相等，这样得到的投影图（图6-3），称为正等轴测投影图，简称正等测。

正等测图中，其轴间角均为120°如图6-3(a)所示，作图时，习惯上常取 O_1Z_1 轴铅直向上，它的三个轴向变形系数相等，$p=q=r=0.82$，通常取 $p=q=r=1$，这样便于在正投影图的对应轴向直接量取尺寸作图。

6.1.2　正二等轴测投影图

投影方向与轴测投影面垂直，空间形体的三个坐标轴只有两个与轴测投影面的倾斜角度相等，这样得到的投影面的倾斜角度相等，这样得到的投影图（图6-4），称为正二等轴测投影图，简称正二测。

正二测图中，三个轴的轴间角有两个相等，其轴间角如图6-4(a)所示，作图时，常取 O_1Z_1 轴铅直向上，O_1X_1 轴与水平线的夹角为 $7°10'$。O_1Y_1 轴与水平线的夹角为 $41°25'$。画轴测轴时可用近似方法，即分别采用 $1:8$ 和 $7:8$ 作直角三角形，各自的斜边即为 X_1、Y_1 轴图6-4(b)。它的三个轴向变形系数也有两个相等，其值为0.94，另一个为0.47，通常取 $p=r=1$，$q=0.5$。

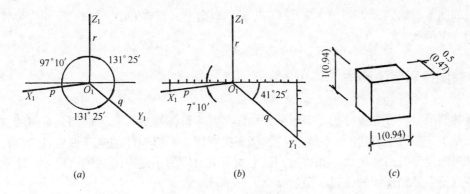

(a)　　　　　　　　　*(b)*　　　　　　　　　*(c)*

图 6-4　正二等轴测图

(a)轴间角；(b)轴测投影轴的简化画法；(c)正立方体的正二测图

6.1.3　正面斜轴测图

投影方向与轴测投影面倾斜，空间形体的正面平行于正平面，且以正平面作为轴测投影面时，这样得到的轴测图（图6-5），称为正面斜轴测图。

正面斜轴测图中，由于空间形体的坐标轴 OX 和 OZ 平行于轴测投影面（正平面），其投影未发生变形，故 $p=r=1$，轴间角为 $90°$；而坐标轴 OY 与轴测投影面垂直，投影方向却是倾斜的，故轴测轴 O_1Y_1 是一条倾斜线，变形系数 $q=0.5$，其方向如图 6-5 所示，可根据作图需要选择。

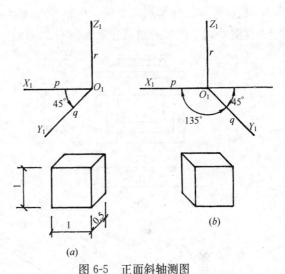

图 6-5　正面斜轴测图

6.1.4　水平斜轴测图

投影方向与轴测投影面倾斜，空间形体的底面平行于水平面，且以水平面作为轴测投影面时，这样得到的轴测图（图6-6），称为水平斜轴测图。

水平斜轴测图中，由于空间形体的坐标轴 OX 和 OY 平行于轴测投影面（水平面），其投影未发生变形，故 $p=q=1$，且轴间角为 $90°$；而坐标轴 OZ 与轴测投影面垂直，投影方向却是倾斜的，则轴测轴 O_1Z_1 是一条倾斜线，变形系数 r 小于 1，为作图方便起见选定 $r=1$，

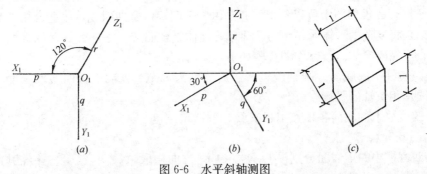

(a)　　　　　　　　　*(b)*　　　　　　　　　*(c)*

图 6-6　水平斜轴测图

其方向如图 6-6(a)所示,习惯上常取 O_1Z_1 轴铅直向上,而将 O_1X_1 与 O_1Y_1 相应偏转一个角度图 6-6(b)。

6.2 轴测投影图的画法

画轴测图时,首先应分析了解形体是由哪些基本形体组成,各组成部分有何特点。形体一般是用正投影图表达的,则首先应读懂正投影图,得出形体的空间形象;然后,选择一种轴测图类型画出轴测轴,并按轴测轴方向量取对应的正投影图的轴向尺寸,确定轴测轴上各点及主要轮廓线的位置;最后画出形体的轴测投影图。

6.2.1 平面立体的轴测图画法

根据形体投影特点,平面立体的轴测图画法有叠加法、切割法、坐标法等。

【例 6-1】 已知台阶的正投影图(图 6-7a),求作其正等测图。

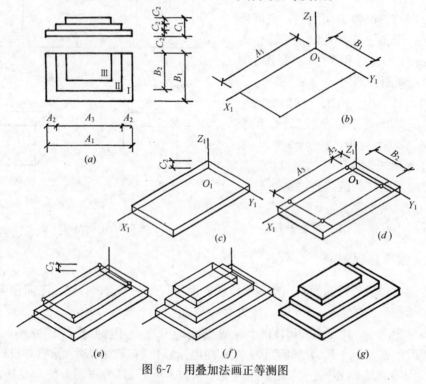

图 6-7 用叠加法画正等测图

从图 6-7(a)的投影图中可以看出,它是由三个四棱柱叠加而成,故适合用叠加法。所谓叠加法即是将复杂的形体看作由若干简单几何体组合而成,一般先从底面开始,依次往上叠加,直至完成形体。具体作图步骤如下:

① 画四棱柱Ⅰ的底面。画轴测轴,然后分别沿 O_1X_1、O_1Y_1 方向截取长度 A_1、B_1,并各引直线作相应轴的平行线(图 6-7b)。

② 从四棱柱Ⅰ的底面各顶点引铅直线,并截取高度 C_2,连各顶点,即得四棱柱Ⅰ的正等测图(图 6-7c)。

③ 在四棱柱Ⅰ的上表面分别沿 O_1X_1,O_1Y_1 方向截取 A_2、A_3、B_2、并各引直线作相应轴的平行线,得出四棱柱Ⅱ的底面轴测投影(图 6-7d)

④ 从四棱柱Ⅱ的底面各顶点引铅直线，并截取高度 C_2 连各顶点，即得四棱柱Ⅱ的正等测图（图 6-7e）。

⑤ 同理可作出顶部四棱柱Ⅲ的正等测图，（图 6-7f）。

⑥ 擦去多余的线，加深图纸，完成台阶的正等测图（图 6-7g）。

【例 6-2】 已知某形体的正投影图（图 6-8a），求作其正等测图。

从图 6-8(a)的投影图中可以看出，它是由一个长方体切去两个三棱柱和一个四棱柱而成，故适合用切割法。所谓切割法即是将复杂的形体看作一个简单的基本几何体，画出基本体的轴测图。再根据形体的实际情况和位置切去某些部分，注意切割后产生的表面交线，完成轴测图。作图步骤如下：

① 画轴测轴，根据形体的总尺寸 A_1、B_1、C_1 作出轴测图（图 6-8b）。

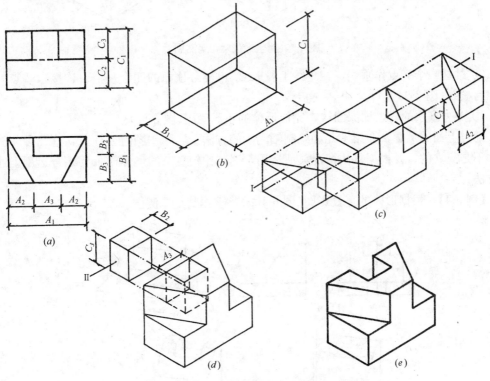

图 6-8 用切割法画正等测图

② 量取相应的尺寸，切去左右两个三棱柱Ⅰ（图 6-8c）。

③ 同理切去中间部位四棱柱Ⅱ（图 6-8d）。

④ 擦去多余的线，加深图线完成形体的正等测图（图 6-8e）。

【例 6-3】 已知某形体的正投影图（图 6-9a）求作其正等测图。

从图 6-9(a)的投影图中可以看出，该形体可以分解成两个部分，下部四棱柱和上部四棱台，对此类形体，常采用坐标法。所谓坐标法即是将形体上各点的坐标通过轴向变形系数换算成轴测坐标，作出这些点的轴测投影，再依次连接各点便得出形体的轴测图。作图步骤如下：

① 画轴测轴，作出下部四棱柱体的轴测图（图 6-9b）。

② 在四棱柱的上表面，沿轴向分别量取 A_2、A_3、B_2、B_3 得四个交点（图 6-9c）。

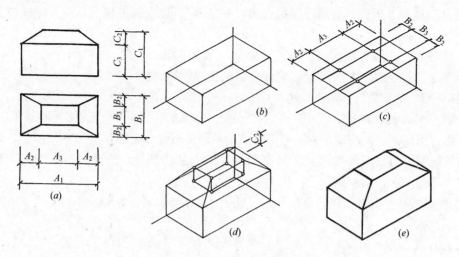

图 6-9　用坐标法画正等测图

③ 过这四个交点作垂线，在垂线上量取 C_2 得棱台顶面的四个顶点，连接这些点并作出棱台棱线（图 6-9d）。

④ 擦去多余的线，加深图线，完成形体的正等测图（图 6-9e）。

通过上面的例题，介绍了几种绘制轴测图的方法。实际作图时要注意，这几种作图方法并不是孤立的，要根据具体情况灵活运用，遇到比较复杂的形体时，要综合运用上述几种方法。

【**例 6-4**】　根据形体的正投影图（图 6-10a），求作其正二测图。

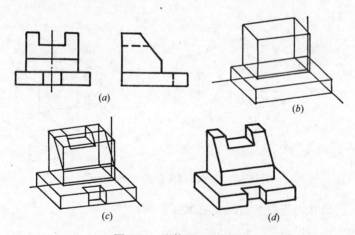

图 6-10　形体的正二测图

从图 6-10(a) 的投影图中可以看出，该形体由上、下两个四棱柱叠加而成，其中下部四棱柱体切去了一小块，上部四棱柱体切去了一个三棱柱和一个四棱柱。这类形体适宜综合运用叠加法和切割法。作图步骤如下：

① 画轴测轴，根据正二测的变形系数（$p=r=1$，$q=0.5$），用叠加法画出上、下两个四棱柱的轮廓线（图 6-10b）。

② 用切割法作出下部四棱柱的凹口和上部四棱柱的缺角及槽口（图 6-10c）。

③ 擦去多余的线，加深图线即得形体的正二测图（图 6-10d）。

图 6-10(d)正二测图立体感比正等测强，实际工作中常被采用。

【例 6-5】 根据形体的正投影图(6-11a)，求作其正面斜轴测图。

由于正面斜轴测图中 O_1X_1 和 O_1Z_1 轴未发生变形，故可以利用这个特点，将形体轮廓比较复杂或有形状特征的那个面，放在与轴测投影面平行的位置，这样作图就比较简便。作图步骤如下：

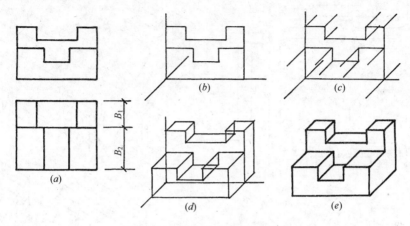

图 6-11 形体的正面斜轴测图

① 画轴测轴，根据形体正投影图中的 V 投影，作其轴测投影(因轴测投影面与 V 面平行，故其轴测投影与 V 投影相同)见图 6-11(b)。

② 根据正投影图各棱线的相对位置，由图 6-11(b)中各轮廓线的转折点作 45°斜线(图 6-11c)。

③ 在各斜线上分别量取 $B1/2$、$B2/2$ 的长度得前后各点，并连接这些点(图 6-11d)。

④ 擦去多余的线，加深图线得形体的正面斜轴测图(图 6-11e)。

利用正面斜轴测图中有一个面不发生变形的特点作图比较简便，故在绘制工程管线系统和小型建筑装饰构配件时常被采用(如图 6-12)。

【例 6-6】 某建筑群的总平面图(图 6-13a)，求作其水平斜轴测图。

画建筑群的轴测图，一般适宜用水平斜轴测图。本例作图步骤如下：

图 6-12 预制混凝土漏花的正面斜轴测图

① 画轴测轴，据水平斜轴测图轴测轴的位置，作图时将建筑群的总平面图逆时针方向偏转 30°角，作出其轴测投影(图 6-13b)。

② 由建筑物各角竖起棱线，据轴向变形系数取值 $r=1$ 量取建筑物高度方向的尺寸，并连接各点(图 6-13c)。

③ 擦去多余的线，加深图线得该建筑物的水平斜轴测图，又称鸟瞰图(图 6-13d)。

这种水平斜轴测图，常用于绘制建筑小区的总体规划图。

6.2.2 曲面立体的轴测投影

作曲面立体的轴测投影图与平面立体的轴测投影图的作图过程基本上是相同的，其不同点在于要求出圆或圆角的轴测投影。

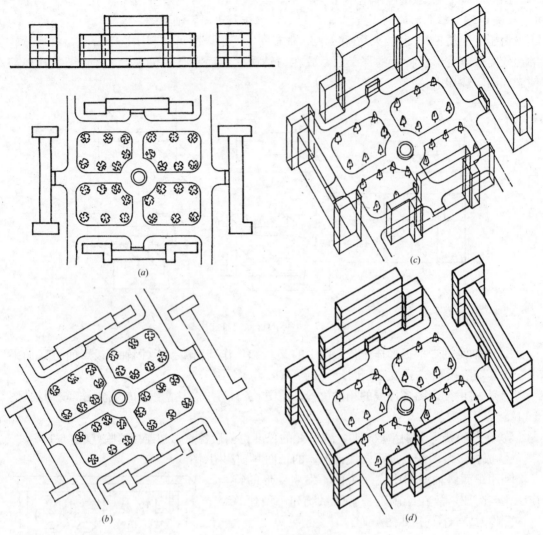

图 6-13 水平斜轴测图

在平行投影中，当圆所在的平面与投影面平行时，其投影为圆；而当圆所在的平面与投影面倾斜时，其投影则为椭圆。

下面介绍两种椭圆的画法及曲面体轴测图的画法实例。

1) 八点法

圆的轴测投影，可用八点法作出（图 6-14），作图步骤如下：

（1）根据轴测图类型作出轴测轴，由轴向变形系数取值作出圆的外切四边形的轴测投影，图 6-14(b) 所示。图中 a_1、b_1、c_1、d_1 即为圆周上 a、b、c、d 四点的轴测投影。

（2）由图 6-14a 及几何性质有：$of : Ok = 1 : \sqrt{2}$。以 c_1k_1 为斜边作等腰直角三角形 $\triangle c_1m_1k_1$，则有 $c_1m_1 : c_1k_1 = 1 : \sqrt{2}$，以 c_1 为圆心，c_1m_1 为半径画弧，交 c_1k_1 于 n_1，则 $c_1n_1 = c_1m_1$，故 $c_1n_1 : c_1k_1 = 1 : \sqrt{2}$，过 n_1 作 a_1c_1 的平行线与对角线的交点即为 f、e 的轴测投影 f_1、e_1。同样方法求出 g_1、h_1，见图 6-14(c) 所示。

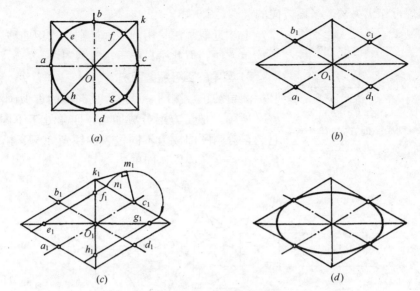

图 6-14　用八点法画椭圆

(3) 用曲线板光滑地连接 a_1、e_1、b_1、f_1、c_1、g_1、d_1、h_1 这八点，即得椭圆(图 6-14d)。

2) 近似画法

在正等测图中，正四边形的轴测投影为一菱形。在菱形中画椭圆可用近似画法，如图 6-15 所示，画法步骤如下：

(1) 作圆的外切正四边形的正等测图，为一菱形，同时确定其两个方向的直径 a_1c_1 及 b_1d_1 (图 6-15b)。

(2) 菱形两钝角的顶点为 O_1、O_2，连 O_1a_1 和 O_1d_1 分别交菱形的长对角线于 O_3、O_4，得四个圆心 O_1、O_2、O_3、O_4(图 6-15c)。

(3) 分别以 O_1、O_2 为圆心，O_1a_1 为半径作上下两段弧线，再分别以 O_3、O_4 为圆心，O_3a_1 为半径作左右两段弧线，即得椭圆(图 6-15d)。

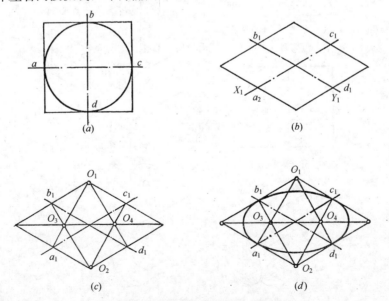

图 6-15　正等测图中椭圆的近似画法

（4）同理可作出另两个平面方向的椭圆（图 6-16）。

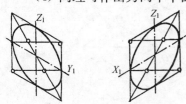

图 6-16 两个平面方向的
椭圆近似画法

上述近似画法是用圆规画椭圆，比用曲线板连曲线要简单方便，但此法只限于正等测图中。

3）圆角的正等测图画法

圆角的正等测图，可按上述椭圆的近似画法，如图 6-17 所示，把正方形分成四角，四角处于不同位置时，它的正等测图即成为不同位置的锐角 60°及钝角 120°夹角，在各夹角内作弧即可。

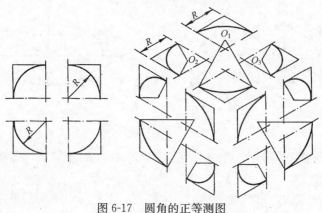

图 6-17 圆角的正等测图

具体作法是在各角顶沿两边量取半径为 R 的长度得两点，过此两点作所在角边的垂线，两垂线的交点即为所求弧的圆心；作圆弧与两角边相切即为所求圆角的正等测图，如图 6-20(*b*)所示。

4）曲面体轴测图的画法实例

【例 6-7】 已知某切口圆柱体的正投影图（图 6-18*a*），求作其正等测图。

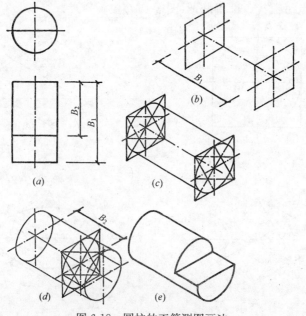

图 6-18 圆柱的正等测图画法

作图步骤如下：

（1）画轴测轴和圆柱轴线，在轴线上量取长度 B_1，并在前后两端点分别作圆的外切正四边形的正等测图——菱形（图 6-18b）。

（2）在两菱形中，用近似画法画椭圆，并作两椭圆公切线（图 6-18c）。

（3）量取长度 B_2 作切口处作半圆的正等测图，同时画出其相应的轮廓线（图 6-18d）。

（4）擦去多余的线，加深图线得带有切口圆柱的正等测图（图 6-18e）。

由此例可以看出，求曲面体的正等测图，关键是求圆的轴测投影。若上述例题未规定轴测图的类型，我们可以选用一种作图比较简便的轴测图类型——正面斜轴测图（图 6-19）。这样圆柱体的前、后两圆与轴测投影面平行，则其轴测投影仍然是圆，但需注意轴向变形系数 $q=0.5$。

具体作图步骤如下：

（1）按正面斜轴测投影画出圆柱轴线和轴测轴，在轴线上按变形系数 $q=0.5$ 定出各圆的圆心位置（图 6-19a）。

（2）由图 6-18(a) 中已知圆的半径，在各圆心处画圆（图 6-19b）。

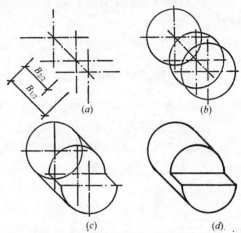

图 6-19 圆柱的正面斜轴测图

（3）根据切口处圆的位置作其相应的轮廓线及各圆的公切线（图 6-19c）。

（4）擦去多余的线，加深图线得带有缺口圆柱的正面斜轴测图（图 6-19d）。

【例 6-8】 根据形体的正投影图（图 6-20a），求作其正等测图。

要画其正等测图，可综合运用叠加法和切割法，并用近似画法作出圆及圆角的正等测图，并作出圆弧切线。

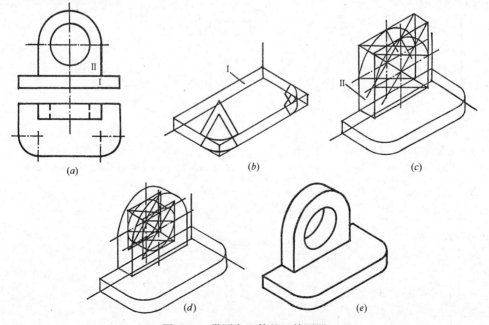

图 6-20 带圆角立体的正等测图

具体作图步骤如下：

（1）按正等测投影画出轴测轴，量取对应的尺寸作底座Ⅰ的轴测图，对于圆角部分先画出外切的直线夹角，然后根据圆角的半径及圆角画法作出上、下两层圆角，并连它们的公切线（图6-20b）。

（2）量取对应的尺寸用叠加法作出立板Ⅱ的正等测图。对于半圆柱部分作出其外切四边形的轴测投影，然后用近似画法画出椭圆，并连椭圆公切线（图6-20c）。

（3）根据圆孔的位置用切割法求出其外切四边形的轴测投影，并用近似画法求作圆的轴测投影（图6-20d）。

（4）擦去多余的线，加深图线得该形体的正等测图（图6-20e）。

6.2.3　轴测图类型的选择

在前面我们讨论了几种轴测图：

正轴测图——正等测图和正二测图。

斜轴测图——正面斜轴测图和水平斜轴测图。

在作图时，究竟采用哪一种轴测图较为方便，要根据具体的立体形状确定，从下列几个方面进行考虑：

（1）表达要清晰。要考虑采用何种轴测图，从哪个角度投影才能把形体表达清楚。一般情况下，要避免形体的主要部分被遮挡，并尽可能使隐蔽部分被表达出来，要避免转角处的交线投影成一条直线。如图6-21所示的正四棱锥，当采用正等测图时，前后两根棱线被投影成一条直线，表达就不够清晰，而改用正二测图就比较直观。

（2）要富有立体感。一般情况下，要避免形体的侧面在投影中被积聚成一条直线或形体被投影成左右对称的图形。如图6-22所示的轴测图中，采用正二测图立体感就比较强。

（3）作图要简便。同样一个形体，采用不同的轴测图，作图的繁简是不同的，例如图6-18、图6-19所示的切口圆柱轴测图。

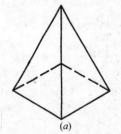
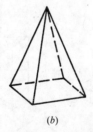
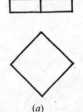
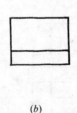

（a）　　　　（b）　　　　　　　　（a）　　　　　（b）　　　　　（c）

图6-21　正四棱锥的正等测与正二测比较　　　　图6-22　轴测图的比较

（a）正等测；（b）正二测　　　　　　　　（a）正投影图；（b）正等测图；（c）正二测图

第7章

形体的剖切

7.1　剖面图的形成与画法

7.2　截面图的形成与画法

画形体的投影图时，形体上不可见的轮廓线用虚线画出。当形体内部构造比较复杂时，投影图上就会出现许多的虚线，以致于重叠交错使投影很不清晰，难于识读，也不便于标注尺寸。在工程制图中，常对这些内部结构复杂的形体，假想在预定的位置进行剖切的方法，来解决这一问题。让比较复杂的内部构造由不可见变为可见，然后用实线画出内部构造形状轮廓线。

7.1 剖面图的形成与画法

7.1.1 基本概念

图 7-1(*a*)是钢筋混凝土预制水池的投影，四周有均匀的壁厚，有两个溢水口与一个落水口，在 *V*、*W* 投影上都出现了较多的虚线。假想用一个通过水池前、后对称平面的剖切平面 *P*，将水池剖开，然后将处在观察者和剖切平面之间的半个水池移去，把留下来的半个水池投影到与切平面 *P* 平行的 *V* 面上，所得的图形称为剖面图(图 7-1*b*)。同样的方法在左、右对称平面上剖切可得到另一个方向的剖面图(图 7-1*c*)。一般要使剖切平面平行于基本投影面。平行于 *V* 面的剖面图称为正剖面图，可代替原来带有虚线的正面投影图，平行于 *W* 面的剖面图称为侧立面剖面图，也可代替原侧立面投影图。也就是说，基本投影图的配置规定同样适用于剖面图(图 7-1*d*)。

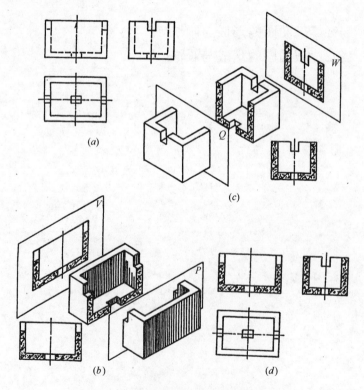

图 7-1　剖面图的形成与画法

(*a*)预制水箱的投影图；(*b*)V 投影面剖面图的形成；
(*c*)W 投影面剖面图的形成；(*d*)剖面图配置在规定的投影面上

7.1.2 剖面图的画法

（1）剖面图的剖切部位，应根据图纸的用途或设计深度，在平面图上选择能反映形体全貌、构造特征以及有代表性的部位剖切。

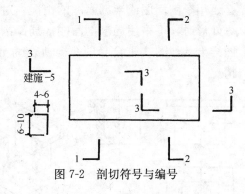

图 7-2 剖切符号与编号

（2）剖面图的剖切符号应由剖切位置线及剖切投影方向组成，均应以粗实线绘制。剖切位置线的长度宜为 6～10mm；剖切投影方向线应垂直于剖切位置线，宜为 4～6mm。画图时，剖面剖切符号不宜与图面上的图线相接触（图 7-2）。

（3）剖切符号的编号，一般采用阿拉伯数字，按顺序由左至右、由下至上连续编排，并应注写在剖切投影方向线的端部。需要转折的剖切位置线，在转折处如与其他图线发生混淆，应在转角的外侧加注与该符号相同的编号（图 7-2）。

（4）凡被剖切到的轮廓线用粗实线画出，沿投影方向看到的部分，其轮廓线一般用中实线画出；同时应在剖切截面上画上该形体采用的建筑材料图例，其图例见附表 1。

剖面图有以下几种处理方式：

（1）全剖面图：用一个剖切平面把形体全部剖开后得到的剖面图称为全剖面图。图 7-3(b)所示的投影图为全剖面图，它清楚地表达了房屋的内部构造。在房屋建筑制图中，该 H 投影全剖面图又称为底层平面图。图 7-3(a)为一水平剖切平面 P 沿窗台线以上适当位置通过门、窗洞将整幢房屋所作的剖切。

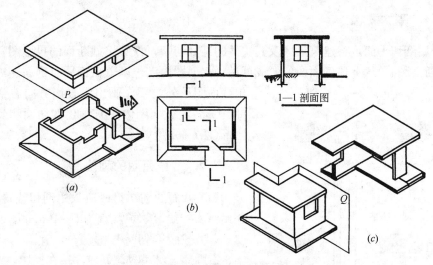

图 7-3 全剖面图与阶梯剖面图的画法

（2）阶梯剖面图：一个形体用几个平行的剖切平面剖切后得到的图样称为阶梯剖面图。图 7-3(b)所示的 1—1 剖面图为阶梯形剖面图。因为剖切是假想的，故阶梯剖面图中规定不画出两个剖切平面的分界线。图 7-3(c)为平行于 W 投影面的剖切平面，转折成两个互相平行的平面，对房屋所作的阶梯剖切。

（3）半剖面图：一个形体的投影和剖面图各占一半组合成的图形，称为半剖面图。当形体左、右对称或前、后对称而外形较为复杂时，可以形体的对称中心线为界，一半画表示外部形状的投影图，另一半画表示形体内部形状的剖面图。图 7-4(a)所示，半剖面图位于 W 投影面，剖切线可不予标注。图 7-4(b)为形体半剖面的空间形状。

（4）局部剖面图：形体被局部地剖开后得到的图样称为局部剖面图。它适用于没有必要用全剖面图或半剖面图的情况，对于形体既要显露其内部结构，而又需要保留其部分外形时，可采用局部剖面图。局部剖面与形体外形之间用波浪线分界，波浪线不应和图样上其他图线重合。图 7-5 所示为分层局部剖面图，它表明了室内墙面装饰与构造情况。

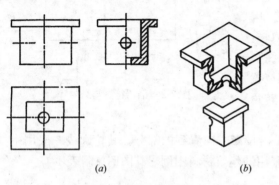
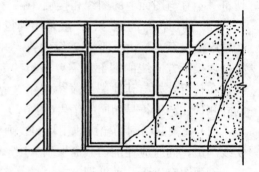

(a)   (b)

图 7-4 半剖面图　　　　　　　　　　　图 7-5 局部剖面图
(a)半剖面位于 W 投影图；(b)空间形状

7.2 截面图的形成与画法

7.2.1 基本概念

假想用剖切平面，将建筑形体及其构件的某处切断，仅画出截断面的投影图称为截面图（或称断面图）。从上述剖面图的形成可见，剖面图内已包函着截面图。剖面图内除应画出截面图形外，还应画出沿投影方向看到的部分（图 7-6a），截面图内只宜画出剖切面切到部分的图形（图7-6b）。

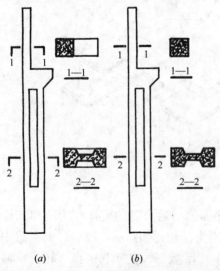

(a)   (b)

图 7-6 剖面图与截面图的差别
(a)剖面图；(b)截面图

7.2.2 截面图的画法

（1）截面的剖切符号应只用剖切位置线表示；并用粗实线绘制，长度宜为 6～10mm 图(7-7)。

（2）截面剖切符号的编号，宜采用阿拉伯数字，按顺序连续编排，并应注写在剖切位置线的一侧；编号所在的一侧应为该截面的投影方向(图 7-7)。

（3）剖面图或截面图如与被剖切图样不在同一张图纸内，可在剖切位置线的一侧注明其所在图纸的图纸号（如建施-5、结施-8），也可在图纸上集中说明(图7-2、图 7-7)。

（4）为重点突出截面的形体，截面的轮廓线用粗实线画出；同时在截面上画出该形体的材料图例符号，其图例见附表 1。

7.2.3 截面图的几种处理形式

（1）移出截面图，将截面图形画在投影图轮廓线外面的称为移出截面图。如图 7-8(b) 所示为移出截面图，并尽量使截面图画在剖切位置线的延长线上。图 7-8(a) 为形体被剖切平面 P 所截的空间形状。

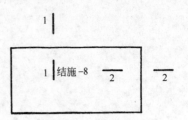

图 7-7 截面剖切符号与编号

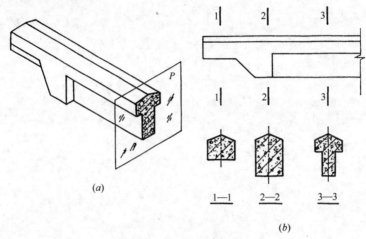

图 7-8 移出截面图及标注
(a)空间位置；(b)移出截面图

（2）重合截面图：重叠在投影之内的截面图，称为重合截面图。图 7-9 和图 7-10 均为重合截面图，重合截面图一般不用标注。如图 7-9 所示，重合截面表达了外墙面的装饰形状；图 7-10 所示重合截面反映了屋面厚度与屋面形状。

（3）中断截面图：布置在投影图的中断处的截面图称为中断截面图。如图 7-11 所示，槽钢的截面图画在槽钢中断处，均不用标注剖切位置线和编号，并用波浪线表示断裂处。

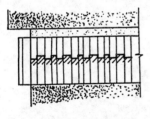

图 7-9 外墙重合截面图

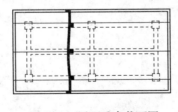

图 7-10 屋面重合截面图

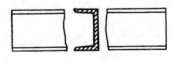

图 7-11 中断截面图

第 8 章

阴　影

8.1　阴影的基本知识

8.2　求阴影的基本方法

8.3　建筑形体及立面的阴影

8.4　曲面体的阴影

在房屋立面图(图 8-1*a*)上画出阴影(图 8-1*b*),可以明显地反映房屋的凹凸、深浅、明暗,使图面生动逼真,富有立体感。根据墙面上的影子,可知大门是凹进外墙面,右方墙面是退后的,屋檐和窗台均挑出外墙面等。因而加强并丰富了立面图的表现能力,对研究建筑物造型是否优美、立面是否美观,比例是否协调有很大的帮助。所以,在方案图中,经常在建筑立面上画出阴影,以增进图面的美感。

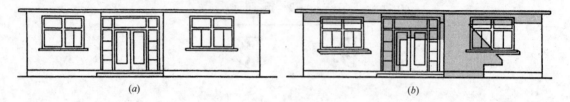

(*a*)   (*b*)

图 8-1 正立面投影
(*a*)正立面图;(*b*)正立面投影中阴影

8.1 阴影的基本知识

8.1.1 阴影的概念

如图 8-2 所示,阴影产生的直接原因是光的作用。阴是指形体被形体本身所遮盖而接受不到直射光照射的背光面,亦称阴面。影则是在光线照射下,平面 H 上有一部分因被形体阻挡,光线照射不到,我们把这部分的范围,称为形体落在平面 H 上的影。阴影是阴面和影面的合称。阴影区是指阴和影之间光被遮掉的那部分空间。形体上受直射光照射的受光面,称为阳面。阳面和阴面的界线,称为阴线。影的轮廓线,称为影线。影所在的表面,称为承影面。

在作形体的阴影时,应先分清形体表面的阳面和阴面,找出阴线,只要作出阴线的影即可得到形体的影线。

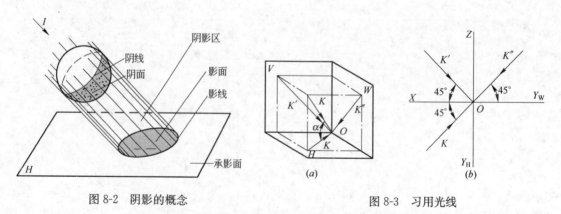

图 8-2 阴影的概念   图 8-3 习用光线

8.1.2 习用光线

产生阴影的光线有辐射光线(如灯光)和平行光线(如阳光)两种。在画建筑立面图的阴影时，为了便于画图，习惯采用一种固定指向的平行光线。即如图 8-3(a)所示，光线 K 由物体的左、前、上方射来，这时，光线 K 与任一投影面的倾角 $\alpha=35°15'53''$。光线 K 的三个投影 k、k' 及 k''，对投影轴都成 $45°$ 的方向（图 8-3b）。平行于这些指向的光线，称为习用光线。选用习用光线，使得在画建筑物的阴影时，可用 $45°$ 的三角板作图。同时，还可反映建筑立面上某些部分的深浅程度。

8.2 求阴影的基本方法

建筑立面阴影常以平行于 V 面的墙面为承影面，又由于建筑物的柱子、檐口、阳台和雨篷等构件的轮廓线，大多处于特殊位置（即正垂线、侧垂线和铅垂线）。所以掌握各种垂线在 V 面上的影，即能掌握求阴影的基本方法。而线段的影，又是由线段的两个端点的影来决定的。

8.2.1 点的影

一点落于承影面上的影子仍为一点，即为通过该点的光线与承影面的交点。

图 8-4(a) 中，空间一点 A 在光线 K 照射下，落于承影面 P 上的影子为 A_0。A_0 实为照到 A 点的光线延长后与 P 面的交点。

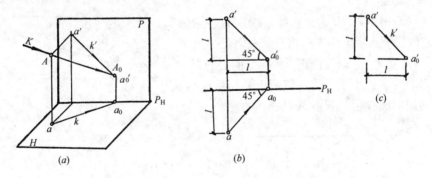

图 8-4 点落在墙面上的影

因此，求一点的影，实质上就是求该点的光线（直线）与承影面的交点。

如图 8-4(b) 所示，墙面 P 平行于 V 面，它在 H 面积聚投影是 P_H。分别过 a、a' 作 $45°$ 线，习用光线的 H 投影先与 P_H 相交于 a_0，a_0 即为点 A 在墙面 P 上的影 A_0 的 H 投影；a_0' 则为所求的 V 面落影；这种作影方法称为交点法。

当 A 点距墙面的距离为 L 时，由习用光线的定义可知，a_0' 与 a_0 形成的三角形直角边（长与高）均为 l。因此，求点 A 在 P 面上的投影，也可直接在 V 面投影上量出。这种作影方法，称为度量法（图 8-4c）。

显然，只有点 A 距离墙面比距离地面近时，点 A 的影才落在墙面上（图 8-4）。如果点 A 距离墙面比距离地面远时，点 A 就落在地面上。如图 8-5(b) 所示，习用光线的 V 投影先与 P_H 相交于 a_0'，a_0 即为所求的 H 投影。

求点在任意铅垂面 P 上的影，可用前述求一般线与铅垂面交点的方法作出，如图 8-5(c) 所示。

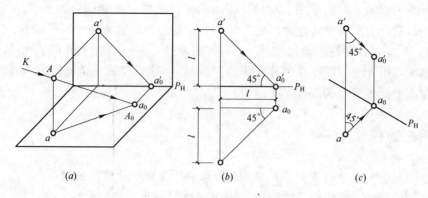

图 8-5 点落在地面上和任意铅垂面上的影

8. 2. 2 直线的影

直线的影为线上一系列点的影子的集合。如图 8-6 所示，为通过该线的光线平面与承影面的交线。因此，线段在某一平面上的影，一般仍是直线段。只有当直线平行于光线时，直线在承影面上的影是一个点。

1）正垂线的影

如图 8-7(a)所示，AB 为正垂线，端点 B 在承影面上，故它的影 B_0 与点 B 本身重合。只需求出点 A 的影 A_0 后，连接 $A_0 B_0$ 即为该正垂线在墙面上的影。

图 8-7(b)为求正垂线 AB 在墙面上的影的作图，并画出了利用侧面投影，求点 A 的影的方法。

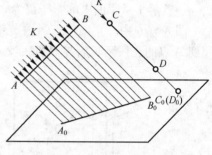

图 8-6 直线的影

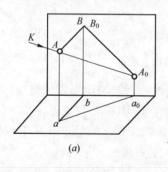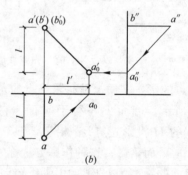

图 8-7 正垂线的影

由图可知，正垂线在 V 面上的影是一段 45°斜线，其长度可按三角形两直角边均等于 L 的关系，直接在立面图中作出。

正垂线落在起伏不平的承影面上的影（图 8-8a）是一条起伏变化的线。但由于过正垂线 AB 的习用光线形成一个与 H 面成 45°倾角的正垂面 K，K 面的 V 面投影积聚成一条 45°的斜线 K_v（图 8-8b）。因此，正垂线的影不论落在平面上还是落在起伏不平的承影面上，它的 V 投影都是一段 45°斜线，并且通过正垂线的积聚投影。其 H 投影的形状与承影面的 W 投影形状相对称。

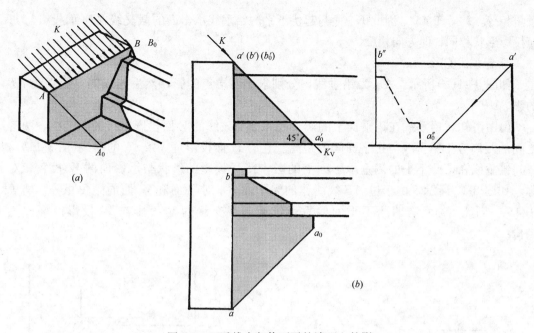

图 8-8　正垂线在起伏不平的墙面上的影

2) 侧垂线的影

如图 8-9 所示，AB 为侧垂线。分别求出两端点的影，然后连线，得侧垂线 AB 的影。

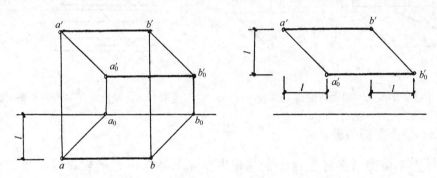

图 8-9　侧垂线的影

由图可知，侧垂线在正平面上的影与该侧垂线平行且相等，它们的 V 投影之间的距离等于侧垂线与正平面间的距离。

侧垂线落在起伏不平的铅垂承影面上的影，其 V 投影的形状与承影面的 H 投影相对称。如图 8-10 所示，由于过侧垂线 AB 的习用光线形成一个侧垂面 K_w，对 V 面和 H 面的

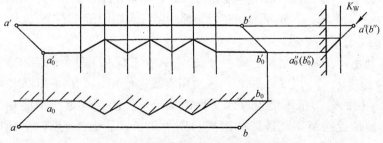

图 8-10　侧垂线在起伏不平的墙上的影

倾角相等，均等于 45°，因此 K_w 面与起伏不平的铅垂线承影面的截交线在 V 面投影与 H 面投影形状相同，但方向相反。

3) 铅垂线的影

如图 8-11(a) 所示，AB 为铅垂线，分别求出两端点的影，然后连线即得铅垂线 AB 的影。

由图可知，铅垂线在正平面上的影，是一条与该线的 V 面投影平行的垂直线，两者之间的距离等于铅垂线与正平面间的距离。它的 H 面投影是一条 45° 的斜线（图 8-11b）。

铅垂线在凹凸不平的侧垂承影面上的影，其 V 投影的形状与承影面的 W 投影相对称。如图 8-12 所示，由于过 AB 线所作的光平面 K_H 对 V 面和 W 面的倾角相等，均等于 45°。因此 K_H 面与凹凸不平的侧垂承影面的截交线的 V 投影与 W 投影恰好成为倒像。

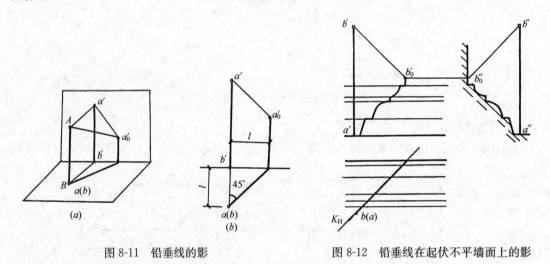

图 8-11　铅垂线的影　　　　　　图 8-12　铅垂线在起伏不平墙面上的影

8.2.3 平面图形的影

求作一个平面图形在投影面上的落影，实际上是作出它的轮廓线在投影面上的落影。

建筑立面上各细部的形体主要由正平面、水平面和侧平面所围成，因此我们着重介绍这些特殊位置平面的落影。

1) 正平面的落影

如图 8-13 所示，ABCD 为正平面，分别作 A、B、C、D 四个端点在 V 面投影 a'、b'、c'、d' 的落影 a_0'、b_0'、c_0'、d_0'，依次连接 $a_0'b_0'c_0'd_0'$，即得正平面的落影。由图可知，正平面的落影反映正平面的实形，正平面与正投影面的距离为图中所注 l。

2) 水平面的落影

如图 8-14 所示，ABCD 为水平面，分别作 A、B、C、D 四个端点在 V 面投影 a'、b'、(c')、(d') 的落影 a_0'、b_0'、c_0'、d_0'，依次用直线连接 $a_0'b_0'c_0'd_0'$，即得水平面的落影。由图可知，水平面的落影虽不能反映水平面的实形，但能反映出该平面相似形状，且平面距正投影面最近的距离及最远的距离分别为 l_1、l_2，(l_2-l_1) 反映平面的最大水平距离。

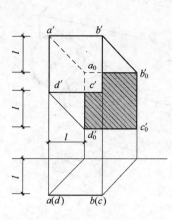

图 8-13 正平面的影

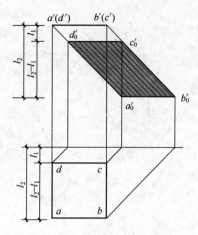

图 8-14 水平面的影

3) 侧平面的落影

如图 8-15 所示，$ABCD$ 为一侧平面，分别作 A、B、C、D 四个端点在 V 面投影 (a')、b'、c'、(d') 的落影 a_0'、b_0'、c_0'、d_0'，并依次用直线连接，即得侧平面的落影。由图可知，侧平面的落影也不能反映侧平面的实形，但与水平面的落影一样，它能反映侧平面相似形状，且反映侧平面距正投影最远点与最近点的距离及侧平面的水平长度，即图中 l_1、l_2 及 (l_2-l_1)。

平面图形落在 H 面上和一部分落在 V 面上，一部分落在 H 面上影的作法，见图8-16。作图时，我们假设这些平面是不透明而且没有厚度的。

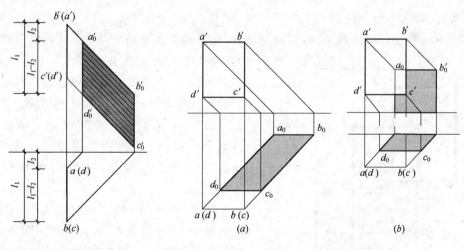

图 8-15 侧平面的影

图 8-16 平面图形的影

(a)影子在 H 面上；(b)影子在 V 面、H 面上

图 8-17 所示，为建筑物轴测图外形和阴影效果。从图中可以看出，横向平行于地面的直线的影子，仍为与其平行的直线；纵向平行于地面的直线的影子，仍为与其平行的直线；垂直于地面的直线的影子，为一条斜线；球体在地面上的影子为椭圆；圆在地面上的影子仍为圆。

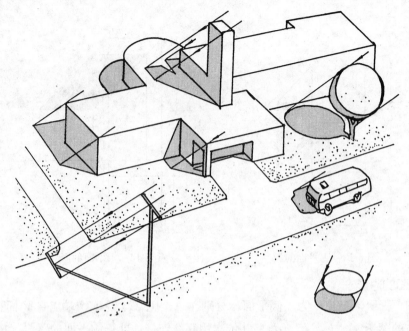

图 8-17　阴影在建筑物外形中的效果图

8.3　建筑形体及立面的阴影

8.3.1　几种常见平面体阴影的画法

1）棱柱的阴影

如图 8-18 所示，给出四棱柱，它的前面、左面和顶面受光，而右面、后面及底面背光，所以阴线由棱线 AB、BC、CG、GJ、JE 和 EA 组成。为此，当求出这些棱线在投影面上的影以后，就确定了此棱柱的影区。

图 8-19(a) 为一个置于 H 面上的长方体及其落于 H 面上的影，图中 b_0c_0 及 bc 及 c_0d_0 与 cd 平行且等长，长方体的高即为落影中所示 l。

图 8-19(b) 为一个置于 H 面上的长方体及其落于 H 面以及 V 面上的影，图中 $c_0'd_0'$ 与 $c'd'$ 平行且等长，长方体至 V 面的距离即为图中 l_1。

图 8-19(c) 为一个置于 H 面上且背面靠着 V 面的长方体及其落于 H 面、V 面上的影，图中 l 即为长方体的厚度。

2）棱锥的阴影

如图 8-20 所示，给出三棱锥 S-ABC，先

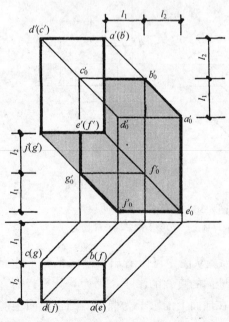

图 8-18　四棱柱的落影

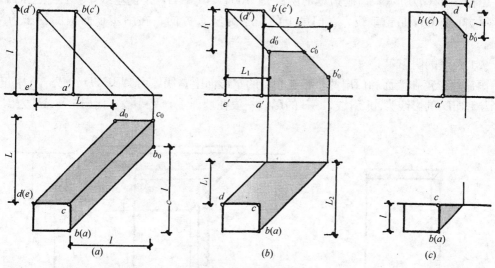

图 8-19　长方体的阴影

作出顶点 S 落于 H 面上的影 s_0，利用 s_0 可作出三棱锥在 H 面上影线的投影 s_0a、s_0b，由图可知阴线为棱线 SA 及 SB。由此可以判别出棱面 SAB 朝向左前方为阳面，相对的 SAC 及 SBC 为阴面。按照阴影作图方法，即可作出棱锥的阴影。

3）组合体的阴影

如图 8-21 所示，为 L 形形体，可以看成两个长方体的组合体。它的顶面、前面和左面的一些棱面为阳面，其余为阴面。然后确定阴线，如 AB、BC 等阴线，即可作出组合体的阴影。图中所注 l 即为左前方凸出长方体部分的距离。

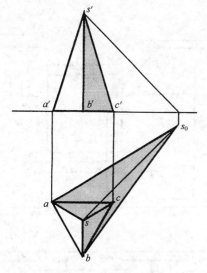

图 8-20　三棱锥的阴影

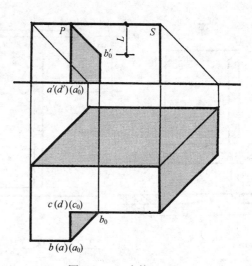

图 8-21　组合体的阴影

8.3.2　建筑细部的阴影

1）门和雨篷及窗的阴影

（1）门洞的阴影

由图 8-22(a)所示，门洞边框的阴线是 *FGH*。其中 *GF* 是侧垂线，在门扇上的影子为水平方向。*GH* 是铅垂线，在门扇上的影子为竖直方向，在踏步顶面上的影子为 45°方向。

（2）雨篷的阴影

雨篷的影落在墙面和门扇两个相互平行的承影面上。阴线由 *ABECD* 组成，其中正垂线 *AB* 和 *CD* 的影线为 45°斜线，*AB* 的影线一段在墙面上，另一段在门扇上；*AE* 为侧垂

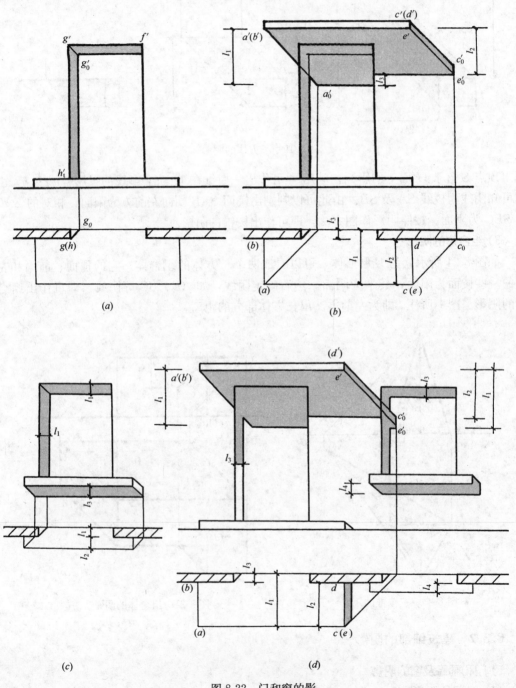

图 8-22　门和窗的影

线，CE 为铅垂线，它们的影线与本身平行，但 AE 的影线一段在墙面上，另一段在门扇上。用交点法作图如下（图 8-22b）：

① 在平面图上，过 (a) 和 $c(e)$ 作 45°斜线，从而求出 A、C、E 落影的 V 面投影 a_0'、c_0' 和 e_0'。连 $(b')a_0'$，为 $a'(b')$ 在墙面上和门上的落影。

② 再分别过 a_0' 和 e_0' 作水平线，即得 $a'e'$ 在墙上和门上的落影。

③ 作铅垂线 $e_0'c_0'$ 高度等于雨篷的厚度，然后连 $(d')c_0'$。

从图中可看出，l_1 为阴影 AE 到门扇的距离；l_2 为 AE 到墙面的距离；l_3 为门洞厚度。

（3）窗洞和窗台的影

从图 8-22(c) 可知，落影宽度 l_1 反映了窗扇凹入墙面的深度；落影宽度 l_2 反映了窗台凸出墙面的距离。因此，只要知道这些距离的大小，即使没有 H 面投影，也能在 V 面投影中，直接画出阴影。

图 8-22(d) 还画出了雨篷的影落在窗扇上的情况。因为雨篷阴线 AE 距墙面、门扇、窗扇的距离不同，它落在这三个承影面上的影子出现了凹凸状态。

2）阳台的阴影

由图 8-23 所示，阳台在墙面上的阴线也是由正垂线、侧垂线和铅垂线组成。根据突出尺寸 l_1 和 l_2，我们可直接在立面图上作出阳台在墙面的落影。至于阳台的挑檐在阳台本身上的影线，可以过墙面上的影点 f_0' 作反射光线，求得过渡点 f_1'（及阴点 f'），再过 f_1' 作影线平行于挑檐。

3）檐口和阳台在锯齿形墙面上的阴影

檐口 AB 为侧垂线，在锯齿形墙面上的落影应与墙面的 H 面投影形状相对称，具体作图如下（图 8-24）：

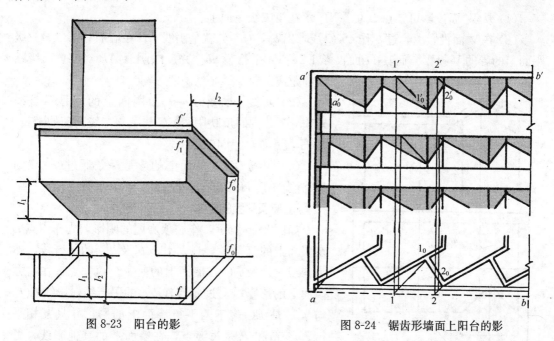

图 8-23　阳台的影　　　　　图 8-24　锯齿形墙面上阳台的影

（1）作檐口的阴影，先求出檐口端点 A 在 V 面上的落影 a_0'，再用反射光线法求檐口在锯齿形墙面上的落影。

（2）在 H 投影中凹凸墙角处 1_0、2_0，各引 45°反射光线，与檐口线交于点 1、2。再在 V 投影面求出檐口上的 $1'$、$2'$ 两点，便能准确地作出檐口落在锯齿形墙面上的最深点 $1_0'$ 和 $2_0'$ 的位置。

（3）阳台底边线的落影求法与檐口相同，但要注意落影点的位置。

（4）求出端墙在锯齿形墙面和阳台上的影。

4）台阶的阴影

如图 8-25 所示，台阶左右栏板的影落在地面、踏面、踢面和墙面等水平面和正平面上。阴线是正垂线 BA、ED 和铅垂线 BC、EF。作图步骤如下：

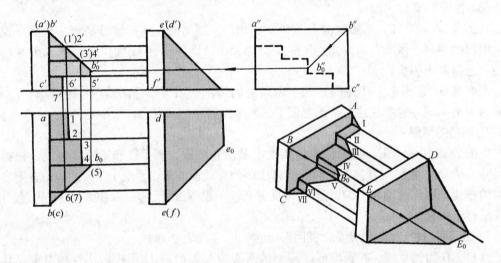

图 8-25 台阶的影

（1）从 W 面投影可知点 B 的影 B_0 落在第二级踢面上。

（2）在 V 面投影上，过 b' 作 45°斜线求出 b_0'，$(a')b_0'$ 就是阴线 AB 在墙面和第二、三级踢面上的影的 V 投影。而其 H 面投影 1 2、3 4 平行于 ab，并反映阴线 AB 对二、三级踏面的距离。

（3）阴线 BC 落在一、二踢面上的影是铅直线 $b_0'5'$，$6'7'$，同时反映阴线 BC 与一、二级踢面的距离。其 H 投影 $b\,b_0$ 为 45°斜线。

（4）阴线 DE 在墙面上的影是一条通过 $(d')e'$ 的 45°斜线，其 H 投影的一段影线与 de 平行。

5）坡顶房屋的阴影

如图 8-26 所示，作坡顶房屋的阴影，先作出点 B 在墙面上的落影 b_0'，过 b_0' 作 $a'b'$ 及 $b'c'$ 的平行线，即为斜线 AB 及 BC 在墙面上的落影，再作点 c 在右方墙面上的落影 c_1'，过 c_1' 点作 $b'c'$ 的平行线，影线 $b_0'f_0'$ 与 $f_1'c_1'$ 是 BC 落于两平行墙面上的影，并且互相平行。点 f_1' 和 f_0' 是过渡点，在墙面上的其他影线，可按度量法直接作出。

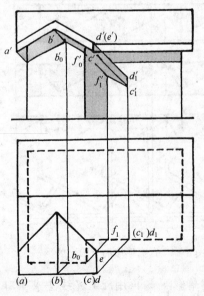

图 8-26 坡顶房屋的阴影

图 8-27 是房屋立面阴影效果图。

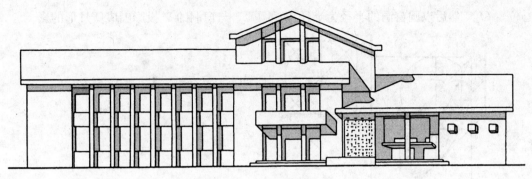

图 8-27 房屋立面阴影

8.4 曲面体的阴影

8.4.1 圆面的影

1) 正平圆面的影(图 8-28)

圆面平行于承影面时，它的影反映圆面实形。只要求出圆心 O 的影的 V 面落影 O_0'，然后以 $D/2$ 为半径作圆，即为所求。

2) 水平圆面的影(图 8-29)

水平圆面落在 V 面上的影是一个椭圆。首先在 H 面上作圆的外切正方形，然后求出正方形在 V 面上的投影。连接对角线，交点是椭圆的中心。最后用八点法作椭圆，即为所求。

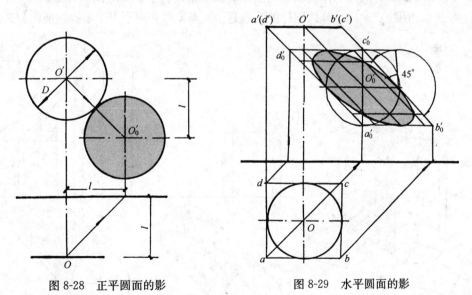

图 8-28 正平圆面的影   图 8-29 水平圆面的影

3) 侧平圆面的影(图 8-30)

侧平圆面落在 V 面上的影是一个椭圆。首先在 W 面上作圆的外切正方形，然后求出正方形在 V 面上的投影。连接对角线，交点是椭圆的中心，最后用八点法作椭圆，即为所求。

4) 圆窗洞的影(图 8-31)

圆窗洞边框落在窗扇上的影是圆的一部分，只要给出窗洞的深度 m，即可求出影的圆

心位置 O'_0，然后以圆窗洞的半径为半径作一圆弧，与窗洞的 V 投影围成新月形的影。

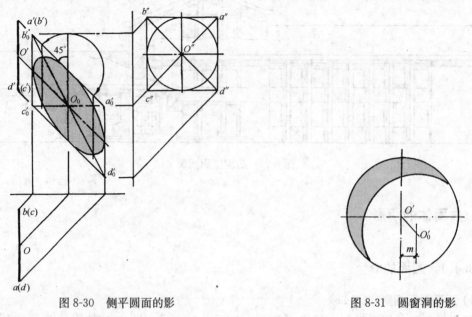

图 8-30　侧平圆面的影　　　　　　　　　　图 8-31　圆窗洞的影

8.4.2　圆柱的阴影

　　圆柱面上阴线的确定如图 8-32(a) 所示。与光线平面相切的两根素线 AB、CD 就是圆柱面的阴线。这两条阴线将柱面分成大小相等的两部分，阳面与阴面各占一半。圆柱体的上底面为阳面，而下底面为阴面。作为圆柱面阴线的两条素线将上、下底圆周分成两半，各有半圆成为圆柱体的阴线。这样，整体圆柱的阴线是由两条素线和两个上下半圆组成的封闭线。

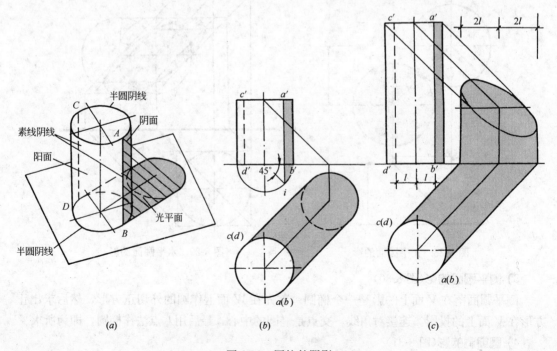

图 8-32　圆柱的阴影

在图 8-32(b)中，首先在 H 面投影上作两条 45°线，与圆周相切于 a、c 两点，即柱面阴线的 H 投影，由此求得阴线的 V 投影 $a'b'$ 及 $c'd'$。由 H 投影中可直接看出，柱面的左前方一半为阳面，右后方一半为阴面。在 V 投影中，$a'b'$ 右侧部分为可见的阴面。

圆柱上底圆的影落于 H 面上，仍为正圆。下底圆的影与其自身重合。柱面的两条素线阴线在 H 面上的落影为 45°线，与上、下底圆的落影相切，这样就得到圆柱在 H 面上的落影。

圆柱阴线的 V 投影，还可以直接在 V 投影上作出。在圆柱底作一辅助半圆，由圆心作 45°斜线与圆周交于 i，过点 i 在圆柱面上作铅直线，即为所求阴线的 V 投影（图8-32b）。

图 8-32(c)说明了直圆柱在 V 投影中，两素线落影之间的距离 2 倍于两阴线间距离。

8.4.3 带方盖圆柱的阴影

如图 8-33 所示，带方盖圆柱的阴影由两部分组成，一是方盖落在圆柱面上的影；二是圆柱面在阳光照射下本身的阴面。作图方法如下：

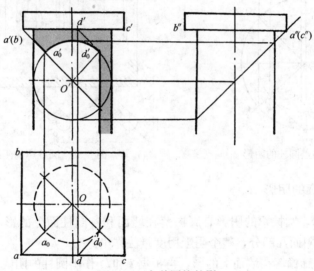

图 8-33 方盖圆柱的影

1）方盖落在圆柱面上的影

（1）阴线 AB 是正垂线，它在圆柱面上的影的 V 投影为 45°斜线。

（2）阴线 AC 是侧垂线，它的影的 V 面投影与圆柱的 H 投影相对应。

（3）在 V 投影上，过 a' 作 45°斜线，与轴线相交于 O' 点；以 O' 为圆心，以柱身的半径作圆弧，即得阴线 AC 落在圆柱面上影的 V 投影。

2）圆柱面本身的阴面

过 O' 向右上作 45°斜线，得过渡点 d_0'；再过 d_0' 向下作铅垂线，即得柱身的阴线。

8.4.4 带圆盖圆柱的阴影

如图 8-34 所示，带圆盖的圆柱，其阴影除了它们本身有阴面以外，还有圆盖落在圆柱面上的影。作图时先作出圆盖圆柱本身的阴线，再应用反射光线法求圆盖落在圆柱上的影。作图方法如下：

(1) 按照圆柱作阴线的方法，作出圆盖圆柱本身的阴线。

(2) 在圆柱的 H 投影上选择 a_0、b_0、c_0、d_0 四点。然后引 45°反射光线，与圆盖边缘交于点 a、b、c、d。

(3) 求出它们的 V 投影 a'、b'、c'、d'后，分别过点作 45°斜线，便能准确地作出圆盖的落影点 a_0'、b_0'、c_0'、d_0'的位置。作图过程，图中已用箭头指明。

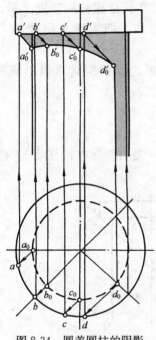

图 8-34 圆盖圆柱的阴影

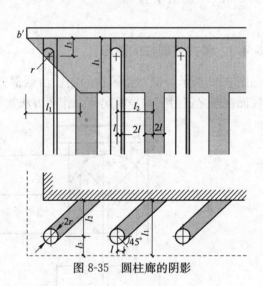

图 8-35 圆柱廊的阴影

8.4.5 圆柱廊的阴影

如图 8-35 所示，圆柱廊的阴影有廊檐落在墙面和各圆柱面上的影，圆柱落在墙面上的影和圆柱面上的阴面几部分，整个阴影用度量法作出。

先根据 l_1 作出廊檐落在墙面上的影，再根据 l 和 l_2 作出圆柱的阴线及其落在墙面上的影，然后根据 l_3 和圆柱半径 r，作出廊檐落在圆柱面上的影。

8.4.6 圆锥的阴影

如图 8-36 所示，作锥面上的阴线和圆柱面一样，光平面与锥面也是相切于两条素线。锥顶 S 在锥底平面上的影落于 s_0，过 s_0 分别与底圆两侧相切于 A、B 两点，连 SA、SB 素线，即为锥面的阴线。

图 8-37 为圆锥底面置于 H 面上的阴影作图。首先分别过圆锥顶的投影点 s'、s 作 45°斜线交于 s_0，过 s_0 又分别与锥底圆两侧相切于 a、b 两点，连 sa、sb 素线，即为圆锥阴线 SA、SB 在 H 面上的投影。由 a 和 b 可在 V 投影中得到 a'和 b'，连 $s'a'$、$s'b'$素线，即为圆锥阴线 SA、SB 在 V 面上的投影。V 面上靠右方的一小条为可见的阴面，圆锥在 H 面上的 s_0a、s_0b 均为影线。

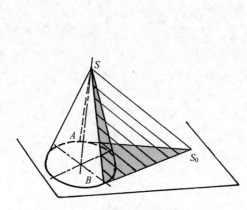

图 8-36 圆锥阴影的形成

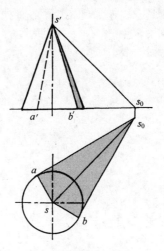

图 8-37 圆锥的阴影

8.4.7 圆球的阴影

圆球面的阴线是一个垂直于光线方向的大圆（即以球心为圆心的圆），而阴线大圆的各个投影都是椭圆。作圆球面的阴影时，应先作出圆球的阴线，然后作出圆球的影线。

图 8-38 所示，圆球面投影在 H 面上，为椭圆影线；椭圆心就是阴线大圆的圆心（也是球心）的影子。其影线的 V 面投影积聚在 OX 上而不须求作。有时为了说明方便，还采用了换面法作图，如果有必要可参看其他有关书籍。由图可以看出：

（1）阴线大圆在 H 面上的投影椭圆，它的长轴等于球的直径 D，而短轴长度为 $D \cdot tg30°(\approx 0.6 \times D)$。

（2）阴线大圆在 H 面上的影线椭圆，它的短轴长度等于球的直径 D，而长轴长度为 $D \cdot tg60°(\approx 1.7 \times D)$，具体作图步骤如下：

① 在 H 面，过 O 分别作两条相互垂直且与 OX 轴成 45°的直径 ab、1 2，过 a 分别作 ad、ae 与 ab 成 30°角，交 1 2 于 d、e。以 ab 为长轴、de 为短轴作椭圆，即为圆球阴线的 H 投影，同理可作出圆球阴线的 V 投影。

② 过球心 O 的落影 O_0 作 ab 的落影 $a_0 b_0$，然后过 a_0 分别作 $a_0 e_0$、$a_0 d_0$ 与 $a_0 b_0$ 成 60°角，交 1 2 的延长线于 e_0、d_0 以 $d_0 e_0$ 为长轴、$a_0 b_0$ 为短轴作椭圆，即为圆球影线的 H 投影。

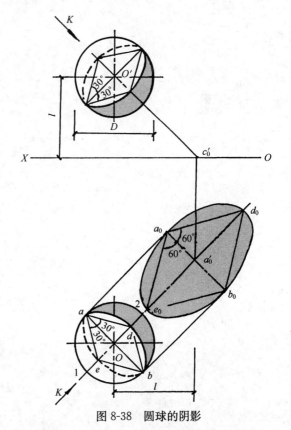

图 8-38 圆球的阴影

第 9 章

透 视 投 影

9.1 透视投影的基本知识

9.2 两点透视的画法

9.3 一点透视的画法

9.4 透视图的选择

9.5 圆的透视

9.6 透视图的简捷作图法

9.7 其他画法在建筑透视图中的运用

9.8 透视阴影与虚影

9.1 透视投影的基本知识

9.1.1 透视图的概念

透视图和轴测图一样，都是一种单面投影，不同之处在于轴测图是用平行投影法画出的图形，虽具有较强的立体感，但还不够真实，特别是用以绘制整幢建筑物时，缺乏远近距离感，不太符合人们的视觉印象。而透视图则是用中心投影法画出，人们透过一个平面来观察物体时，由人眼引向物体的视线（直线）与画面（平面）交成的图形，如图 9-1 所示。这种图形具有明显的空间感与真实的立体感，所以在建筑设计过程中，常常用透视图来表现建筑物的造型，以表达设计意图，探讨设计方案。

图 9-1　透视图的投影过程

9.1.2 透视图的特点

图 9-2 是一条街景透视。从图中可看出如下特点：

图 9-2　透视图的特点

（1）近大远小　即形体距离观察者愈近，所得的透视投影愈大；反之，距离愈远则投影愈小。

（2）近高远低　房屋上本来同高的铅垂线，在透视图中，近的显得高些，愈远显得愈低。

（3）水平线相交于一点　原来在长度方向相互平行的水平线，在透视图中它们不再平行，而是愈远愈靠拢，直至相交于一点 F_1，这个点称为灭点。同样，平行于房屋宽度方向的水平线，它们的透视延长后，也相交于另一个灭点 F_2。

9.1.3 透视图的基本术语

基面——放置物体的水平面，以字母 G 表示，也可将绘有建筑平面图的投影面 H 理解为基面。

画面——透视图所在的平面，以字母 P 表示，一般以垂直于基面的铅垂面为画面。

基线——画面与基面的交线，在画面上以 g-g 表示基线，在平面图中则以 p-p 表示画面的位置。

视点——人眼所在的位置，即投影中心 S。

站点——视点 S 的基面 G 上的正投影 S（图 9-3a）。

视高——视点到基面的垂直距离。

视平面——通过视点 S 所作的水平面（图 9-3b）。

视平线——视平面与画面的交线，以 hh 表示。

心点——视点 S 在画面 P 上的正投影 S_0'。

主视线——通过视点 S 而垂直于画面的视线，即视点 S 和心点 S_0' 的连线 SS_0'。

视线——视点 S 与直线端点 A 的连线。

很明显，只要求出各视线 SA、Sa 与画面 P 的交点 A'、a'，连接 $A'a'$ 就是直线 Aa 的透视（图 9-3c）。

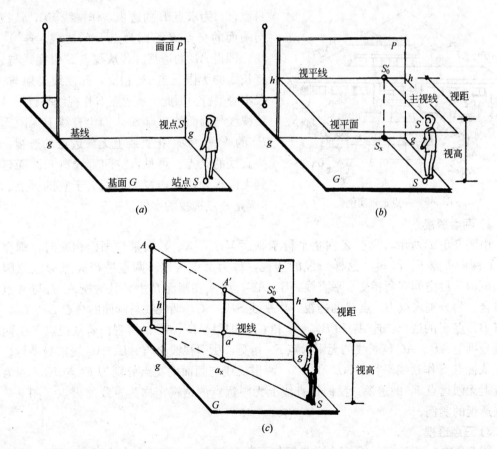

(a)　　　　　　　　　　(b)

(c)

图 9-3　基本术语

9.1.4　透视图的分类

由于建筑物与画面间的角度不同，可形成三种透视。

1）一点透视

图9-4(a)中标注了X、Y、Z三个向量，X、Z两个向量平行于画面，Y向量与画面相交。因此，只有Y向量存在一向灭点s_0。这样形成的透视，称为一点透视。一点透视灭点形成的原因，如图9-4(b)所示，设空间有直线AB、点A在画面P上，其透视A_1必与A点本

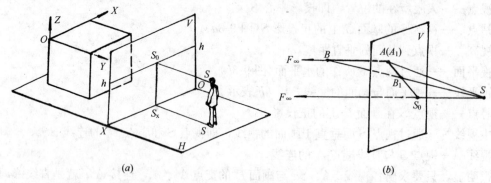

(a)	(b)

图9-4　一点透视的形成

图9-5　一点透视实例

身重合。为求点B的透视，作视线SB，该视线与画面的交点B_1，即为点B的透视。连A_1和B_1，即得AB的透视。若从视点S引视线与AB延长线的无限远点F_∞相交，此视线必须与AB线本身平行。因此，从视点S作视线平行于AB，该视线与画面的交点S_0，即为直线上无限远点F_∞的透视。我们把直线上无限远点的透视，称为直线的灭点。可见，空间直线离开画面延长到无限远处，其透视必然消失于它的灭点。图9-5是一点透视的实例。

2）两点透视

由图9-6(a)所示，只有Z向量平行于画面V，而X、Y向量与画面相交时，则存在X、Y两向灭点F_1和F_2。这样形成的透视，称为两点透视。两点透视灭点形成原因如图9-6(b)，设空间有两相交水平直线AB、AC，点A在画面P上，其透视A_1必与A点本身重合。为分别求点B、点C的透视，作视线SB、SC，两视线与画面的交点B_1、C_1，即为点B、点C的透视。连A_1和B_1、A_1和C_1，即得AB、AC的透视。若从视点S引两根视线分别与AB、AC延长线的无限远点F_∞相交，所引视线必与AB、AC线本身平行。因此，从视点S作视线平行于AB和AC，两根视线与画面的交点分别为F_2与F_1，即为两直线上无限远点F_∞的透视。我们把直线上无限远点的透视，称为直线的灭点。图9-7是两点透视的实例。

3）三点透视

图9-8中，当X、Y、Z三个向量都与画面V相交时，必然存在着X、Y、Z三向灭点F_1、F_2、F_3。这样形成的透视，称为三点透视。图9-9是三点透视的实例。

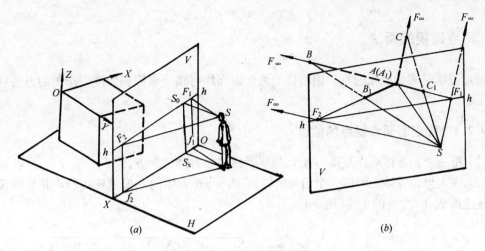

图 9-6 两点透视的形成

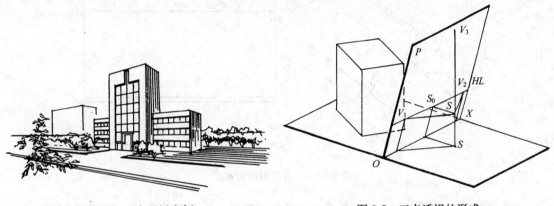

图 9-7 两点透视实例

图 9-8 三点透视的形成

图 9-9 三点透视实例

三点透视常用于高层建筑和特殊视点位置，失真较大，绘制也较繁琐，一般较少采用。

本章主要叙述两点透视与一点透视的画法。

9.2　两点透视的画法

两点透视又称为成角透视，因物体的两个立面均与画面成倾斜角度。作图的方法和步骤如下：

9.2.1　确定画面和视点的位置

(1) 将一个长方体放在基面 G 上，观察者站在长方体的前方。

(2) 在人与长方体之间放一个铅垂的画面 P，与长方体的一根侧棱接触，并且与长方体的正立面成 30°左右的夹角（图 9-10a）。

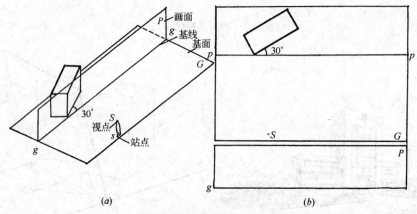

图 9-10　作透视图前的布局

(3) 画图时，要沿基线 gg 将基面和画面拆开摊平。先移开长方体，画面 P 不动，然后把基面连同长方体的 H 投影，站点和画面的 H 投影 pp 放置在画面的正上方，如图 9-10(b)所示。透视图将画在画面 P 上。

9.2.2　确定视平线和视角

(1) 通过视点作一个视平面，所有水平的视线都在视平面上，它与画面的交线为视平线，很明显，视平线平行于基线，它们之间的距离等于视高（图 9-11a）。

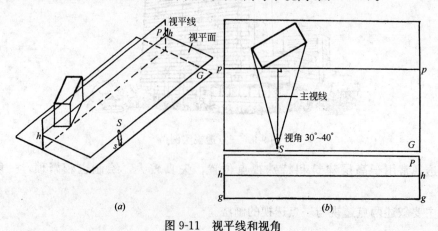

图 9-11　视平线和视角

（2）在画面上（图 9-11*b*），用与建筑物平面图同样的比例，取距离等于视点的高度，画直线平行于基线 *gg*，就是视平线 *hh*。

（3）在基面上从站点 *s* 引两条直线分别与长方体的最左最右两侧棱相接触，所形成的夹角称为视角。一般要求视角等于 30°～40°左右。主视线大致是视角的分角线。

9.2.3 求水平线的灭点

（1）长方体共有四根平行于长度方向的水平线 *AB*、*ab*、*CD*、*cd*（图 9-12*a*）。它们在空间相交于无限远点，而在透视图上必相交于一个灭点 F_1。

（2）过视点 *S* 引一条与长方体长度方向平行的直线，它与画面的交点 F_1 就是所求的灭点。由于长度方向是水平的，所以视线 SF_1 是水平线，它与画面的交点 F_1 必位于视平线 *hh* 上。图中 sf_1 是 SF_1 在 *G* 面上的投影。

（3）省去 *G* 面和 *P* 面的连框，作图时，先过站点 *s* 引直线平行于 *ab*，与 *PP* 相交于 f_1 得灭点的水平投影。过 f_1 引铅直线与 *P* 面上的视平线 *hh* 相交，即得灭点 F_1。

（4）用同样的方法可求得宽度方向的灭点 F_2（图 9-12*b*）。

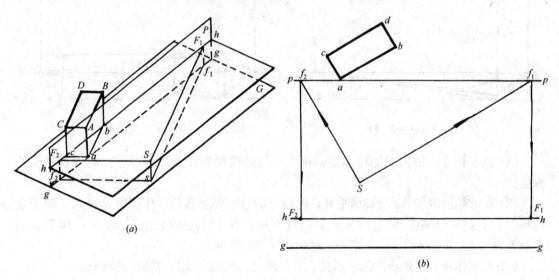

图 9-12 求灭点 F_1 和 F_2

9.2.4 求基面线 *ab* 的透视（图 9-13）

（1）由于基面线 *ab* 的端点 *a* 与画面接触，所以点 *a* 的透视 *a′* 与 *a* 重合。只要过 *a* 铅直线与 *gg* 相交，即得 *a′*。

（2）连 $a′F_1$，就是线段 *ab* 的透视方向，点 *b* 肯定在 $a′F_1$ 直线上。

（3）再连 *sb*，交 *pp* 于 b_g，过 b_g 引铅直线与 $a′F_1$ 相交于 *b′*，则 *a′b′* 就是 *ab* 的透视。这种作图方法称为视线交点法。

由此可知，求一直线段的透视，可以先求

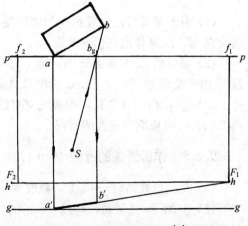

图 9-13 求 *ab* 的透视 *a′b′*

出它的透视方向，然后用视线交点法，在透视方向上求出其端点的透视。

9.2.5　求长方体底面的透视（图9-14）

（1）用同样的方法求出 ac 的透视 $a'c'$。由于 ac 平行于宽度方向，它的透视方向必指向 F_2。

（2）分别连 $b'F_2$ 和 $c'F_1$ 交于 d'，则 $a'b'c'd'$ 就是长方体底面的透视。

9.2.6　竖高度（图9-15）

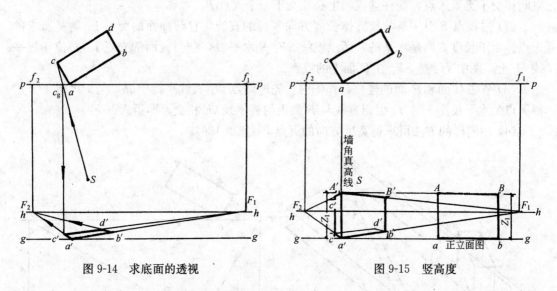

图9-14　求底面的透视　　　　　　　　图9-15　竖高度

（1）由于长方体的四根侧棱都是铅垂线，与画面没有交点，所以它们的透视仍是铅垂线。

（2）长方体的侧棱 Aa 与画面重合，因而它的透视等于实长。作图时先取 $A'a'$ 等于实际高度 Z_1，然后分别连 $A'F_1$ 和 $A'F_2$，与过 b' 和 c' 所竖的高度线相交，即得 B' 和 C'。由于侧棱 Bb、Cc 都在画面之后，它们的透视高度都比实长短。

（3）长方体背后其他线条都看不见，不必画出。至此完成长方体的透视图。

9.2.7　作檐口线的透视（图9-16）

（1）由于布局时已设置画面与墙角接触，因此屋檐线 EN、EM 凸出画面。现利用画面交点 M、N 来作出它们的透视。

（2）檐口线 eg 与画面交于 m 点，不难看出，过这一点所作的透视均反映实高，于是过 m 作垂线交 gg 于 m_0，mm_0 为檐口真高线。然后在 mm_0 上截取 Z_1 的高度得 m' 点。

（3）连 $m'F_1$，并延长，用视线交点法求得 E、G 点在此线上的透视 e'、g'。连 $e'F_2$，再求出 k'，完成檐口底面的透视。

9.2.8　作出屋盖的透视（图9-17）

（1）在檐口真高线 mm_0 上，截取 $M'm'$ 等于屋盖高度 Z_2。

（2）连 $M'F_1$ 并延长，与过 e'、g' 的铅垂线相交于 E' 和 G'，连 $E'F_2$，求得 K'。完成屋盖的透视。

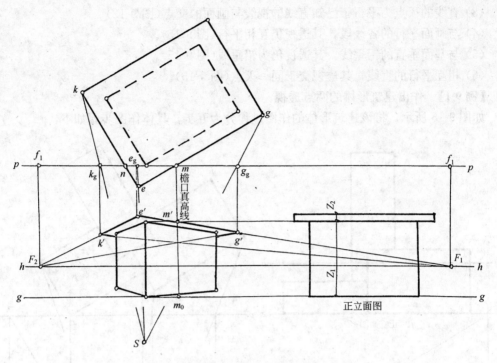

图 9-16 作檐口底面的透视

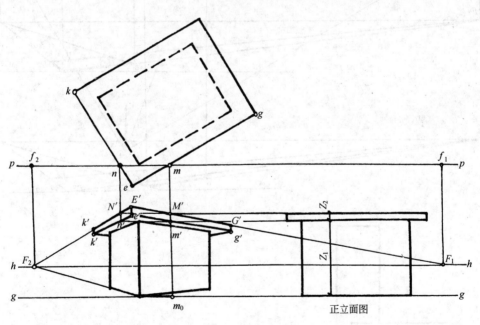

图 9-17 出檐盖的透视

同样，也可利用 n 点求檐口真高线，从而完成整个作图过程。

从上述作图过程，可得到透视图的基本特征：

（1）点的透视仍为点，即为通过该点的视线与画面的交点（图 9-13）。

（2）直线的透视在一般情况下仍为直线；当直线通过视点时，其透视为一点；当直线在画面时，其透视即为本身（图 9-15）。

（3）直线的灭点为平行于已知直线的视线与画面的交点（图9-12）。

（4）与画面平行的各线段，其透视仍互相平行（图9-15）。

（5）与基面垂直的铅垂线，其透视仍为铅垂线（图9-15）。

（6）相互平行的直线，其透视交于同一灭点（图9-15）。

【例9-1】 作出建筑形体的两点透视。

如图9-18所示，将该建筑形体的作图过程分为五步，具体作图步骤如下：

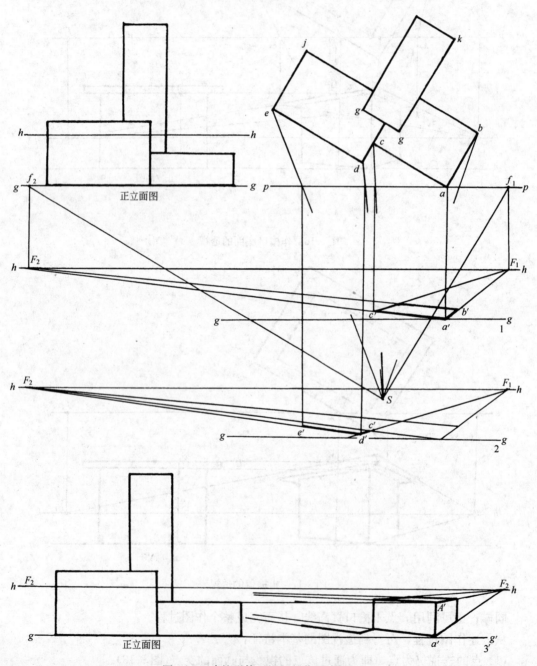

图 9-18　建筑形体透视图的作图步骤（一）

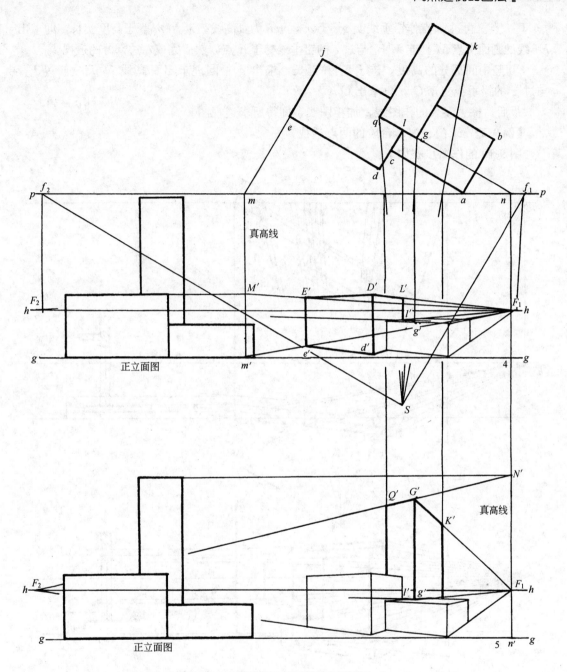

图 9-18 建筑形体透视图的作图步骤(二)

① 布局，使画面与右边部分的墙角接触，画出基线 gg（又称地面线），使之与画面线 pp 之间的距离能够满足建筑形体的高度要求。再画出视平线 hh，求出灭点 F_1 和 F_2，然后作出右边部分平面图的透视。

② 作左边部分平面图的透视，在 $c'F_1$ 的延长线上，用视线交点法求出点 d 的透视 d'。连 $d'F_2$，再在其上求出 e'。因为后边的点将被挡住，所以不必作出。

③ 竖右边部分的高度，墙角线的透视 $A'a'$ 等于实长。

④ 竖左边部分的高度，由于它的墙角线与画面不重合，因而在平面图上先延长 el，交

pp 于 m 点。再过 m 点作铅垂线交 gg 于 m'，mm' 为真高线。量 $M'm'$ 等于高度实长，即求出 EJ 线的画面交点 M'。连 $M'F_1$ 与过 e' 的铅垂线交于 E' 点，然后完成左边部分的透视。

⑤ 竖中间部分的高度，连 $l'F_2$ 并延长，求出 g'。同理求出真高线 $N'n'$，连 $N'F_2$，与过 g' 的铅垂线交于 G'，再求出 $Q'K'$。

最后，擦去多余的作图线，加粗图线，即得所求透视图。

【例 9-2】 求门、窗、台阶的两点透视。

图 9-19 的作图步骤如下：

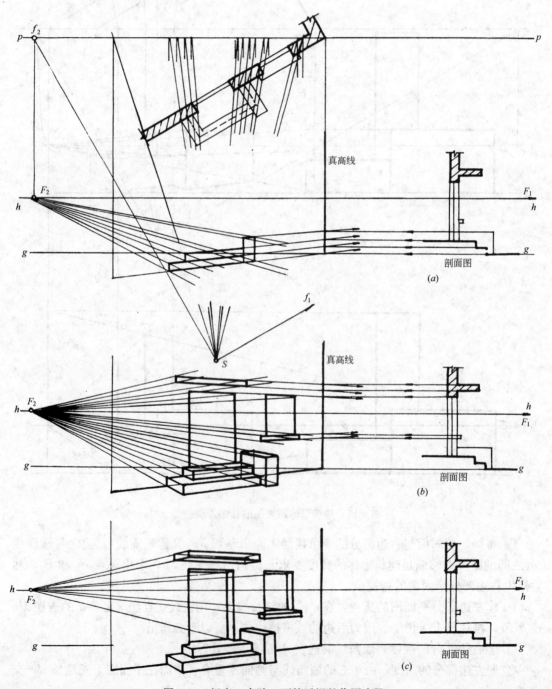

图 9-19 门窗、台阶、雨篷透视的作图步骤

① 布局，使画面与右边的墙角接触，所有的真高点，均可在此墙角线上量取。画出基线 gg 和视平线 hh。求灭点 F_1、F_2。本图灭点已越出书页外(图 9-19a)。

② 画台阶的透视，首先将踏步及栏板的真高在右墙角上量出，然后作出它们在墙面上的透视(图 9-19a)。

③ 过踏步及栏板在墙面上透视的各点，连 F_2 并延长(图 9-19a)，再用视线交点法求出它们前端的透视点，完成整个台阶的透视(图 9-19b)。

④ 用同样的方法求出雨篷，门窗洞及窗台在墙面上的透视，然后过各点连 F_2(图 9-19b)。

⑤ 图 9-19(c)是完成后的图形。从中可看出，由于台阶、窗台在视平线以下，故它们的顶面为可见，而雨篷、门窗顶均在视平线上方，所以它们的底面在视线范围内。

【例 9-3】 求室内的两点透视。

图 9-20 是绘制某住宅室内透视的实例，作图过程分七步，具体作图步骤如下：

① 布局(图 9-20a)，在给出的平面图上，过墙角 a 作画面线 pp 与墙脚线 ab 成 30°夹角。过 a 点作主视线的投影 aS，视角可大于 45°，定下站点 S。再画出地面线 gg，绘制室内透视时，视平线可以适当提高。本图按比例取 2m。求出灭点 F_1、F_2(F_1 在书页外)。

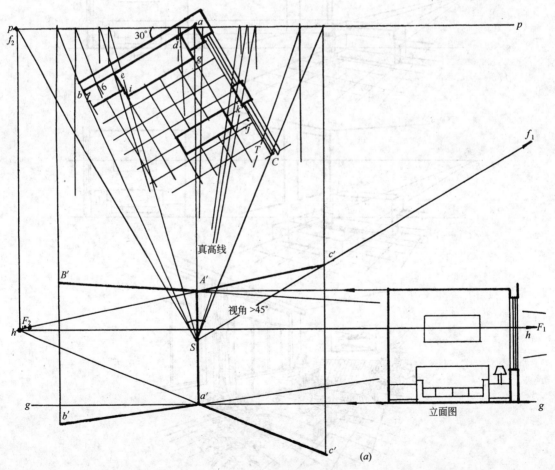

图 9-20 室内透视的作图步骤(一)

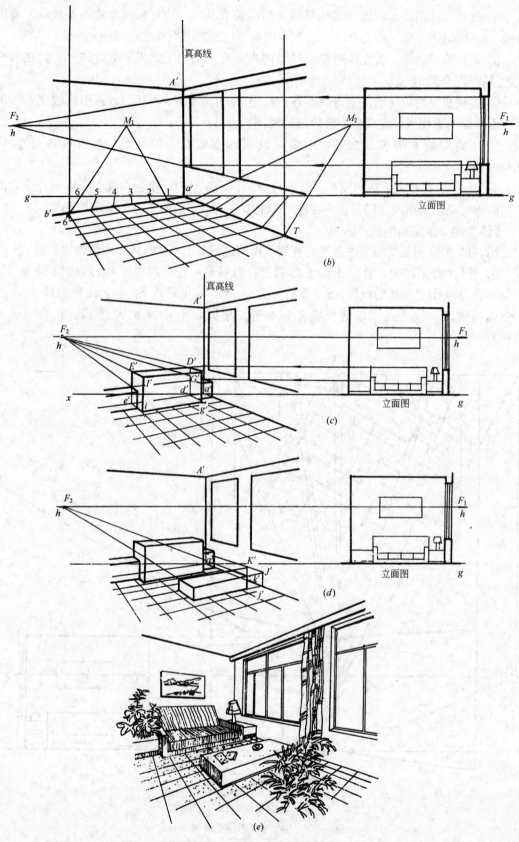

真高线

(b)

真高线

(c)

(d)

(e)

图 9-20 室内透视的作图步骤(二)

② 作墙角线的透视（图 9-20a），过平面图上 a 点作铅垂线，交基线 gg 于 a′，量取 A′a′等于室内高度，再过 A′、a′分别连 F_1、F_2 并延长，即得四条墙角线的透视。

③ 画地面分格线（图 9-20b），在 a′b′墙角线上求出 6′点。然后在基线 gg，a′点以左标出地面分格等分点 1、2……6 点，连 6′6 延长，交视平线上于 M_1 点。再过各点连 M_1 得各等分点在 a′b′线上的位置。进而各自分别向 F_2 连线，得出宽度方向地面分格线的透视。用同样的方法作出长度方向地面分格线的透视。

④ 作窗的透视（图 9-20b），在真高线 A′a′上量取窗的真高，然后连 F_2 并延长，求得窗的位置的透视。

⑤ 作沙发及矮柜的透视（图 9-20c），在真高线 A′a′上截取沙发的真高，然后连 F_1 并延长，求得沙发在墙面上的透视点 E′、e′、D′、d′。再过这四点连 F_2 并延长，求出 G′、g′、I′、i′四点，完成沙发轮廓线的透视。矮柜求法相同。

⑥ 求茶几的透视（图 9-20d）。假想把茶几向右侧延伸至与墙面相接，得 j′k′两点。在真高线 A′a′上定出茶几真高，连 F_2 并延长。在此线上求出 K′、J′点，再画出茶几的轮廓线。

⑦ 画出细部，完成透视图（图 9-20e）。

室内的两点透视就是房间一角的特写，显得紧凑、集中和重点，颇具轻快、活跃、随意的透视表现效果。

9.3 一点透视的画法

当画面同时平行于建筑物的高度方向和长度方向时，平行于这两个方向的直线的透视，都没有灭点，这种透视称为一点透视。它的作图方法和两点透视作图基本相同。

【例 9-4】 求建筑形体的一点透视。

图 9-21 的绘图步骤如下：

① 布局（图 9-21a），画面平行于正面，视角可以稍大些，一般取 40°～50°左右。站点可稍偏于一侧，以免构图太呆板。按比例取视高 1.7m，画好基线与视平线，求宽度方向的灭点 s_2，由于宽度方向垂直于画面，所以只要过站点 s 引铅垂线与视平线 hh 相交，即得 S_0。

② 作左侧形体的透视，B′b′线为真高线，A′B′a′b′反映实形。（图 9-21a）。

③ 求右侧形体的透视，求出真高线 C′c′，C′D′c′d′反映实形。然后求出其他各点的透视（图 9-21b）。

④ 求中间形体的透视，在真高线 B′b′上截取 $b_1'b'$ 等于中间形体的实高，从而求出 V′5，完成其图（图 9-21c）。

【例 9-5】 求室内布置的一点透视。

图 9-22 所示，将室内布置的作图过程分成七步：

① 布局，画面平行正墙，视点稍偏左，作出基线 gg、视平线 hh 和灭点 S_0（图 9-22a）。

② 作墙角线的透视，左侧墙面的上下墙角线与画面相交于 A′和 a′，它们的透视方向分别是 A′s_0 和 a′s_0。用视线交点法可求得墙角 C′C′。用相同的方法作出右墙面的透视，最后连 C′D′和 c′d′得正墙面的透视（图 9-22a）。

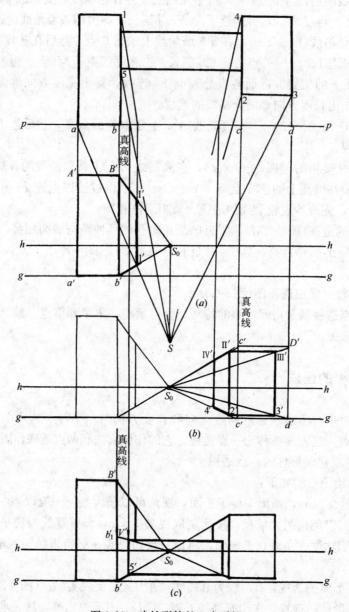

图 9-21　建筑形体的一点透视

③ 求顶棚的分格，在 $A'B'$ 上等分各点与 s_0 连线，交对角线 $A'D'$ 上得各点的等分透视点，再过各点透视作水平线，求得顶棚的分格线（图 9-22b）。

④ 作窗子的透视，在 $B'b'$ 墙角上量窗台高 Z_2，得点连 s_0，求出窗子的透视（图 9-22b）。再画出窗子的中点（图 9-22c）。

⑤ 求柜子的透视，在 $A'a'$ 线上量取柜子高 Z_3，再连 s_0，求出柜子的轮廓线。沙发轮廓线的求法相同（图 9-22c）。

⑥ 求椅子、茶几的透视，假设把椅子延伸至左墙面，茶几延伸至正墙面（图 9-22d）。

⑦ 细部加工，完善图面（图 9-22e）。

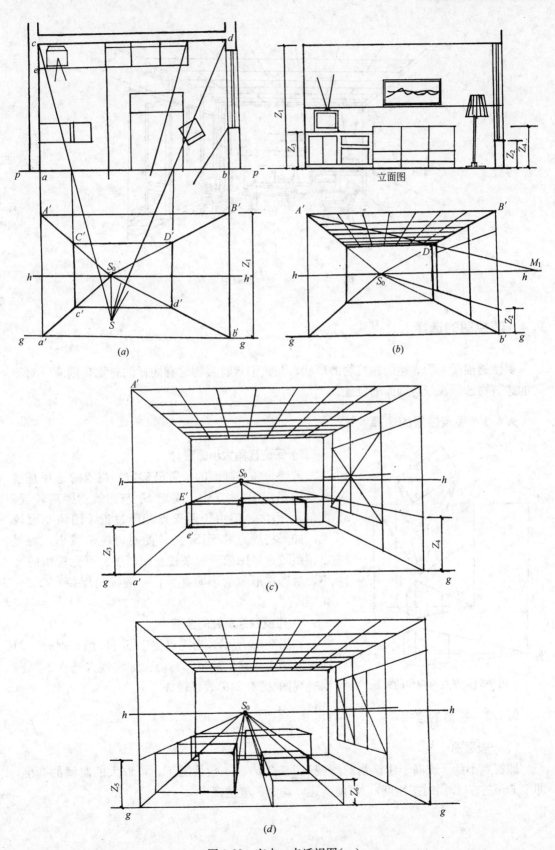

立面图

(a)　(b)

(c)

(d)

图 9-22　室内一点透视图(一)

(e)

图 9-22 室内一点透视图(二)

9.4 透视图的选择

要使透视图上所表达的建筑物的形状，与人们观看实物时有同样的感觉，则应针对不同的建筑物选择视点与画面的位置。

9.4.1 视点位置的选择

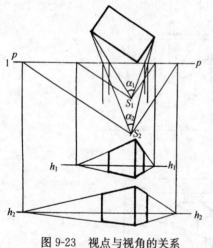

图 9-23 视点与视角的关系

1)保证视角大小适宜

若建筑物与画面的位置已确定，视点的选择是很重要的。在图 9-23 中，视点 S_1 与建筑物距离较近，视角 α_1 稍大，但由于两灭点相距过近，图像变形较大。如果将视点移至 S_2 处，此时，视角减小，两灭点相距较远，图像看起来较开阔舒展。可见视角的大小，对透视形象的影响甚大，一般视角保持在 $30°\sim 40°$为宜。

2)应反映建筑物的全貌

如图 9-24 所示，当视点位于 S_1 处(图 9-24a)，则透视不能表达建筑的形体特点。如将视点选在 S_2 处，则透视图(图 9-24b)效果较好。

9.4.2 视高的选择

1)一般透视

即视点不低于或高于建筑物的透视(图 9-25b)。一般情况下，可取人的眼睛的高度，即 1.6m 左右(作图时按比例)，如前所述，均是一般透视。

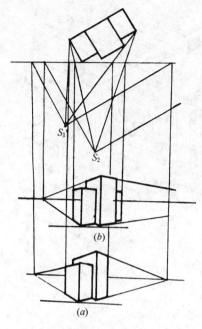

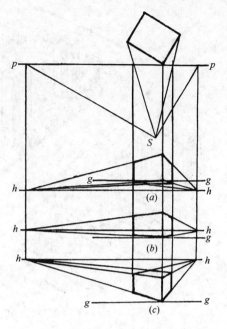

图 9-24 透视图要反映建筑物的全貌　　　　图 9-25 视高不同的透视图

2）仰视图

视点低于建筑物时形成的透视（图 9-25a），被称为仰视图（图 9-26）。降低视平线，则透视图中建筑形象给人以高耸雄伟之感。

图 9-26 仰视图的实例

3）鸟瞰图

视点高于建筑物顶面时形成的透视（图 9-25c），又称为鸟瞰图（图 9-27）。视平线提高，可使地面在透视图中展现得比较开阔。

9.4.3 画面与建筑物的相对位置

1）画面与建筑立面的角度位置

一般情况可按前面介绍，取 30°左右；但有时为了更突出主立面，夹角可取小些，如

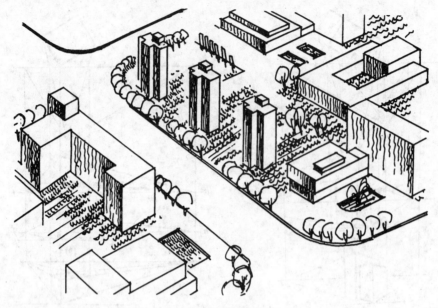

图 9-27 鸟瞰图的实例

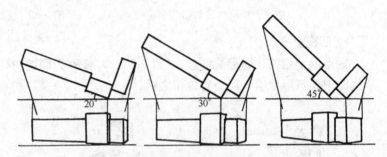

图 9-28 画面与建筑立面的角度不同时的透视

20°～25°左右；假如主立面和侧立面都要兼顾，则夹角可取大些，如 35°～45°(图 9-28)。

2) 画面与建筑物的前后位置

当视点和建筑物的相对位置确定后，这时若使画面前后平移，将会影响到画出来的透视图的大小，但透视的形象不变(图 9-29)。

画面置于建筑物之前，此时，建筑物上与画面平行的轮廓线的透视，较实长为短，故也称为缩小透视(图 9-29a)。通常使画面与建筑物最前轮廓线接触。

当画面穿过建筑物时，使某些水平线与画面的交点极易定出，可使作图方便(图 9-29b)。

画面置于建筑物之后，此时，建筑物上与画面平行的轮廓线的透视，较实长为长，故为称为放大透视(图 9-29c)。

选择画面的位置，取决于图纸幅面的大小，并考虑配景所占的位置。

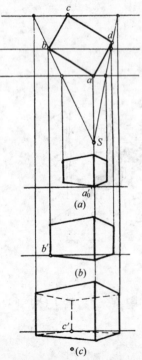

图 9-29 画面前后位置不同时的透视

9.5 圆的透视

当圆所在平面平行于画面时，则圆的透视仍是圆。

图 9-30 所示，是一个圆管的透视，圆管的前口位于画面上，其透视就是它本身。后口圆周在画面后，并与画面平行，故其透视仍为圆周，但半径缩小。为此，先求出后口圆心 o 的透视 o'，然后求出后口两同心圆的水平半径的透视 $o'a'$ 和 $o'b'$，以此为半径分别画圆，就得到后口内外圆周的透视。最后，作出圆管外壁的轮廓素线，就完成了圆管的透视图。

当圆的所在平面不平行于画面时，圆的透视一般是椭圆。作图时，则应先作出圆的外切四边形的透视，然后找出圆上的八个点，再用曲线板连接成椭圆。

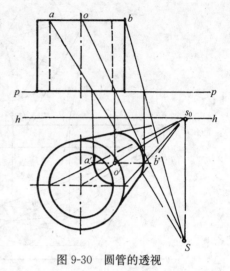

图 9-30 圆管的透视

9.5.1 水平位置圆的透视(图 9-31)

画水平位置圆的透视，具体作图步骤如下：

(1) 在平面图上，画出外切四边形。

(2) 作外切四边形的透视，然后画对角线和中线，得圆上四个切点的透视 a'、b'、c'、d'。

(3) 求对角线上四个点的透视。当作两点透视时(图 9-31a)，在平面图上将 1、2 延长至 5，然后求出 $5'$，连 $5'F_2$，在此线上求出 $1'$、$2'$、$3'$、$4'$点的求法相同。当作一点透视时(图 9-31b)，直接将 5、6 两点移下来，求出 $1'$、$2'$、$3'$、$4'$四个点。

(4) 用曲线板连八个点，得椭圆，即为所求。

9.5.2 铅垂位置圆的透视(图 9-32)

圆周不平行画面时，作图方法与水平位置圆的透视画法类似：

(1) 将圆面的 H 投影延至画面于 n 点。

(2) 过 n 点作垂线交基线于 n'，$N'n'$ 为真高线。

(3) 连 $N'F$ 和 $n'F$，得透视四边形的两条边线。

(4) 用视线法作出另外两条边线的中心线，即可得到透视点 A'、B'、C'、D'四点。

(5) 用八点法作出对角线上的 $1'$、$2'$、$3'$、$4'$四点。

(6) 用曲线板连接八点，得椭圆，即为所求。

图 9-33 为圆拱门的两点透视。作图步骤可分三步：

(1) 用视线法作出圆拱门半个正方形 $1'a'b'5'$ 的透视 $1_0'a_0'b_0'5_0'$，即可得到 $1_0'$、$3_0'$、$5_0'$三个椭圆点。

(2) 连 $O_0'a_0'$、$O_0'b_0'$对角线与 $ⅡF_2$ 的连线相交于 $2_0'$、$4_0'$两个椭圆点。

(3) 用曲线板连接五个椭圆点，即可连得前半圆周的透视椭圆。

同法，可作出后半圆周的透视。

图 9-34 为圆拱门的一点透视，作图方法同图 9-30 类似。

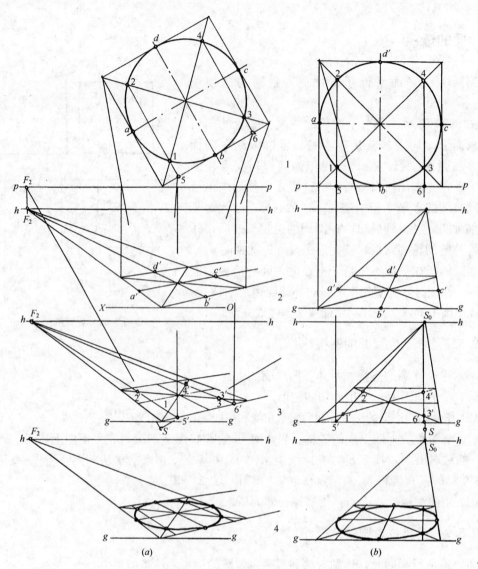

图 9-31　水平位置圆的透视画法

(a)两点透视；(b)一点透视

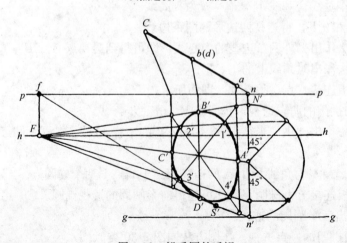

图 9-32　铅垂圆的透视

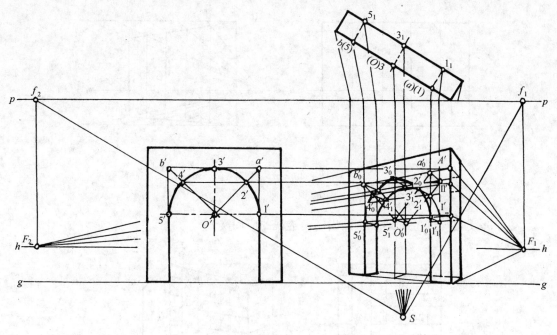

图 9-33　圆拱门的两点透视

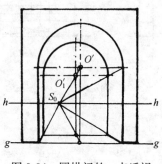

图 9-34　圆拱门的一点透视

9.6　透视图的简捷作图法

在画透视图时，往往只用前述方法作出房屋主要轮廓的透视后，就直接将初等几何的知识灵活运用到透视图中来，画出建筑细部的透视。这样，就能简化作图、提高效率。

9.6.1　利用线段比作图

要将一矩形的透视图作垂直划分，可利用线段比作图（图 9-35），步骤如下：

（1）已知 $A'B'C'D'$ 为一矩形的透视图，$A'B'$ 为其实际高度，即真高。

（2）在 $A'B'$ 两端点的任意一点作水平线，截取 1、2……5 等点，使每段等于矩形划分点的实际大小。

（3）连点 5 和 C'，并延长与 hh 相交于 F'。

（4）连各分点与 F' 相交，再从截得 $A'D'$ 线上的各分点引铅直线，即得矩形垂直划分的透视图。

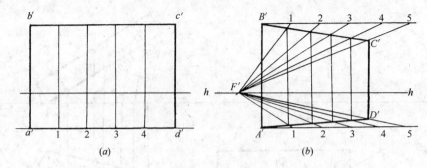

图 9-35　分划竖线

(*a*)立面图；(*b*)透视图

图 9-36 为在建筑立面透视上画出门窗透视的应用实例。

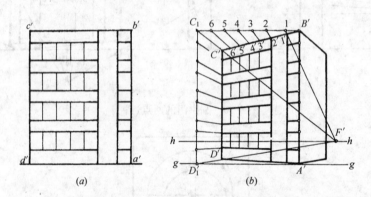

图 9-36　确定门窗的透视位置

(*a*)立面图；(*b*)透视图

9.6.2　利用矩形对角线作图

利用矩形的透视对角线，可以将矩形等分、分割、作连续图形和对称图形等。

1) 求矩形的中线

矩形对角线的交点就是矩形的中点，矩形的中线必通过该中点。因此，在透视图上求矩形的中线，可按如下方法作出：

(1) 在矩形的透视图上画对角线，得中点 O' (图 9-37*a*)。

(2) 过中点 O' 作铅直中线和水平中线的透视，将矩形的透视划分为纵横各两等分 (图 9-37*b*)。

图 9-38 为窗扇分格线透视实例。

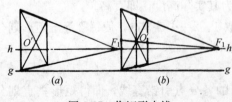

图 9-37　作矩形中线

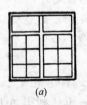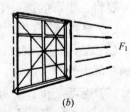

图 9-38　作窗扇分格线

(*a*)立面图；(*b*)透视图

2）矩形的任意分割

图 9-39 所示是一矩形铅垂面，要求将它竖向分割成三个矩形，其宽度之比为 2：3：2。作图过程如下：

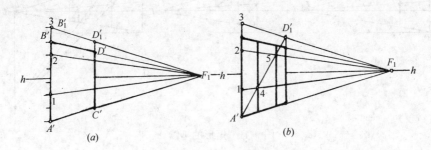

图 9-39　矩形的分割

（1）首先在铅垂边如 $A'B$ 上，取长度成 2：3：2 的高度，得分点 1、2、3。

（2）作各分点与 F_1 的连线，$3F_1$ 与 $C'D'$ 交于 D_1' 点，$A'B_1'D_1'C'$ 成为一个矩形的透视。

（3）作对角线 $A'D_1'$，与 $1F_1$ 和 $2F_1$ 交于点 4、5，过点 4 和 5 各作铅垂线，即将矩形分割成宽度为 2：3：2 的三个矩形。

图 9-40 为作门扇分格线的透视实例。

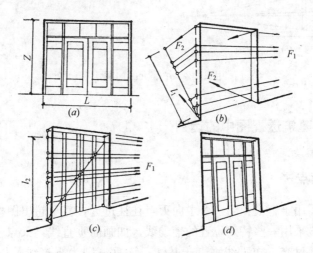

图 9-40　作门扇的分格线

（a）立面图；（b）作横格线；（c）作竖格线；（d）透视图

3）矩形的连续

图 9-41 所示是一矩形铅垂面，要求连续作出一些等大的矩形的透视。作图步骤如下：

（1）作铅垂边 $C'D'$ 中点 O'，连 $O'F_1$ 得矩形水平中线的透视（图 9-41a）。

（2）连 $A'O'$ 并延长，交 $B'F_1$ 于 G'，过 G' 引铅直线 $E'G'$，就是第二个矩形的另一铅垂边的透视（图 9-41b）。

（3）用同样的方法，可连续作出一些矩形的透视。显然，所作的对角线，在空间都是平行的，它们的透视必相交于同一个灭点 F_1'（图 9-41c）。

图 9-42 为在房屋立面上作一系列大小相等、间距相同的门洞的透视实例。

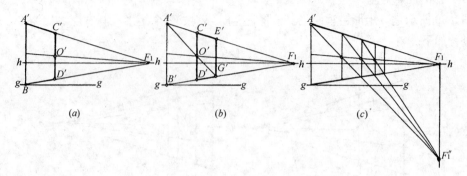

图 9-41 矩形的延续

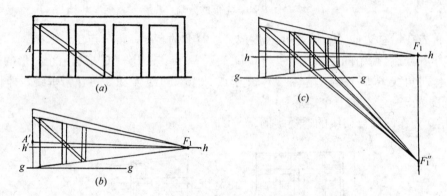

图 9-42 作等大的门洞

9.7 其他画法在建筑透视图中的运用

9.7.1 辅助灭点法

辅助灭点法主要用于解决：当一个主向灭点往往过远，甚至超出图板之外时采用的一种作图方法。它一般采用一些特殊位置的辅助线，如画面垂直线，灭点就是心点；外轮廓线延长至画面相交，过交点作垂线垂直于基线，该垂线则为真高线等作图方法。图 9-43 为一个灭点超出图板外时的作图。

图 9-43(a)是利用心点作图。先连接 Sd 交 pp 于一点 d_g，过 d_g 作垂线；再过 d 作 pp 的垂线交 gg 于一点 e'，在 ee' 真高线上量取真高 Z 值得 E' 点。因辅助线 ed 垂直于画面，那么这条辅助的透视 $e'd'$ 就应消失于心点 S_0'。于是连 $e'S_0'$、$E'S_0'$，在此线上求出 d 点的透视 D' 和 d'，即可完成长方体的透视图。

图 9-43(b)是利用已知灭点作图。先连接 Sd 交 pp 于一点 d_g，过 d_g 作垂线；将平面轮廓线 cd 延长至画面相交于 k；过 k 作垂线至基线 k' 点，该垂线则为真高线；量取真高 Z 值得 K' 点；因辅助线 kd 平行于 ab，那么它的透视 $k'd'$ 也应消失于 F_1，于是连 $K'F_1$ 和 k' F_1；在此线上求出 d 点的透视 D' 和 d'，即可完成长方体的透视图。

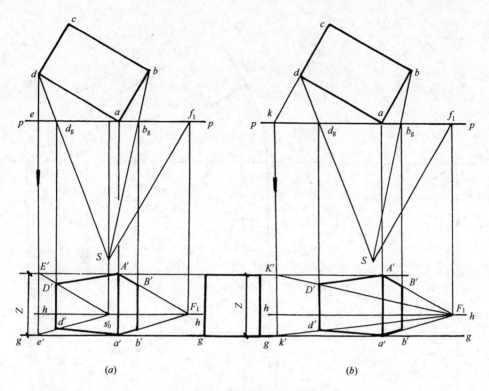

图 9-43 辅助灭点法作透视图

9.7.2 量点法

量点法是利用辅助灭点 M，求作透视图的一种方法。作图时一般先作出建筑平面图的透视，在此基础上，定出各部分的透视高度，完成建筑物本身的透视。本例作图步骤如下：

(1) 图 9-44 所示，给出了平面图，选定了站点、基线 gg、视平线 hh 和画面线 pp，并使画面线通过平面上一顶点 a。

(2) 由于平面图上有两组不同方向的平行线，从站点 S 按这两个方向引出视线的投影，与 pp 相交于点 f_1 和 f_2，用其灭点来确定平面上主向水平线的透视方向。与 f_1、f_2 相应求得量点的投影 m_1 和 m_2（以 f_1 为圆心，sf_1 为半径画弧与 pp 相交于 m_1，以 f_2 为圆心，sf_2 为半径画弧与 pp 相交于 m_2）。量点只是用以确定辅助线的透视方向。

(3) 把求得的灭点与辅助灭点 f_1、f_2、m_1、m_2 位置不变地画到 hh 线上。把顶点 a 画到 gg 线上（就是透视 a'），过 a' 点连接 $a'F_1$、$a'F_2$ 消失线。

(4) 将平面图上的尺寸 x_1、x_2、x_3、y_1、y_2 量到 gg 线上，自 a' 向右量得 ny_1、ny_2，向左量得 nx_3、nx_2、nx_1（可按 n 倍数放大量出，本例 $n=1$），于是在 gg 线上分别对应于 $4'$、$1'$、$2'$ 点。

(5) 把点 e'、$4'$、$1'$ 向 M_2 消失，点 $2'$、k' 向 M_1 消失，所作的辅助线分别与 $a'F_1$、$a'F_2$ 消失线相交。例如，eM_2 辅助与消失线 $a'F_2$ 相交于点 b'，过点 b' 又向 F_1 消失，连接 $b'F_1$；$k'M_1$ 辅助线与消失线 $a'F_1$ 相交于点 d'，过点 d' 再向 F_2 消失，连接 $d'F_2$。$b'F_1$ 与 $d'F_2$ 连线相交于点 c'，于是得到平面 $abcd$ 的透视 $a'b'c'd'$。同理，可投影出平面上被切去的

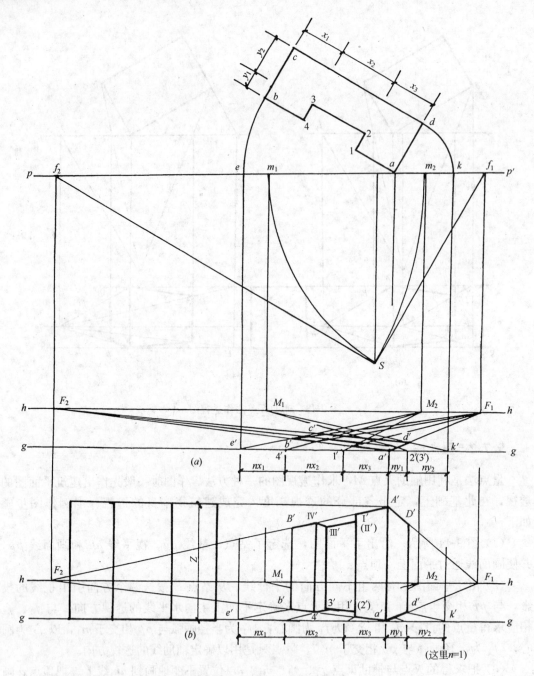

图 9-44　用量点法求作透视图

一块的透视，即完成平面形状的透视。

(6) 如图 9-44(b)所示，在真高线 aa' 上量取真高 $A'a'$，分别连接 $A'F_1$、$A'F_2$，求得 B'、$\text{Ⅳ}'$、$\text{Ⅰ}'$、D'，再连接 $\text{Ⅳ}'F_1$ 得到点 Ⅲ，最后完成建筑物外轮廓的透视。

同上述视线法比较，量点法一般可以不用平面图和立面图，直接把建筑物的尺寸标在 gg 线上，并把长、宽方向的尺寸与各自的辅助灭点相连，具体作法与图 9-44 的作图步骤相同，仅把从站点 S 按两个主向水平线的透视方向引出视线的投影，让它反向画在视平线上，并作出两个辅助灭点，即可按比例作图(图 9-45)。

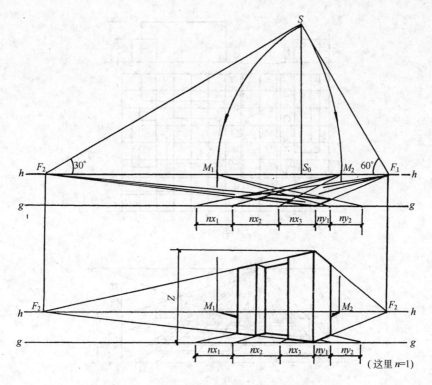

图 9-45 直接用量点法作建筑物的两点透视

9.7.3 利用方格网作图

当建筑平面图形不规则或具有复杂曲线时，可将它们纳入一个正方形组成的网格中来定位。先作出这种方格网的透视，然后定出图形的透视位置。图9-46为用方格网法作出的一个墙面空花透视图样。

这种方法也特别适用于画某一区域建筑群的鸟瞰图。图9-47为用方格网法绘制的建筑群的一点透视。作图方法如下：

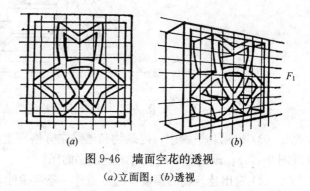

图 9-46 墙面空花的透视
(a)立面图；(b)透视

(1) 首先在总平面图(图 9-47a)上，选定位置适当的画面，定出画面线 pp，再按选定的方格宽度，画上正方形网格，使其中一组线平行于画面，另一组垂直于画面。

(2) 在画面(图 9-47b)上，按选定的视高，画出基线 gg 和视平线 hh。在 hh 上确定灭点 s_0，在 gg 上按格线间的宽度，定出垂直画面的格线的交点 1、2……等。这些交点与 s_0 点的连线，就是垂直画面的一组格线的透视。接着求出方格网最右上方 a 点的透视 a'，连 $0a'$ 并延长交在 hh 线上为 F' 点，这就是正方格网的对角线的灭点，$0a'$ 是对角线的透视，它与 $1s_0$、$2s_0$……纵向格线相交，由这些交点作 gg 的平行线，就是平行画面的另一组格线的透视。从而得到方格网的一点透视。

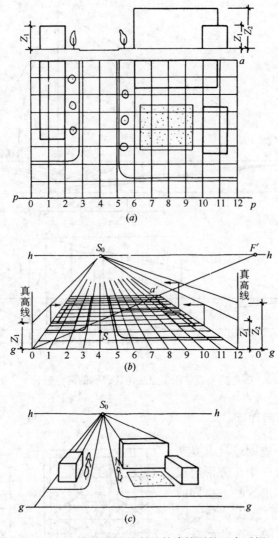

图 9-47　用方格网法绘制的某建筑群的一点透视

（3）根据总平面中，建筑物和道路在方格网上的位置，定出它们在透视网格中的位置（图 9-47b），画出整个建筑群的透视平面图。

（4）定出建筑物的高度。过 0 点作一条铅垂线，即真高线。在真高线上取 Z_1 高，并连 S_0，延长建筑透视平面的水平线与网格边缘相交后，再作铅垂线，即得建筑物的透视高度（图 9-47b）。其他各个墙角线的透视高度均按此法求取。

（5）最后完成建筑物的轮廓线。

图 9-48 所示，是用方格网放大透视图。在原透视图上（图 9-48a）找出一个灭点，定出视平线。按一定比例画上方格网。画出的方格网要有一条水平线与视平线 hh 重合，一条垂直线与建筑物的某一边重合。再按所需要的放大比例在图纸上画好方格网，定出视平线及灭点位置，然后逐点逐边地画，即可作出放大了的建筑物透视图，图 9-48（b）所示。

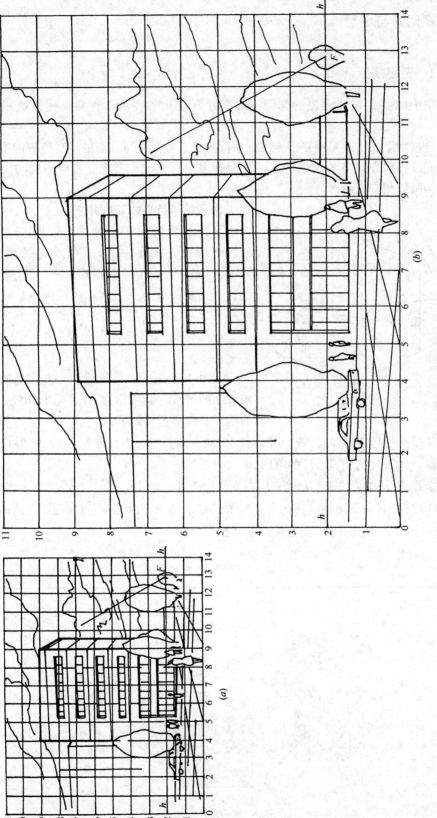

图 9-48　用方格网放大透视图

9.8 透视阴影与虚影

9.8.1 透视阴影

透视图中的阴影是按设想的光源，选定好方位角和高度，直接在建筑透视图上求作的。

绘制透视阴影，一般采用平行光线。平行光线又根据它与画面的相对位置的不同分为两种：凡光线投射方向与画面平行的，称为画面平行光线；凡光线投射方向与画面相交的，则称为画面相交光线。

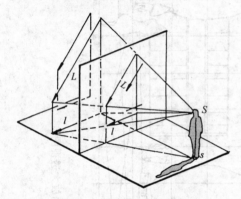

图 9-49 与画面平行的光线

1) 画面平行光线下的阴影

平行于画面的平行光线，如图 9-49 所示，光线的透视仍保持平行，并反映光线对 H 面的实际倾角；光线的 H 面投影，平行于 gg，故光线的基透视则成水平方向。光线可以从右上方射向左下方，也可从左上方对射向右下方，而且倾角大小可根据需要选定。在本书中均以 45°光线为例。

如图 9-50 所示，已知光源在左，光线投射方向与画面平行，高度角为 45°，求其阴线 $ABCDE$ 的落影。作图步骤如下：

（1）自 E 作平行于 hh 的直线，过 D 作 45°向下倾斜线，得交点 D_3。D_3 即为 D 点在地面上的落影，D_3E 即为阴线 DE 的落影。

（2）连 D_3F_1，交棱线于Ⅰ；连 CF_1，交棱线于Ⅱ，连ⅠⅡ。

（3）自 C 作 45°向下倾斜线，交ⅠⅡ连线于 C_2。C_2 即为 C 点在垂直面 2 上的落影。

（4）$D_3ⅠC_2$ 即为阴线 DC 的落影，Ⅰ是折影点。

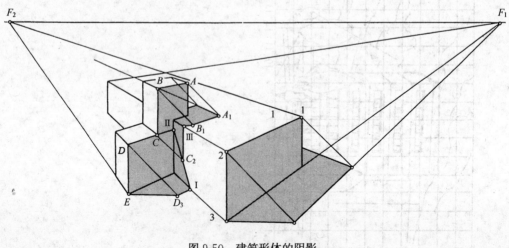

图 9-50 建筑形体的阴影

（5）自 C_2 作垂线交棱线于Ⅲ，Ⅲ是折影点。

（6）过 B 作45°向下倾斜线，与过Ⅲ所作水平线相交于 B_1。B_1 即为 B 点在水平面1上的落影。B_1ⅢC_2 相连，即为阴线 BC 在水平面1和在垂直面2上的落影。

（7）连 B_1F_1，与过 A 所作45°向下倾斜线相交于 A_1。A_1 即为 A 点在水平面1上的落影。连线 A_1B_1 即为阴线 AB 在水平面1上的落影。

A_1B_1ⅢC_2ⅠD_3E 即为阴线 $ABCD$ 的全部落影。

图9-51中是一带有雨篷和壁柱的门洞，求其阴影。

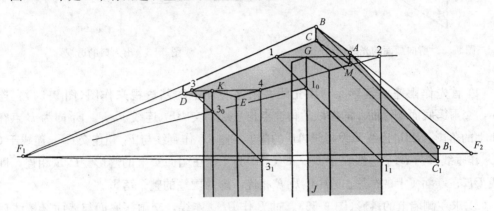

图9-51　门洞的阴影

图中由于没有画出门洞的下半部，所以，无法利用光线在地面上的透视。但是，可以作出光线在雨篷底面上的透视（仍然是一条水平线），据此，也能作出落影。作图步骤如下：

（1）过壁柱棱线的端点 G 作水平线与雨篷阴线 CD 交于点1，自点1作45°光线 11_0，水平线 $1G$，就是光线 11_0 在雨篷底面上的透视。

（2）点1的落影 1_0 正好在棱线 GJ 上。过影点 1_0 向 F_1 作直线。这就画出了雨篷阴线 CD 在壁柱正面上的落影。

（3）光线的投影 $1G$ 延长，与墙面相交于 EM 线上的点2，过点2作铅垂线，即壁柱阴线 GJ 在墙面上的落影；该影线与光线 11_0 相交于点 1_1，注意，点 1_1 和 1_0 都是点1的落影。

（4）过 1_1 向 F_1 作直线 C_13_1，即阴线 CD 在墙面上的落影，该影线与过点 C 的光线交于 C_1，过 C_1 作铅垂线，与过点 B 的光线交于 B_1，则 B_1C_1 即 BC 的落影，连线 B_1A 即 BA 的落影。

（5）雨篷及壁柱 KE 在门洞内的落影，均可依此方法分析，进行作图。

2）画面相交光线下的阴影

采用画面平行光线绘制透视阴影，虽然简便，但在阴影的表现效果上有一定的局限性。所以为获得理想的阴影效果，相交光线仍被广泛采用。

光线自观察者身后射向画面，光线角度可自行选择如图9-52所示，光线与画面相交，光线的透视则汇交于光线的灭点 F_L，且灭点 F_L 在视平线的下方，其基透视则汇交于视平 hh 上的基灭点 F_v，F_L 与 F_v 的连线垂直于视平线。

图9-53中，给出了出入口的透视，选取了光线的灭点 F_L 及其基灭点 F_v，求阴影。

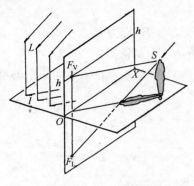

图 9-52 射向画面的光线

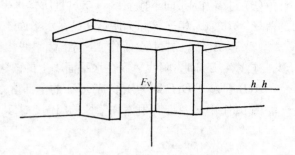

图 9-53 出入口的透视

(1) 首先作雨篷的落影。利用光线在雨篷底面上的基透视来作图（图 9-54）。连接 BF_V，交雨篷底面与墙面 1 的棱线后得交点作垂线，交 BF_L 连线于 B_1。B_1 即为 B 点在墙面 1 上的落影。AB_1 连线即为阴线 AB 的落影。过 B_1 作直线与 F_1 相连交 CF_L 连线于 C_1。过 C_1 作垂线，与 DF_L 连线交于 D_1，D_1C_1 即为 DC 在墙面 1 上的落影。D_1E 相连，即为阴线 DE 在墙面 1 上的落影。$AB_1C_1D_1E$ 相连，即为雨篷的整个落影。

(2) 求左侧墙上的落影（图 9-55）。过 B 作 BF_V 连线，交雨篷底面与墙面 2 棱线后作垂线，交 BF_L 连线于 B_2，B_2 即为 B 点在墙面 2 上的落影。FB_2 相连（雨篷底面与墙面 2 的棱线延长后交于 F），处在墙面 2 上的线段，即为阴线 BF 线段中的一部分落影。过 B_2 连 F_2，在墙面 2 上的线段即为 AB 阴线的部分落影。

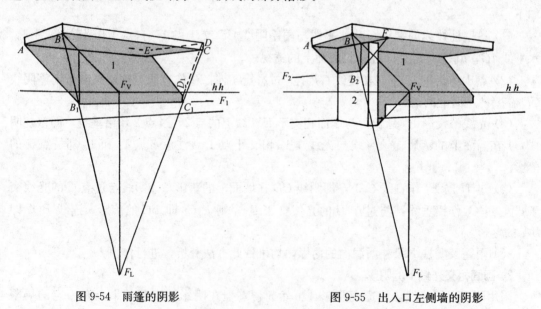

图 9-54 雨篷的阴影

图 9-55 出入口左侧墙的阴影

(3) 图 9-56 中，过墙面 2 与墙面 4 的棱线上的折影点 G 连 F_1，求得 BC 阴线落在墙面 4 及墙面 5 上的影线。

(4) 图 9-57 中，最后作墙面 3 上的影线，即 M_1、N_1 相连，完成整个出入口的阴影。

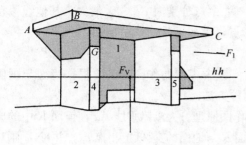

图 9-56 出入口右侧墙的阴影

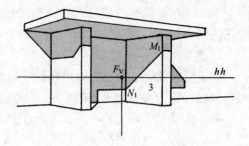

图 9-57 完成出入口的阴影

9.8.2 倒影与虚像

在水面上可以看到物体的倒影，在镜面中可以看到物体的虚像。它们的形成原理，就是物理学上光的镜面成像的原理。物体在平面镜里的像，跟物体的大小相同，互相对称（以镜面为对称面）。设计者常在建筑透视图上，根据实际需要，画出这种倒影和虚像，以增强图面效果。以下简要介绍关于倒影及虚像的形成及画法实例。

1）倒影

倒影的形成如图 9-58 所示。

根据光学定律，入射光线 AA_0 与反射光线 A_0S 位于水面的同一个垂直面内，且入射角 α 等于反射角 α'。现延长 SA_0，与过 A 点的垂线交于 A_1 点。连接 AA_1，与水面（扩大后）交于 a 点。则直角 $\triangle AA_0a$ 和 $\triangle A_1A_0a$ 全等，故 $Aa = A_1a$，应注意到 a 点即为 Aa 直线和 A_1a 直线的对称点。也就是说，人在 A_0 处看到的 A 点，与同时又直接看到 A 点对称于水面的倒影 A_1 点一样。

图 9-59 是水中倒影的透视作法实例。作建筑物透视图的倒影，是以水面为对称面的对称图形，所以它们要共同遵循消失规律，从而简化了作图。首先求出房屋角点 A 在水面上的投影点 a，得线段 Aa 并延长，在延长线上截取长

图 9-58 倒影的形成

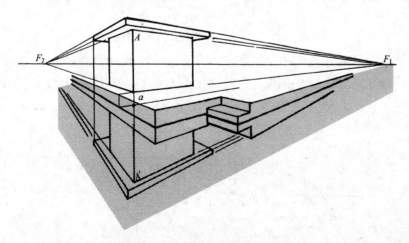

图 9-59 水中倒影的透视作法实例

等于 Aa，得到 A' 点。$A'a$ 即为 Aa 线段的倒影。过 A' 点分别向 F_1、F_2 消失，其他线段点的作法同 $A'a$ 的作图方法，即可求得其余各倒影点，完成平顶房屋的倒影。

2) 虚像

镜面可以垂直于地面，也可倾斜于地面放置。镜中虚像的作图，则要根据镜面与画面的各种相对位置而采用不同的方法。下面介绍两种方法。

图 9-60 为镜面既垂直于画面又垂直于地面的作图原理。为求铅垂线 Aa 在镜面 R 中的虚像 A_1a_1，先过 a 点作平行于视平线的直线，在镜面 R 与地面的交 23 上得点 a_0，并过 a_0 画对称轴平行于 12；再在所作的直线上截取 $a_1a_0 = a_0a$；又过 a_1 向上作铅垂线，使 $A_1a_1 = Aa$。

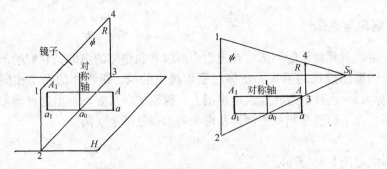

图 9-60　镜面既垂直于画面又垂直于地面

图 9-61 所示室内的一点透视中，作出门窗及桌子在墙面镜子里的虚像实例。

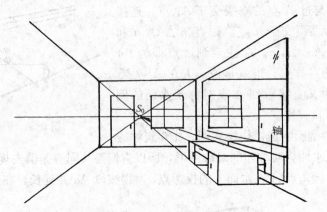

图 9-61　作室内一点透视中的镜面虚像

图 9-62 为镜面平行于画面的作图原理。为求铅垂线 Aa 的虚像 A_1a_1，应先分别过 A 点和 a 点，作透视线向心点 S_0 消失，在画面上得对称轴 56；连点 A 和 56 的中点 m 作为

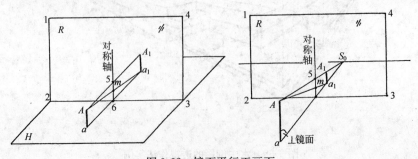

图 9-62　镜面平行于画面

对角线 Am，与 aS_0 相交，得 a_1 点；又过 a_1 向上作铅垂线与 AS_0 相交，得 A_1 点；线段 A_1a_1 即为所求。

图 9-63 所示在室内的两点透视中，作出门窗及桌子在正墙面镜子里的虚像作图实例。

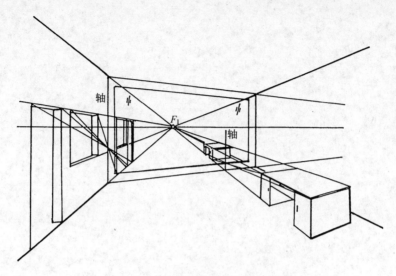

图 9-63 作室内两点透视的镜面虚像

第 10 章
地形图的识读与应用

10.1 地形图的识读
10.2 地形图的应用

在城镇规划中，各项工程建设最终要落实到具体用地上。地形条件对规划布局、道路走向、各项基础设施的建设，以及对建筑群体的布置、城镇的形态、轮廓与面貌等均会产生一定的影响，而这些影响都反映在地形图上。本章简略介绍地形图的识读与应用。

10.1 地形图的识读

10.1.1 地形图及图示特点

将地面上的地物、地貌沿铅垂方向投影到水平面上，同时按一定的比例尺缩小，并采用统一规定的图式符号绘制的地面图形称为地形图。其中地物指人工地物和自然地物，如建筑物、道路、桥梁、江河、湖泊、森林等；地貌指地面高低起伏的自然形态，如山地、丘陵、平原等。地物与地貌的合称叫做地形。

若地形图上使用的比例为1：500、1：1000、1：2000，就会把地物、地貌在水平面上的投影图形缩小得很多，使得地物的原貌很难表达清楚，只能用一个相应的符号来表示。因此，地形图上的符号就成为表示现代地形图内容的主要形式。为了统一地形图上的符号，新修订的1：500、1：1000、1：2000《地形图图式》(GB/T 7929—1995)国家标准是绘制、出版地形图的基本依据之一，是识别和使用地形图的重要工具。

10.1.2 地形图的比例尺及精度

地形图上任意一条线段的长度 l 与相对应地面上实际长度 L 之比，称为地形图的比例尺。比例尺的大小是指比值的大小，用公式表示：

$$\frac{l}{L} = \frac{1}{M}$$

式中 M——缩小的倍数。

分数值大的，比例值就大，如 $\frac{1}{500}$ 大于 $\frac{1}{1000}$ 的比例尺，$\frac{1}{2000}$ 小于 $\frac{1}{1000}$ 的比例尺。通常称1：100万、1：50万、1：20万的为小比例尺；1：10万、1：50万、1：2.5万的为中比例尺；1：10000、1：5000、1：2000、1：1000、1：500的为大比例尺。

比例尺精度，是指正常情况下人眼平面图上能分辨出来的最小距离为0.1mm，我们将地形图上0.1mm所代表的实地水平距离，称为比例尺精度。例如：1：2000地形图比例尺精度为0.1mm×2000=0.2m，也就是说量距只需精确至0.2m，即使量得再精确，在平面图也无法表示。由表10-1所示，地形图的比例尺越大，图上表示的地物、地貌越详细准确；比例尺越小图上表示的越简略，精度越低。

地形图的比例尺 表 10-1

比例尺	1：10000	1：5000	1：2000	1：1000	1：500
比例尺精度	1.00m	0.50m	0.20m	0.10m	0.05m
适用范围	总体规划阶段		初步设计阶段		施工设计阶段

10.1.3 地物和地貌在地形图上的表达方法

识读地形图，首先要熟悉地物和地貌符号，表10-2是国家标准《地形图图式》中所规定的部分地物、地貌符号，它经过了科学的归纳和分类。面对这样多的符号，学习中可以依照一定的方法记忆、掌握它。

部分图式标准　　　　　　　　　　表 10-2

编号	符号名称	图例		简要说明
		1:500、1:1000	1:2000	
1	一般房屋 砖—建筑材料 3—房屋层数	混 3	1.6 2	以钢筋混凝土为主要材料建筑的坚固房屋和以砖(石)木为主要材料建筑的普通房屋均以一般房屋符号表示
2	建筑中的房屋	建		指已建屋基尚未成型的一般房屋，无论在施工或停工的均用此符号表示
3	台阶	0.6 1.0　1.0		台阶在图上不足绘三级符号的不表示，河岸边、码头及大型桥梁等地的台阶亦用此符号表示
4	烟囱及烟道 a. 烟囱 b. 烟道 c. 架空烟道	a　b　c 1.0 3.6　砖 1.0		烟囱包括工厂烟囱和普通烟囱，烟道是指用支架或利用地形修筑的通道，烟道支架位置实测表示，1:2000 地形图上可不表示支架
5	纪念碑	1.6 1.6　4.0 3.0		纪念碑用此符号表示，一般应加注专有名称，如"人民英雄纪念碑"
6	配电线	4.0		电力线分为输电线和配电线，输电线路均为高压线；配电线路一般为低压线，图上以单箭头表示
7	等高线 a. 首曲线 b. 计曲线 c. 间曲线	a　　　　0.15 0.3 b 1.0 6.0　0.15 c 25		等高线是地面上高程相等的相邻各点所连的闭合曲线 a. 指按基本等高距测绘的等高线 b. 指从零米起算，每隔四条首曲线加粗一条的等高线 c. 指按 1/2 基本等高距测绘的等高线 等高线遇到各种注记、独立性符号时，应隔断 0.2mm；遇到房屋、双线道路、双线河渠、水库、湖、塘、冲沟、陡崖、路堤、路堑等符号时，绘至符号边线
8	梯田坎	·56.4　1.2		指依山坡、谷地和平丘地由人工修成的阶梯式农田的陡坎用此符号表示。梯田坎需适当测注比高或坎上坎下高程。梯田坎比较缓且范围较大时也可用等高线表示
9	冲沟 3.5—深度注记	3.5		指地面长期被雨水急流冲蚀逐渐深化而形成的大小沟壑。准确测绘沟头和沟宽，当图上宽度大于 5mm 时，需加绘沟底等高线。图上宽度小于 0.5mm 时，用线表示

1）地物符号

（1）依比例符号：对于占有很大面积的地物，按地形图比例尺缩小后，还能保持被投影地物形状相似的轮廓图形符号，这类符号称为依比例符号。例如，粮仓、湖泊、体育场等占地面积较大，用大比例尺缩绘后的图形，均有轮廓相似的符号，有时用文字和数字加以说明（图 10-1）。依比例符号既表示了地物的平面位置，又表达了地物的形状和大小。

（2）不依比例符号：对于占地很小的地物，按地形图比例尺缩小后，而不能画出被投影地物的形状，只能用图示规定的相应符号示意画出，这类规定的符号称为不依比例符号。例如：三角点、钟楼、散树等（图 10-2）。

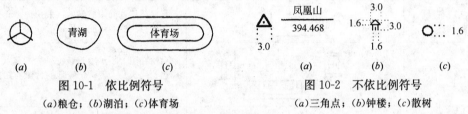

图 10-1　依比例符号　　　　　　　　图 10-2　不依比例符号

(a)粮仓；(b)湖泊；(c)体育场　　　　　(a)三角点；(b)钟楼；(c)散树

（3）半依比例符号：对于狭长的地物，按地形图比例尺缩小后，其长度可在图上依比例表示，而宽度却很小，无法依比例表示，这类符号称为半依比例符号。例如，铁路、沟渠、输电线等（图 10-3）。半依比例符号，只能在图上量出其位置与长度，而不能量出宽度。

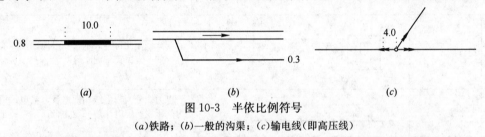

图 10-3　半依比例符号

(a)铁路；(b)一般的沟渠；(c)输电线（即高压线）

识读地物符号还有多种方法，如按地物用的投影方向，有立面垂直投影符号和水平投影符号。立面垂直投影符号有与实物侧面相似的轮廓图形，例如，针叶树、灯塔、亭、宝塔等（图 10-4）；水平投影符号有与实物水平面轮廓相似的形状，例如，体育场、铁路平交道口、等级公路等（图 10-5）。还有用文字和数字说明某地物的名称和数量，这种说明在地形图上称为注记符号，例如，小三角点。其中，横山表示小三角点所处的地名，95.93 表示该处的高程；温室符号中加注了"温室"二字；防火带符号中加注了"防火带"三字；岩滩符号中加注了"岩"字（图 10-6）。这种符号加注记的图例，更为易读易记。

图 10-4　立面垂直投影轮廓相似符号

(a)针叶树；(b)灯塔；(c)亭；(d)宝塔

2）地貌符号

《地形图图式》中规定用等高线表示地貌，对于冲沟，陡岩等用专用符号表示。

我国以青岛市外的黄海海平面，作为高程起始的基准面。假设用许多平行于基准面、且

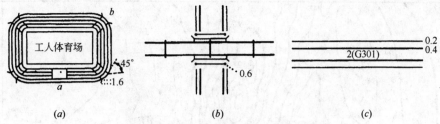

图 10-5 水平投影轮廓相似符号

(a)有看台的露天体育场(a. 司令台、b. 门洞);(b)有栏木的铁路平交道口;

(c)等级公路(2-技术等级代号、G301-国道路线编号)

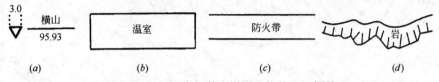

图 10-6 用文字和数字说明地物的注记符号

(a)小三角点;(b)温室;(c)防火带;(d)岩滩

间隔相等的截平面去截地表面,将截平面与地表面的截口线,按地形图比例尺缩绘到平面图纸上,其图形是一圈一圈的闭合曲线。每条闭合曲线的各点,高程均相等,故这些闭合曲线又称为等高线(图 10-7)。相邻等高线间的高差称为等高距。相邻等高线间的水平距离称为等高线的平距(图 10-8)。关于等高线与地貌符号的各种基本性质与特征,这里不一一叙述。

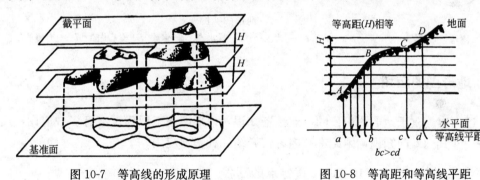

图 10-7 等高线的形成原理　　　　图 10-8 等高距和等高线平距

10.1.4 地形图实例

图 10-9 所示,在地形图图廓下方正中处,先可读出比例尺数字为 1:1000。

地形图中的地物,有铁路线穿越山地,有一条长隧道,隧道的西头铁路的两旁有已加固的路堑。靠铁路西北面有一条排水沟,流过铁路下方的涵洞,朝冲沟方向流去。铁路西头与路堑相连的有已加固的路堤。隧道的东头铁路两旁也有加固的路堑,与路堑相连的有未加固的路堤。靠东头有一条自北向南流的无堤的沟渠,铁路经过一座钢筋混凝土桥梁跨越沟渠。沟渠的南面,有一条有堤岸的沟渠,水自东向西南方向流去,并经过输水槽跨越沟渠。

地形图中的地貌用等高线表示,可以看出等高线的稀密情况。等高线越密,斜坡就越陡;等高线越稀,斜坡就越缓。该地貌呈现中间位置坡度陡,四周位置趋向平缓。在高程 123.5m 与高程 127.5m 之间成马鞍形,在高程 127.5m 附近形成了鞍部。在无堤沟渠两旁高程相差 0.2m 趋向于平地。

通过上述读图过程,就可以获得该地段总体的地形特征。

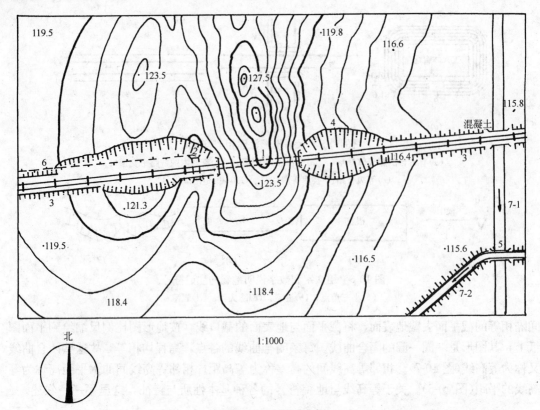

图 10-9　地形图实例

1—隧道；2—涵洞；3—路堤；4—路堑；5—输水槽；6—排水沟；7—水渠（7-1—无堤的、7-2—有堤的）

10.2　地形图的应用

上述内容侧重于地形图识读的一点预备知识，地形图在工程建设上有多种应用，还需要具备一些其他专门知识，因此本节内容仅介绍几种普通应用。

10.2.1　确定点的高程

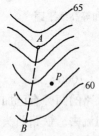

图 10-10　确定点的高程和地面的坡度

图 10-10 所示，P 点的高程在等高线的范围内，根据 P 点所在位置，可以用目估法确定高程为 61.4m。如果 P 点在等高线范围以外，则不能确定 P 点的高程。

10.2.2　确定地面的坡度（图 10-10）

设直线 AB 的坡度为 i，它应等于直线 AB 两端点高度差 h 和等高线平距 D 之比。即：

$$i = \frac{h}{D}$$

式中　h——高差，由直线两端点（A 点与 B 点）的高程求得；

　　　D——等高线平距，可以从图上直接量得。

在图 10-10 中，如果要确定 A、B 两点间的地面坡度，先确定 A、B 两点的高程差 $h = 64 - 60 = 4$m，再用比例尺量出 A、B 两点的平距 $D = 28$m。则：

$$i = \frac{h}{D} = \frac{4}{28} = 14\%$$

10.2.3 按规定的坡度选定路线

从上述坡度公式 $i = \frac{h}{D}$ 可知，如果坡度 i 预先已给出了规定的数值，高度差 h 为一个等高距，则等高线平距按 $D = h/i$ 计算。计算结果为：一个等高距按规定的坡度有最小等高线平距。我们知道，在同一幅地形图上，等高距都是相同的，根据最小等高线平距原理，即可在地形图上按规定的坡度选定路线。

例如：设一个等高距的高度差 $h = 1$，试选定 A 点到 B 点的坡度为 5% 的一条最短距离。将已知条件代入计算式：

$$D = \frac{1}{0.05} = 20m$$

若图的比例尺为 1:2000，则平距 20m 在图上为 1cm。从图 10-11 可知，靠左方较为平缓，如果左方没有农田或少占农田，该路线确定在左方为宜。用分规以 A 点为圆心，半径为 1cm 画圆弧与 60m 等高线交于 1 点，又以 1 点为圆心取相同半径交 61m 等高线于 2 点，依次类推直至 B 点，将各点连接起来就是一条符合规定坡度的最短线路。用相同的方法在山坡的右边，也画出一条最短路线用于比较。

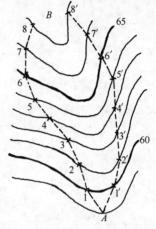

图 10-11 确定路线

10.2.4 绘制特定方向的断面图

通过绘制特定方向某一地面的断面图，就能了解该地面高低起伏情况，这对于工程规划设计有着重要的作用。

如图 10-12(a) 所示，沿 AB 线路绘制已知地面的断面图。先在图纸上画出正交的坐标轴，使横轴表示平距，纵轴表示高程(图 10-12b)。然后沿 AB 线方向量取相邻等高线间的平距，并按相同的地形图比例尺将各平距依次画在横轴上得 1、2……9、B 点。量取各点高程在纵轴上表示出来，即可得到各相交点在断面图上的位置，用平滑的曲线连接各点，即为沿 AB 线特定方向的断面图。画图时应注意，断面图上的高程比例尺往往比水平距离比例尺大 10 倍或 20 倍，可更明显地表示出地面起伏变化情况。

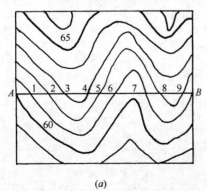

(a)

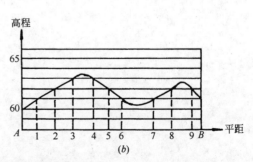

(b)

图 10-12 特定方向断面图的画法

(a)在地面上作 AB 线；(b)绘制断面图

第 11 章
建筑工程施工图的编制与画法的有关标准

11.1 施工图的作用

11.2 房屋的组成

11.3 施工图的分类和编排顺序

11.4 施工图画法的有关标准

11.1　施工图的作用

　　用以直接指导房屋建筑施工的图样，称为房屋施工图，简称施工图。施工图在建筑工程中的作用是显而易见的，它直接表达了所建房屋的外形、结构、布局、构配件、建筑材料、室内外装饰、管道布置、电气照明、工程造价等各项具体的施工内容；它还起着协调各施工部门和各工种之间的相互配合，有条不紊地工作。施工图在房屋定位、放线以及房屋质量检验、验收等方面都是必不可少的技术依据。

　　施工图的正确编制与画法对整套施工图纸做到完整统一、尺寸齐全、明确无误、符合国家建筑制图标准等要求是很重要的工作环节，并有利于施工图的图示效果。

11.2　房屋的组成

　　图 11-1 是一幢三层楼居民住宅示意图。图中标注了房屋各组成部分的名称、作用和功能。

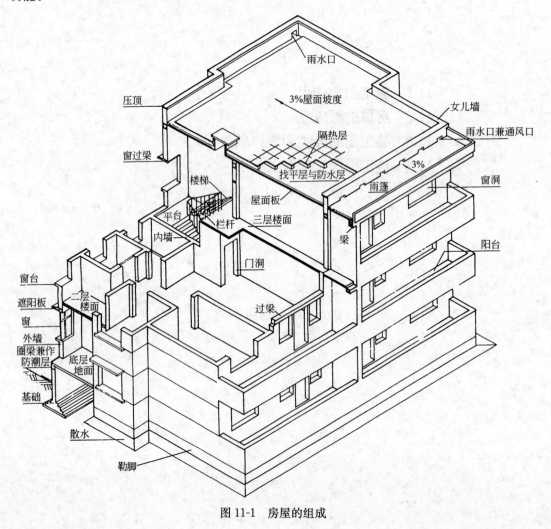

图 11-1　房屋的组成

屋顶和外墙组成整个房屋的外壳，称为围护结构；楼板在房屋内部用来分隔楼层空间；楼梯用来组织上下交通过道，起水平联系作用；内墙把房屋分隔成不同用途的房间；门洞沟通室内外联系。

屋顶、楼板及其上部荷重都作用在墙体上，然后通过基础传到地基上去。除此之外，还有起通风、采光作用的窗，起排水作用的天沟、雨水管、散水、明沟，起墙身保护作用的勒脚、防潮层等。

11.3 施工图的分类和编排顺序

11.3.1 分类

施工图纸一般按施工顺序（或工种）分类，它由建筑、结构、给水排水、采暖通风、电气照明、室内外装饰等项图纸组成。施工图纸又分为基本图、详图两部分。基本图表明各类施工图中全局性的内容；详图表明房屋细部结构，如构、配件用较大的比例（1：20、1：10、1：5、1：2、1：1等）将其形状、大小、施工材料和做法详细地表示出来，详图是对基本图的补充图样。

11.3.2 编排顺序

一整套的房屋建筑施工图编排顺序：按施工图的分类依次编排，一般基本图编在前、详图编排在后；先施工的编在前，后施工的编排在后。在整套施工图前面还应编入首页图，对于中小型工程的首页图放在建筑施工图内，而简单工程的图纸可省略首页图。以下说明各类施工图的主要内容：

（1）首页图：包括图纸目录和设计总说明。

（2）建筑施工图（简称建施图）：由首页图、总平面图、平面图、立面图、剖面图、构造详图等组成。

（3）结构施工图（简称结施图）：由基础图、结构布置平面图和各种构件详图组成。

（4）设备施工图（简称设施图）：包括给水排水、采暖通风、电气设备等施工图，它们由布置平面图、系统图和详图组成。

（5）装饰施工图（简称装施图）：由表现房屋外观造型、门厅、室内装饰布置平面图、立面图、构造详图和室内外透视图组成。

11.4 施工图画法的有关标准

画图时除应符合图幅、线型、工程字、尺寸标准的规定外，还应严格遵守我国的《建筑制图标准》GB/T 50104—2001 和《房屋建筑制图统一标准》GB/T 50001—2001 等国家制图标准。结合施工图的画法，下面选择几项制图标准来说明其有关规定与表示方法。

11.4.1 基本投影图

基本投影面规定为六面体的六个面。基本投影图，是指建筑物体或构件向基本投影面投影所得的图。如果基本投影图按图 11-2(*b*)的方式配置时，称为正投影法，并用第一角画法绘制，则每个图样一般均应标注图名。房屋建筑的图样，应按第一角画法绘制（图11-2a）。当某些工程构造用第一角画法绘制不易表达时，可用镜像投影法绘制（图11-3a）。但应在图名后注写"镜像"二字（图11-3b），或按图11-3(c)画出镜像投影识别符号。

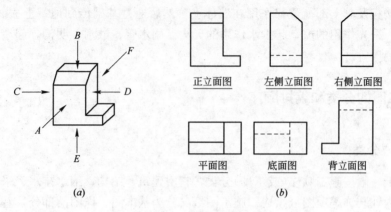

图 11-2 直接正投影法
(a)第一角画法；(b)投影图配置

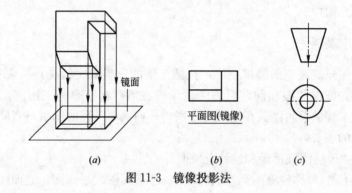

图 11-3 镜像投影法

11.4.2 线型

建筑专业制图采用的各种线型，应符合表11-1的规定。图线宽度 b 应根据图样的复杂程度和比例，按表1-3的规定选用，一般在 $0.5\sim1.4\mathrm{mm}$ 之间。

线 型 表 11-1

名　称	线　型	线宽	用　途
粗实线	——————	b	1. 平、剖面图中被剖切的主要建筑构造（包括配件）的轮廓线 2. 建筑立面图或室立面图的外轮廓线 3. 建筑构造详图中被剖切的主要部分的轮廓线 4. 建筑构配件详图中的外轮廓线 5. 平、立、剖面图的剖切符号
中实线	———————	$0.5b$	1. 平、剖面图中被剖切的次要建筑构造（包括构配件）的轮廓线 2. 建筑平、立、剖面图中建筑构配件的轮廓线 3. 建筑构造详图及建筑构配件详图中的一般轮廓线

续表

名　称	线　型	线宽	用　途
细实线	——————————	0.25b	小于0.5b的图形线、尺寸线、尺寸界线、图例线、索引符号、标高符号、详图材料做法引出线等
中虚线	— — — — —	0.5b	1. 建筑构造详图及建筑构配件不可见的轮廓线 2. 平面图中的起重机(吊车)轮廓线 3. 拟扩建的建筑物轮廓线
细虚线	— — — — —	0.25b	图例线、小于0.5b的不可见轮廓线
粗单点长划线	━━ · ━━ · ━━	b	起重机(吊车)轨道线
细单点长划线	—— · —— · ——	0.25b	中心线、对称线、定位线
折断线	——/\——	0.25b	不需画全的断开界线
波浪线	～～～	0.25b	不需画全的断开线、构造层次的断开线

注：地平线的线宽可用到1.4b。

图11-4、图11-5、图11-6分别表示了平面、详图、墙身剖面图图线宽度的选择。绘制较简单的图样时，可采有两种线宽的线宽组，其线宽比宜为$b : 0.25b$。

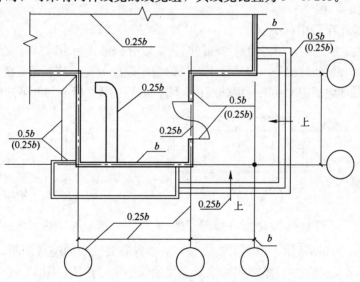

图11-4　平面图图线宽度选用示例

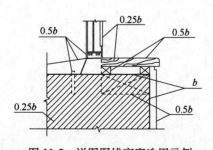

图11-5　详图图线宽度选用示例

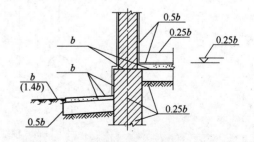

图11-6　墙身剖面图图线宽度选用示例

11.4.3　比例

建筑专业制图选用的比例，宜符合表11-2的规定。

比　例　　　　　　　　　　　　　　　　　　　表 11-2

图　名	比　例
建筑物或构筑物的平面图、立面图、剖面图	1：50、1：100、1：150、1：200、1：300
建筑物或构筑物的局部放大图	1：10、1：20、1：25、1：30、1：50
配件及构造详图	1：1、1：2、1：5、1：10、1：15、1：20、1：25、1：30、1：50

11.4.4　定位轴线

建筑施工图中的定位轴线是施工定位、放线的重要依据。凡是承重墙、柱子等主要承重构件，都应画上轴线并用该轴线编号来确定其位置。定位轴线的画法及编号主要有如下规定：

(1) 定位轴线应用细点画线绘制。

(2) 定位轴线一般应编号，编号应注写在轴线端部的圆内。圆应用细实线绘制，直径为 8~10mm。定位轴线圆的圆心，应在定位轴线的延长线上或延长线的折线上。

(3) 平面图上定位轴线的编号，宜标注在图样的下方与左侧(有时上、下、左、右都标注轴线)。横向编号应用阿拉伯数字，从左至右顺序编写，竖向编号应用大写拉丁字母，从下至上顺序编写(图 11-7)。

(4) 大写拉丁字母中的 I、O、Z 不得用做轴线编号，以免与 1、0、2 数字混淆。

(5) 在两根轴线之间，如需编附加轴线时，应以分数形式表示。分母表示前一轴线的编号，分子表示附加轴线的编号，编号宜用阿拉伯数字顺序编写。其表示方法如图 11-8 所示，左图表示 2 号轴线之后附加的第一根轴线；右图表示 C 轴线之后附加的第三根轴线。

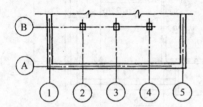

图 11-7　定位轴线的编号顺序　　　　图 11-8　附加轴线的标注

(6) 如果一个详图适用 n 根定位轴线时，应将各有关轴线的编号注明，注法如图 11-9 所示。图 11-9(a)、(b)、(c)是适用两根及多根轴线的编号注法；图 11-9(d)为通用详图的定位轴线注法，只画出圆，不注写轴线编号。

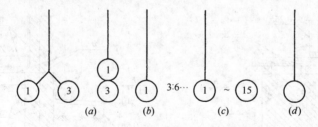

图 11-9　轴线编号的标注

11.4.5　标高

标高是标注建筑物高度的一种尺寸标注形式。其标注形式有如下规定：

(1) 个体建筑图样上的标高符号，应按图 11-10(a)所示形式，以细实线绘制；如标注位置不够，可按图 11-10(b)所示形式绘制。标高符号的具体画法如图 11-10(c)、(d)所示。

(2) 总平面图上的标高符号，宜用涂黑的三角形表示，涂黑的三角形与画法如图11-10(e)所示。

(3) 标高符号的尖端，应指至被注的高度。尖端可向下，也可向上如图 11-10(f)所示。

(4) 标高数字应以 m 为单位，注写到小数点以后第三位。在总平面图中，可注写到小数点以后第二位。

(5) 零点标高应注写成±0.000，正数标高不注"＋"，负数标高应注"－"。例如 3.000、－0.600。

(6) 在图样的同一位置需表示 n 个不同标高时，标高数字可按图 11-10(g)的形式注写。

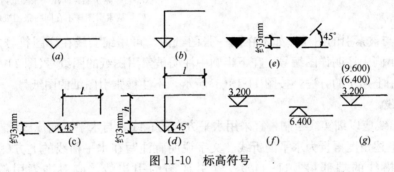

图 11-10 标高符号

11.4.6 符号

1) 索引符号与详图符号

图样中的某一局部或构件，如需另见详图，则应以索引符号索引。索引符号的形式见图 11-11(a)。索引符号的圆及直径均应以细实线绘制，圆的直径应为 10mm。索引符号应按下列规定编写：

(1) 索引出的详图，如与被索引的图样同在一张图纸内，应在索引符号的上半圆中用阿拉伯数字注明该详图的编号，并在下半圆中间画一段水平细实线(图 11-11b)。

(2) 索引出的详图，如与被索引的图样不在同一张图纸内，应在索引符号的下半圆中用阿拉数字注明该详图所在图纸的图号(图 11-11c)。

(3) 索引出的详图，如采用标准图，应在索引符号水平直径的延长线上加注该标准图册的编号(图 11-11d)。

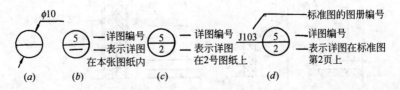

图 11-11 索引符号

索引符号如用于索引剖面详图，应在被剖切的部位绘制剖切位置线，并应以引出线引出索引符号，引出线所在的一侧应为剖视方向。如图 11-12 所示，图 11-12(a)表示剖切以后向左投影，图 11-12(b)表示剖切后向下投影。

详图的位置和编号，应以详图符号表示，详图符号应以粗实线绘制，直径应为14mm。详图应按下列规定编号：

① 详图与被索引的图样同在一张图纸内时，应在详图符号内用阿拉伯数字注明详图的编号(图 11-13a)。

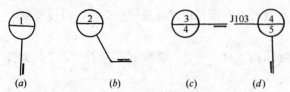 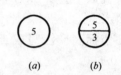

图 11-12 用于索引剖面详图的索引符号

图 11-13 详图符号
(a)与被索引图样同在一张图纸内的详图符号；
(b)与被索引图样不在同一张图纸内的详图符号

② 详图与被索引的图样，如不在同一张图纸内，可用细实线在详图符号内画一水平直径，在上半圆中注明详图编号，在下半圆中注明被索引图纸的图纸号(图 11-13b)。这样情况，也可用上述 1 的方法，按图 11-13(a)所示，不注被索引图纸的图纸号。

2) 引出线

(1) 引出线应以细实线绘制，宜采用水平方向的直线、与水平方向成 30°、60°、90°的直线，或经上述角度再折为水平的折线。文字说明宜注写在水平横线的上方(图 11-14a)，也可注写在横线的端部(图 11-14b)。索引详图的引出线，应对准索引符号的圆心(图 11-14c)。

(2) 同时引出几个相同部分的引出线，宜互相平行(图 11-15a)，也可画成集中于一点的放射线(图 11-15b)。

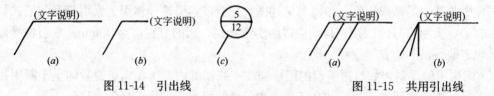

图 11-14 引出线

图 11-15 共用引出线

(3) 多层构造或多层管道共用引出线，应通过被引出的各层。文字说明宜注写在横线的上方，也可注写在横线的端部，说明的顺序应由上至下，并应与被说明的层次相互一致；如层次为横向排列，则由上至下的说明顺序应与由左至右的层次相互一致(图 11-16)。

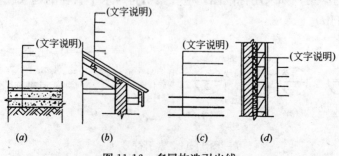

图 11-16 多层构造引出线

11.4.7 其他符号

（1）对称符号应按图 11-17 用细点画线绘制，平行线用细实线绘制，其长度宜为 6～10mm，平行线的间距宜为 2～3mm，平行线在对称线两侧的长度应相等。

（2）连接符号应以折断线表示需连接的部位，应以折断线两端靠图样一侧的大写拉丁字母表示连接编号。两个被连接的图样，必须用相同的字母编号(图 11-18)。

（3）建筑构造与配件图例应符合附表 2 的规定。

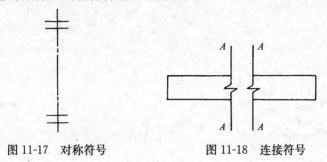

图 11-17　对称符号　　　　　图 11-18　连接符号

第 12 章
建筑施工图

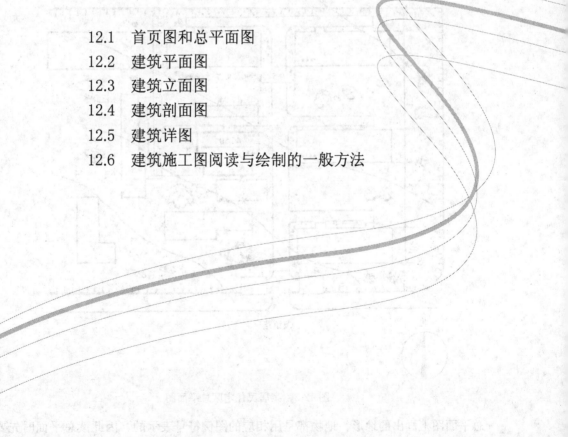

12.1 首页图和总平面图

12.2 建筑平面图

12.3 建筑立面图

12.4 建筑剖面图

12.5 建筑详图

12.6 建筑施工图阅读与绘制的一般方法

本章以三层住宅施工图(图12-1、图12-2)为例说明建筑施工图的读图与画图过程。

12.1 首页图和总平面图

12.1.1 首页图

首页图是放在全套施工图纸的第一页,它包括全套图纸的目录、编号、技术经济指标、构配件统计表、门窗表及施工总说明等。通过读首页图,可对新拟建的房屋有一个粗略的了解,有时在首页图内附有透视图。

12.1.2 总平面图

总平面图是表明新建房屋及其周围的总体布局情况。主要表示原有和新建房屋的位置、标高、道路布置、构筑物、地形、地貌等,作为新建房屋定位、施工放线、土方施工以及施工总平面布置的依据。图12-3所示为某居民住宅区总平面图,该图表明了一个区域范围内的自然状况和规划拟建房屋的平面形状、朝向、定位尺寸及周围环境的情况。并标注有室内地面标高、室外地坪等高线、地面坡度、排水方向等。

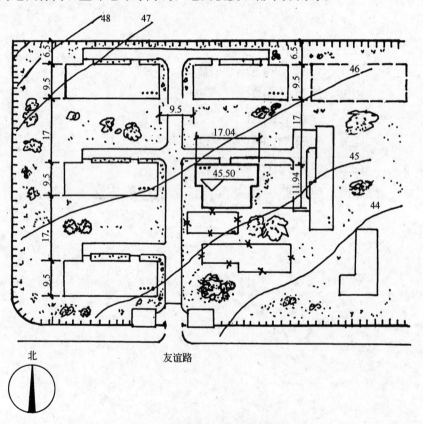

图12-3 某居民住宅区总平面图

总平面图上画出的地形、地物都是用相应的图例符号表示的,因此读总平面时先要熟悉各种图例。常用的总平面图例见附表3。读总平面图时,应注意以下几点:

(1)了解工程性质、图样比例、图例以及有关文字说明。总平面图常用的比例是

1：500、1：1000及1：2000。

（2）了解工程地段的地形、地貌、用地范围、周围建筑物与道路布置等。从图中可知，拟建工程是一幢居民住宅，从等高线注写的数值可知，工程地段的地形是自西北向东南倾斜。朝南方向有两座建筑物待拆除等。

（3）读拟建房屋的朝向、地面排水情况、标高尺寸等。总平面图中的标高称为绝对标高，并以m为尺寸单位。

（4）看是否有影响拟建房屋施工的因素，如管线走向与房屋具体定位、绿化等。图中还画有指北针表明房屋的朝向。

12.2 建筑平面图

假想用一个水平剖切平面在窗台线以上适当的位置将房屋剖开(图12-4)，移去上端部分，对剖切平面以下部分所作出的水平剖面图即为建筑平面图。

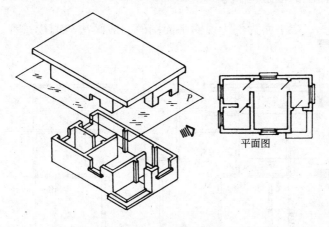

图12-4 平面图的形成

建筑平面图是表达房屋建筑的基本图样之一。它用于施工时定位放线、砌墙、门窗安装等。对于多层楼房，一般应每层都要画出平面图，并在图的下方注明图名；但有些楼房建筑布置相同时，可只画出一个平面图，称为标准层平面图。当平面图左右对称时，可将两层平面画在同一平面图上，左边画出一层的一半，右边画出另一层的另一半，中间用点划线作分界线，并在点划线上画出对称符号，分别在图的下方注写图名。

平面图中常见图例见附表2。

平面图上的线型粗细要分明，凡被水平剖切到的墙、柱等断面轮廓线用粗实线画出，门的开启线、门窗轮廓线、屋顶轮廓线等构配件轮廓线用中实线画出，其余可见轮廓线均用细实线画出。

12.2.1 平面图的图示内容与尺寸标注

1）建筑施工图

建筑施工图包括以下几种平面图：

（1）底层平面图 表示底层房间的平面布置、用途、名称、房屋的出入口、走道、楼梯等的位置，门窗类型、水池、搁板等，室外台阶、散水、雨水管，指北针、轴线编号、剖切符号、门窗编号等图示内容，见图 12-1 所示住宅底层平面图。

（2）楼层平面图 表示房屋建筑中间几层的布置情况。若各楼层平面布置图相同时，可用标准层平面图表示。见图 12-2 所示标准层平面图。

（3）屋顶平面图 是在房屋的上方，朝下作屋顶平面的水平正投影而得到的图样，称为屋顶平面图。它用于表示屋顶的平面布置情况，如屋面排水方向、坡度、雨水管的位置以及隔热层、水箱、上人孔等出屋顶的构件布置。如图 12-2 所示屋顶平面图。

2）平面图上尺寸标注应合理、齐全，底层平面一般标注三道尺寸

第一道尺寸是总体尺寸，表明建筑物的总长和总宽。

第二道尺寸是定位轴线的间距，表明房屋的开间和进深。

第三道尺寸是细部尺寸，表明门窗洞宽和位置等尺寸。

此外，底层平面图上还要注明室外台阶、散水、地沟等尺寸，楼层与地面应标注相对标高尺寸和室内有关尺寸。

12.2.2 平面图的画法与阅读

以图 12-1 中的底层平面为例，说明平面图的一般画法与阅读过程。具体画图步骤如图 12-5 所示：

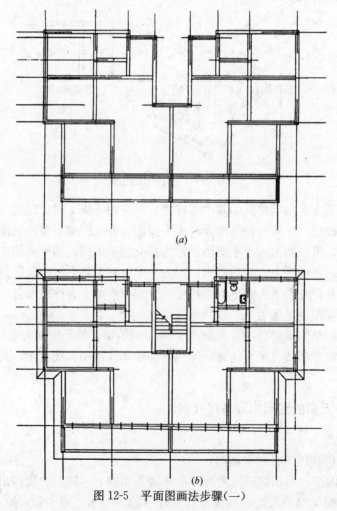

(a)

(b)

图 12-5 平面图画法步骤(一)

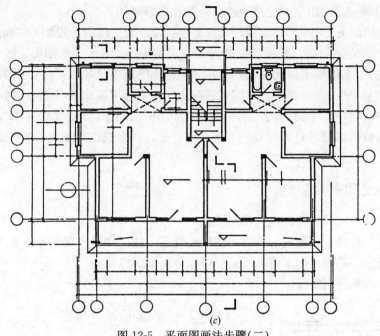

(c)

图 12-5 平面图画法步骤(二)

(1) 画出墙身轴线,按比例由中心线向两侧或前后画出墙厚等(图 12-5a)。

(2) 定出门窗位置,画出细部,如门窗洞口、楼梯、卫生间、散水等(图 12-5b)。

(3) 画剖切线、尺寸线、轴线编号等,经检查无误后,擦去多余的作图线,按施工图的要求加深图线,并标注轴线尺寸、门窗编号、剖切符号、图名、比例及其他文字说明(图 12-5c)。

阅读平面图的一般顺序如下:

(1) 先看图名与比例,从图名可知是底层平面、楼层平面还是屋顶平面图。底层平面图除表示出室内建筑平面布置外,还要画出散水、明沟、台阶等室外构造;楼层平面图除反映室内平面布置外,还要表示阳台、雨篷等结构,而地面上的构造不需画出;屋顶平面图主要反映屋顶平面的构造情况,如防水、隔热、遮阳、排水等屋面结构(还有本例设置的水箱、上人孔等构件的布置)。读出比例可知图与实物之间的比值关系。

(2) 根据指北针看房屋的朝向,外围尺寸、轴线、开间、进深、外门窗的尺寸位置及编号(M_1、M_2……,M 表示门,1、2……表示门规格的编号;C_1、C_2……C 表示窗,1、2……表示窗规格的编号)、外墙厚度、散水宽度、阳台大小和雨水管位置等。

(3) 看房屋内部房间的布置和用途,内墙位置、厚度;内门窗位置、尺寸、编号以及剖切符号的位置等内容。

(4) 读平面图的尺寸,可以了解到房屋平面的总长、总宽、房间开间、进深、门窗宽度的尺寸;读标高尺寸,可以了解该平面的高度尺寸。

(5) 读标题栏,可以了解到工程的主管设计单位、制图、画图日期等内容。

12.3 建筑立面图

在与房屋立面平行的投影面上所作的房屋正投影图,即为建筑立面图,简称立面图。

建筑立面图，主要用于表达建筑物的外貌和装修做法。

一般以房屋的主要出入口或能反映出房屋外貌特征的立面作 V 投影。立面图的图名，宜根据两端定位轴线号编注立面图名称（如：①～⑪立面图、⑪～①立面图、Ⓐ～Ⓔ立面图、Ⓔ～Ⓐ立面图）。本例按平面图各面的朝向确定立面图的名称（如：南立面图、北立面图、东立面图、西立面图）。比例注写在图名的右侧，比例的字高比图名的字高小一号或二号。

立面图的比例应与平面图的比例一致，立面图中的门、窗扇、檐口构造，阳台栏杆和墙面等复杂装修的细部可只详细画一个单元作代表，其余只需画出其投影轮廓线。其构造具体做法，可用详图表示。

12.3.1 立面图中的线型

（1）屋脊和外墙等外轮廓线画粗实线。

（2）勒脚、窗台、门窗洞、檐口、阳台、雨篷、柱、台阶、花池等轮廓线画中实线。

（3）门窗扇、栏杆、雨水管和墙面分格线等画细实线。

（4）地坪线画特粗实线。

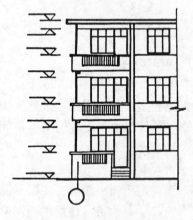

图 12-6 标高排列在同一竖直线上

12.3.2 立面图的图示内容

（1）表明建筑物的外形、门窗、阳台、雨篷、台阶、雨水管、烟囱等的位置。

（2）外墙的装修与做法、要求、材料和色泽，窗台、勒脚、散水等的做法。

（3）对于立面图上的装饰做法和建筑材料可用图例表达并加注文字说明。

（4）立面图上的尺寸主要标注标高尺寸，室外地坪、勒脚、窗台、门窗顶、檐口等处的标高，一般注在图形外侧，标高符号要求大小一致，整齐地排列在同一竖线上（图 12-6）。

12.3.3 立面图的画法与阅读

以图 12-1 中的南立面图为例，说明立面图的一般画法与阅读过程。具体画图步骤如图 12-7 所示。

（1）在平面图的上方适当位置（注意留出轴线编号和标注尺寸的位置）先画出地坪线、屋面线，从平面图向上投影画出左右外墙轮廓线（图 12-7a）。

（2）自平面图投影画出立面方向的门窗、雨篷、阳台、勒脚、水箱等（图 12-7b）。

（3）画标高尺寸线、标高符号、标注尺寸，注写施工说明等内容。

（4）经检查无误后，擦去多余的线条，按施工图的要求最后加深图线，并注写图名、比例及轴线编号等内容（图 12-7c）。

阅读立面图的一般顺序如下：

（1）先读图名与比例，明确是什么立面图，如南立面或北立面图等，其比例一般与平面图所用的比例相同。

（2）读标高、层数、地坪标高等竖向尺寸。

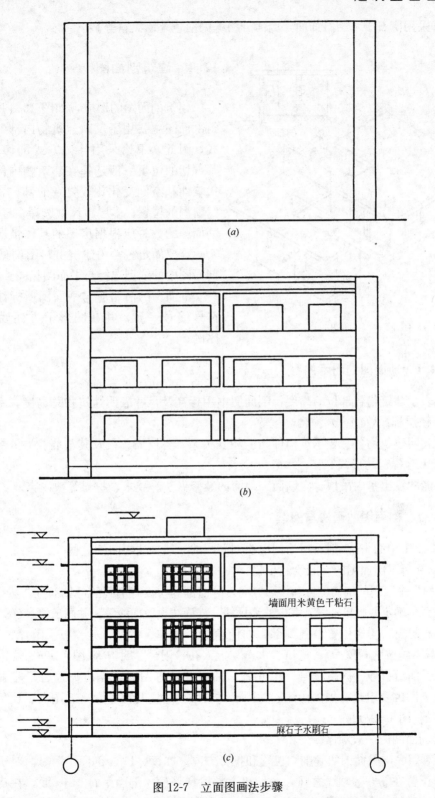

图 12-7 立面图画法步骤

（3）读门窗、阳台、雨篷、台阶、散水、雨水管、外墙是否有爬梯等，在立面图中的什么位置。本例设置有一个水箱在屋顶的西北端。外墙的装修做法，如墙面用米黄色干粘石、勒脚采用麻石子水刷石饰面，墙面分格缝刷白色外墙涂料等。

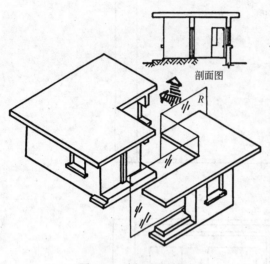

图 12-8　剖面图的形成

12.4　建筑剖面图

建筑剖面图的形成，如图12-8所示。建筑剖面图主要用于反映建筑物内部的构造形式，因此，不论采用什么方式剖切建筑物，其剖切的位置一般选择在建筑物内部构造有代表性和空间变化比较复杂的部位，并通过门窗洞的位置；多层建筑物选择在楼梯间处。剖面图的数量应根据房屋的具体情况和施工实际需要而定。常用建筑材料图例见附表1，剖面图中的线型选择与平面图相同。

剖面图的命名应与平面图所标注的剖切符号编号一致，并在图形下方注明图名和比例。

12.4.1　剖面图的图示内容

（1）表示建筑物各部位的高度，剖面图中用标高及尺寸表明建筑物总高度，室外地面标高、各楼层标高，门窗及窗台高度等。

（2）表明建筑物各主要承重构件间的相互关系，各层梁、板及其与墙、柱的关系，屋顶结构及天沟构造的形式等。

（3）能图示出室内吊顶、内墙面和地面的装修做法、要求、材料等项内容。

12.4.2　剖面图的画法与阅读

以图12-1中的1—1剖面图为例说明剖面图的一般画法与阅读过程。

图12-9所示剖面图的一般绘制步骤：

（1）根据平面图的剖切位置和投影方向，分清剖到与没有剖到的可见部分，然后按比例与投影关系，确定并画出轴线、室内外地坪线、楼面线、屋面线等，并画出墙身（图12-9a）。

（2）定门窗、楼梯位置，画细部，如门窗洞、楼梯、栏杆、梁、板、雨篷、雨水管、屋面（根据屋面坡度画屋面）、檐口、水箱、上人孔、阳台、明沟等（图12-9b）。

（3）画剖面符号、标高符号、尺寸线、轴线编号等图线，经检查之后，擦去多余线条，按施工图的要求最后加深图线。并画出材料图例、注写尺寸数字、图名、比例及有关文字说明等（图12-9c）。

阅读剖面图的一般顺序如下：

（1）对照底层平面图明确剖切位置和投影方向。如读"1—1剖面图"时，对照图12-1可知剖切位置在⑤～⑧轴线之间，并且知道是阶梯剖面。剖面平行于W面，在房屋的北向剖切了楼梯间，在轴线⑥～⑧处转折后，又剖切了南向的门洞、阳台垂直位置，其投影方向是向左方向投影的。

（2）读楼层标高及竖向尺寸、楼板的构造形式、外墙及内墙门、窗的标高及竖向尺

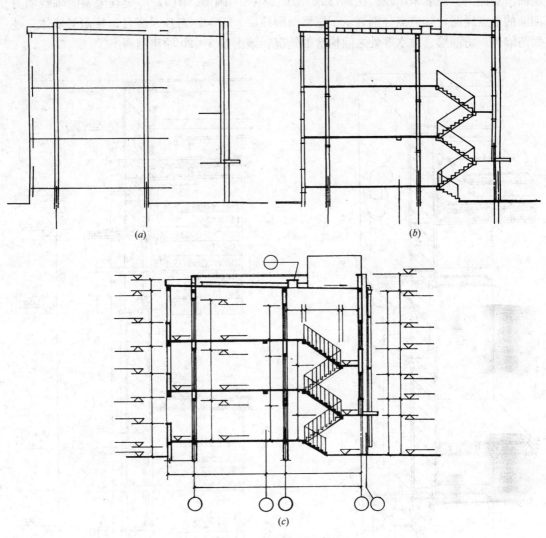

图 12-9　剖面图画法步骤

寸、最高处标高、底层地面标高、室外地坪标高和屋顶坡度等。

（3）读外墙突出部分构造的标高，如阳台、雨篷等；墙内构造物，如圈梁、过梁等的编号及尺寸。

（4）读剖面图上的文字标注、图例符号和图形比例等。

12.5　建筑详图

对于房屋复杂的节点、细部构造、构配件之间相互关系等，用较大比例将其大小、材料和施工做法详细地表达出来的图样，称为建筑详图，简称详图。建筑详图主要包括：墙身剖面节点详图、楼梯详图、门窗及其他节点详图。

12.5.1　墙身剖面节点详图

墙身剖面详图一般是由被剖切墙身的各主要部位的局部放大图组成，因此又称为墙身剖面节点详图。一般采用较大比例(如1∶20、1∶10)画出。图 12-10 是住宅楼Ⓔ轴线墙身剖面的节点详图，其节点分别表示了屋面与隔热层、天沟、窗顶、窗台；楼面与墙体；地面与墙体；防潮层、散水等处之间构造的情况。该图按1∶20的比例画出。

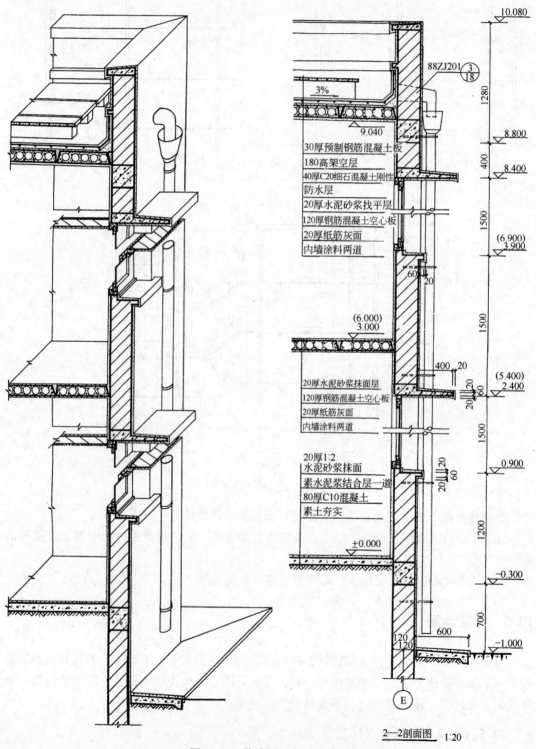

图 12-10　外墙剖面节点详图

　　画图时往往在窗洞中间以及墙体构造相同的中间处断开，形成几个节点详图的组合。多层房屋中，若中间各层的房屋构造相同时，可只画底层、中间层和顶层来表示。图12-10中标注楼面节点的标高，不带括号的数字表示二层楼面的标高尺寸，括号内的数字表示三层

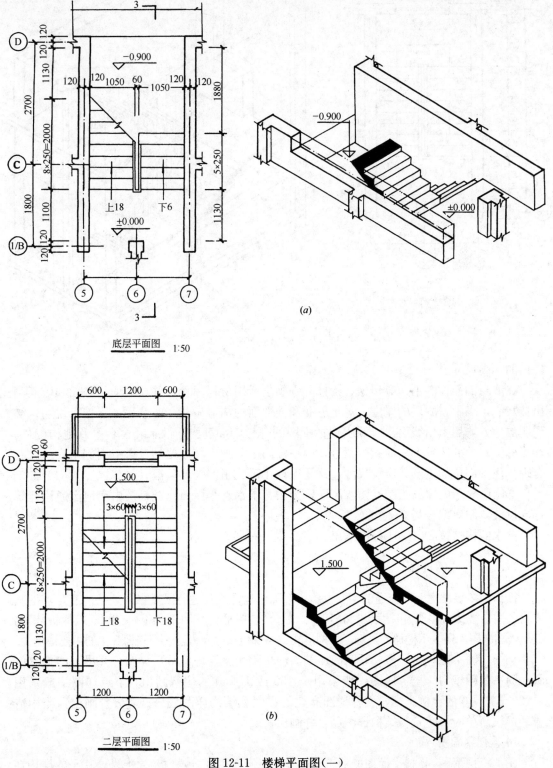

图 12-11　楼梯平面图(一)

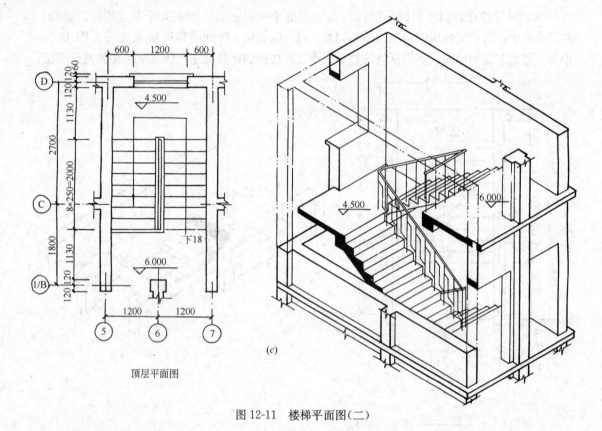

顶层平面图

图 12-11 楼梯平面图（二）

楼面的标高尺寸。

在墙身剖面详图上，应根据各构件分别画出所用材料图例。并在屋面、楼面和墙面画出抹灰线，表示粉刷层的厚度。对于屋面和楼地面的构造做法，一般用文字加以说明，被说明的地方均用引出线引出。凡引用标准图的部位，如勒脚、散水和窗台等其他构配件，均可标注有关的标准图集的索引编号，而在详图上只画出其简略的投影或图例来表示，并合理标注各部位的定形、定位尺寸，这是保证正确施工的主要依据。

详图中表示的屋面为刚性防水屋面，天沟、雨水管等屋面构造是按中南地区通用建筑标准设计，图集编号为 88ZJ201。

散水的构造按 88ZJ901 标准画出。

12.5.2 楼梯详图

楼梯是多层楼房上下交通的主要设施，它除应满足人流通行及疏散外，还应有足够的坚固耐久性，楼梯由楼段（包括踏步和斜梁）、平台（包括平台梁和平台板）、栏杆（或栏板）等组成。楼梯详图主要表示楼梯的类型、结构形式、各部位尺寸及做法，是楼梯施工的主要依据。

楼梯详图一般包括：楼梯平面图、剖面图、踏步及栏杆等节点详图。并尽可能把它们画在同一张图纸内。楼梯详图一般采用 1∶50 或 1∶60 的比例画出，节点详图一般采用 1∶20 或 1∶10 的比例画出。楼梯详图有建筑详图和结构详图之分，应分别画出，当构造或装饰较简单时，建筑与结构详图可合并画出。

1）楼梯平面图

图 12-11 所示，楼梯平面图的剖切位置，除顶层在栏杆（或栏板）之上外，其余各层均在

往上行的第一段中间。各层被剖切到的梯段，都在平面上画一根 45°折断线，并在各层的上下跑各画一长箭头，分别写出"上"或"下"字样。一般每层楼梯都要画一楼层平面图，但三层以上的房屋，若中间各层的楼梯情况相同时，通常只画出底层、中间层和顶层的楼梯平面图。应尽量画在同一图纸上，并互相对齐，以便于阅读和省略标注一些重复尺寸。

各层楼梯平面图中，需标注出该楼梯间的轴线编号、开间和进深尺寸，楼地面、休息平台的标高以及各细部的详细尺寸。通常把梯段长度尺寸与踏面数、踏面宽度合在一起标注，即用踏面数乘以踏面宽的乘积形式表示。例如：二层平面图标注出 $8\times250=2000$ 的乘积形式。底层楼梯平面图中，应注明楼梯剖面图的剖切位置。

读楼梯平面图时，应注意梯段最高一级的踏面与平台或楼面重合。因此在楼梯平面图中，每一梯段画出的踏面数，总比踢面及踏步级数少一。

2）楼梯剖面图

假想用一个铅垂剖切平面通过各层楼梯的一个梯段和门窗洞垂直剖切，并向另一个未剖到的梯段方向投影，即可画出楼梯剖面图。其剖切位置及投影方向应在底层楼梯平面图上标出。如果中间各层楼梯构造相同，其剖面图可画底层、中间层和顶层剖面。楼梯间的屋面没有特殊之处，一般可不画出。楼梯剖面图通常不画基础，如图 12-12 所示。楼梯剖

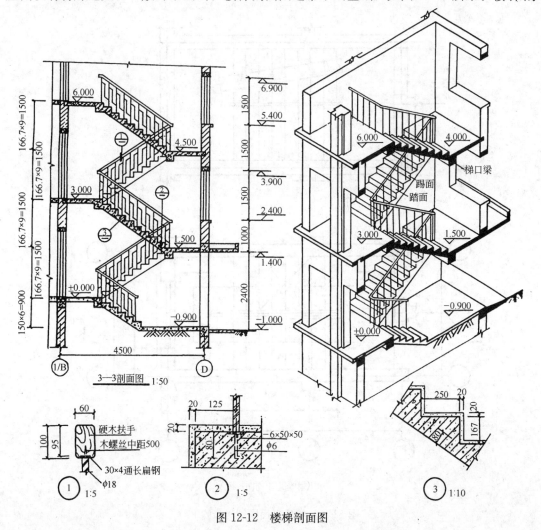

图 12-12　楼梯剖面图

面图能表达出各梯段踏步级数、梯段类型、平台、栏杆(栏板)等的构造情况及相互关系。踏步与扶手栏杆的细部构造由索引符号引出,另画详图表示。例如,表示硬木扶手详图,用索引符号 1 索引,栏杆铁栅固定在梯板上的构造详图用索引符号 2 索引。剖面图中,梯段的高度尺寸是踏步高与梯段踏步级数的乘积表示的,如图中标注的 $150 \times 6 = 900$。同时,还标注出各层楼地面、平台、地坪及门窗洞口的标高。

楼梯详图一般画法如下:

(1) 画楼梯平面图(图 12-13)

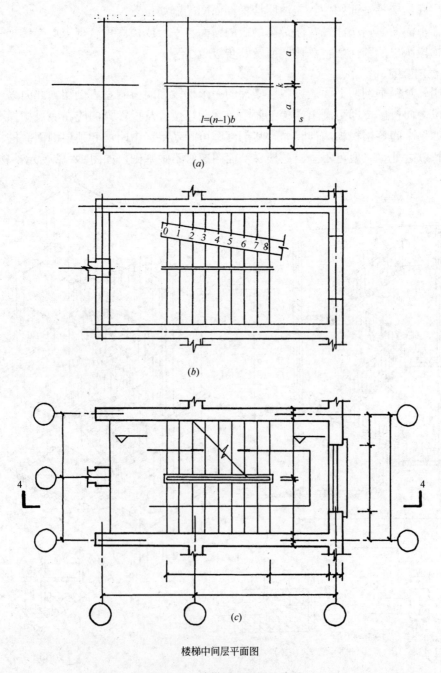

(a)

(b)

(c)

楼梯中间层平面图

图 12-13 楼梯平面图画法步骤

① 根据楼梯间的开间、进深和层高高度确定：s 值——平台深度；a 值——楼梯宽度；b 值——踏面宽度；l 值——梯段长度，$l=(n-1)b$；n——踏步级数；k 值——梯井宽度（图 12-13a）。

② 根据 l、b、n 用等分两平行线间的距离的方法（用尺面在两平行线间量取各等分点间的整数值，并打记各点，过各点分别推出两平行线间的平行线）。画出踏面数（等于 $n-1$），并画出墙厚、箭头、折断线、栏杆和窗的位置等（图 12-13b）。

③ 画出尺寸线、标高符号、剖切线等。经检查之后，擦去多余的线条，按图纸要求最后加深图线、注写尺寸数字、图名、比例及有关文字说明等（图 12-13c）。

（2）画楼梯剖面图（图 12-14）

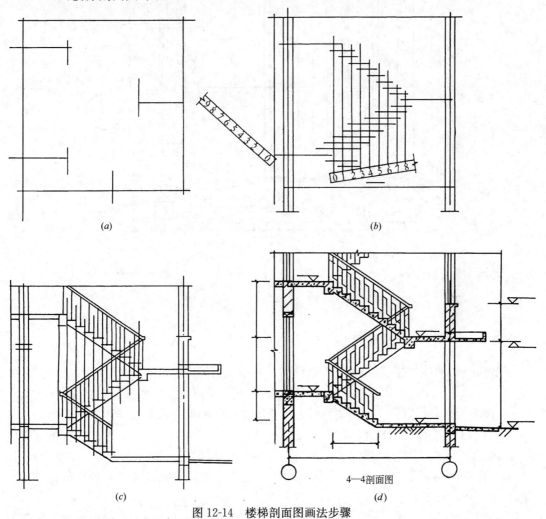

(a)

(b)

(c)

4—4剖面图

(d)

图 12-14 楼梯剖面图画法步骤

① 根据底层楼梯平面图中剖切面的位置，先画出墙身轴线，定楼地面、平台与梯段位置（图 12-14a）。

② 画墙身厚度，用等分两平行线间距离的方法确定踏步位置（图 12-14b）。

③ 画窗、梁、踏步、栏杆、扶手等细部，栏杆坡度必须与楼梯坡度一致（图 12-14c）。

④ 画剖面线、尺寸线、标高符号等。经检查之后擦去多余的线条，按图纸要求最后加深图线，注写尺寸数字、标高、图名、比例及有关文字说明等（图 12-14d）。

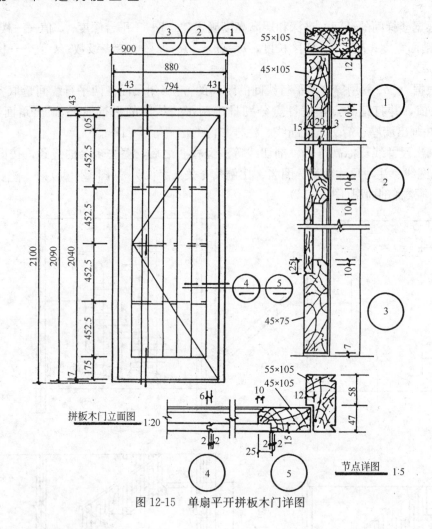

图 12-15　单扇平开拼板木门详图

12.5.3　木门窗详图

门窗详图一般用立面图、断面节点详图及文字说明等来表示。

图 12-15、图 12-16 分别表示木门、窗立面和断面节点详图的画法。

立面图用来表示门窗立面构造形式、开启方向、实际尺寸和节点详图索引编号。

立面图上的外面一道尺寸为门窗的实际尺寸。例如图 12-15 所示，木门标注的宽度为 880、高度为 2090，均为木门的实际尺寸。该种门的门洞尺寸应为 900 宽、2100 高。图 12-16 所示木窗标注宽度为 1180、高度为 1480，均为木窗的实际尺寸。该种窗的窗洞尺寸应为 1200 宽、1500 高。

门窗节点详图是门窗上不同部位的剖面图。它表示出门窗的框、扇的断面形状，用料尺寸，装配位置和门窗的框、扇连接关系等内容。节点详图的编号，从立面图上查找。

12.6　建筑施工图阅读与绘制的一般方法

阅读一整套建施图，一般说来先 "图标"，后 "图样"，先 "建施"，后 "结施" 与 "设施"；先 "平、立、剖面图"，后 "详图"；先 "图样"，后 "文字"；从总体到细部，从

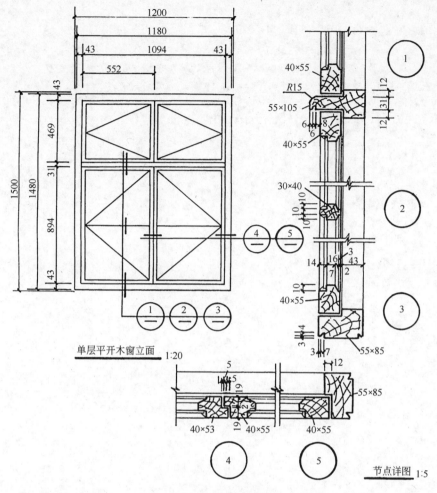

图 12-16　木窗详图

大到小等。但这些并不是孤立进行的，而是经常交叉进行阅读的。

　　绘制建施图的方法，一般先画基本图(即平、立、剖面图)，后画详图。画平面图时，先画墙身轴线，后画墙身厚度等细部；画立面图时，先画房屋的长、高轮廓线和各层窗高控制线，然后画出立面的细部；画剖面图时，先画轴线、墙厚、梁、板等结构部分，然后再画门窗、散水、台阶等细部。

第 13 章
结构施工图

13.1 基础图

13.2 楼层、屋面结构平面布置图

13.3 钢筋混凝土梁的结构详图

结构施工图简称"结施"图。它主要是表明结构设计的内容，如房屋的屋顶、楼板、梁、柱、基础等的结构设计情况。是基础施工、钢筋混凝土构件制作、构件安装、编制预算和施工组织设计的重要依据:

结构施工图一般包括以下几个内容:

1) 结构设计说明

2) 结构平面图

(1) 基础平面图和基础详图;

(2) 楼层结构平面布置图;

(3) 屋面结构平面布置图。

3) 结构详图

(1) 梁、板、柱结构详图;

(2) 楼梯结构详图;

(3) 屋架结构详图等。

本章主要介绍结构施工图中的画图方法及读图方法。

13.1 基础图

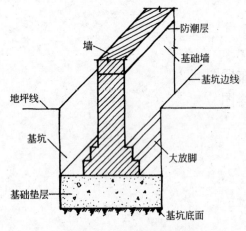

图 13-1 条形基础的形成

基础图分为基础平面图和基础详图两部分。常用的基础形式有条形基础和独立基础两种。在学习基础图以前，先要明确一些与基础有关的概念。现以条形基础为例，如图13-1所示，基础底下天然的或经过加固的土壤叫地基。基坑是为基础施工在地面上开挖的土坑。基坑边线也就是施工放灰线的位置。埋置深度就是从室外地坪到基础底面的深度。埋入地下的墙为基础墙。基础墙与垫层之间做成阶梯形的砌体称为大放脚。防潮层是防止地下水对墙身侵蚀而设置的一层防潮材料。

下面以某职工住宅为例，介绍有关基础的读图和画图方法。如图 13-2 所示。

13.1.1 基础平面图

1) 读图方法

基础平面图的形成是在基坑未回填土以前用一个假想的水平剖切平面沿室内地面将基础进行水平剖切后得到的剖面图。主要用于基础施工时的定位放线，确定基础位置和平面尺寸。

从图中可以了解到被剖切的基础墙其形式为条形基础，宽度为240mm，虽然砖砌大放脚按实际投影将出现很多相互平行的线条，但在图中均可省略。基础墙两边的轮廓线为基坑的边线。由于房屋内部荷载分布的复杂性和地质自身的复杂性，使得基础的形式、宽度、埋置深度等均有所不同。在图中则以不同的剖切代号标出以示区别。如图中的 1—1、2—2、3—3 截面代号。其基坑的宽度分别为 1000mm、800mm、700mm。同时还要画出

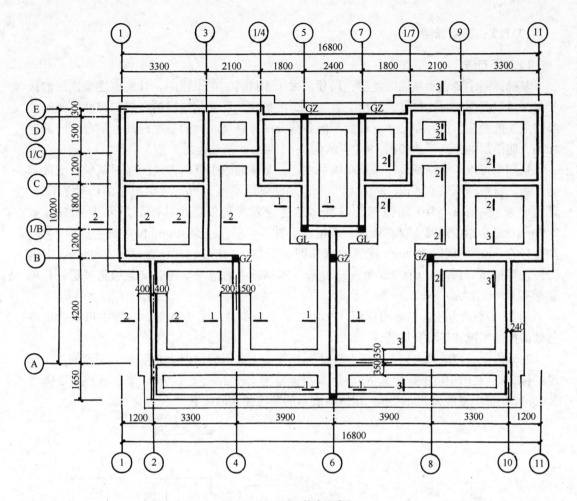

基础平面图

图 13-2 某职工住宅基础平面图

各自的基础截面详图。基础平面图上还要画出轴线尺寸，其标注和尺寸均同"建施"图中的底层平面图。

2）画图方法

首先应注意选择适当的比例。通常比例与"建施"图中底层平面图的比例相同，常取1：100。有时，当房屋较大时可采用1：200的比例。其次应注意线型，凡被剖切到的如基础墙、柱等均画粗实线，而投影可见的基坑边线则用细实线画出。尺寸线与轴线的线型同"建施"图的要求。若基础下面有管道、水沟等构件则用细虚线来表示。

画图步骤如下：

（1）选择比例，画出定位轴线。

（2）按各基础尺寸及其与定位轴线的关系画出基础墙的位置、宽度及其基坑的宽度。

（3）对不同宽度的条形基础分别用阿拉伯数字注出剖切线编号，以便与基础剖面详图一一对照，其宽度尺寸可在图中直接注出，也可单独列表标注。

（4）标注尺寸应以轴线为基准进行标注，加深图线，擦去多余线条，注写文字说明。

13.1.2 基础详图

1) 读图方法

基础详图主要表示基础的类型、尺寸、做法和材料。在识读中，首先应注意详图的代号与基础平面图的对应位置。其次了解大放脚的形式及尺寸、垫层的材料与尺寸。同时了解防潮层的做法、材料和尺寸。最后了解各部分的标高尺寸。如基底标高、室内(外)地坪标高、防潮层的标高等。如图 13-3 所示为 1—1 截面的基础详图。

从图中可以了解到轴线位于基础墙的中心，是平面图中纵向内墙的条形基础。大放脚为 4 级。每级两侧缩 60mm，高为 120mm，基础垫层厚为 150mm，混凝土的标号是 C10。其宽度为 1000mm，为了加强基础的整体性还设置了地圈梁，其断面尺寸为 240mm×240mm，是由钢筋混凝土材料制成。圈梁内设置了 4 根直径为 10mm 的Ⅰ级主筋即 4ϕ10，和直径为 6mm 每间隔 200mm 配置的箍筋即 ϕ6@200。垫层底部标高是 −1.890m，室内(外)地坪标高分别是 ±0.000m 和 −1.000m。本基础中的地圈梁同时又兼做防潮层，且梁底标高为 −0.300m。

图 13-4 所示为独立基础的详图。常用于一个个单独的受力柱下。从图中可以看出该基础的配筋情况和形状及尺寸。

基础内配有两端带弯钩其直径和间距都相等的Ⅰ级钢筋网即 ϕ10@200，下部有 35mm 厚的保护层(在图中可不标出)，垫层仍采用标号为 C10 混凝土 100mm 厚。基础底部宽为 2000mm，垫层宽度为 2300mm，用虚线表示的是柱插入的位置。

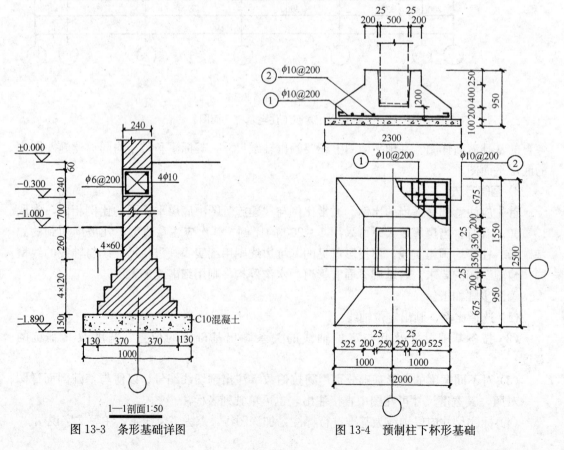

图 13-3 条形基础详图   图 13-4 预制柱下杯形基础

2) 画图方法

首先要注意选择比例，通常详图采用的比例为 1：50；1：20；1：10 等。其次注意线型，凡被剖切到的部分均用粗实线表示，如基础墙的轮廓、垫层的轮廓及地圈梁的轮廓等。另外钢筋、室内(外)地坪线也用粗实线表示，而材料符号线、引出线、尺寸线等均用细实线画出。

画图步骤可参考图 13-5。

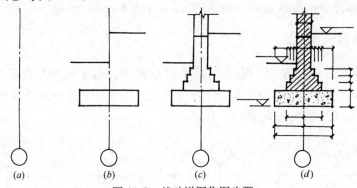

图 13-5 基础详图作图步骤

(1) 画出基础墙身的定位轴线，如图 13-5(a)。

(2) 定出基坑，室外、室内地坪高度和基坑宽度，如图 13-5(b)。

(3) 画出基础墙、大放脚、防潮层等构造，如图 13-5(c)。

(4) 画出尺寸线、标高线、材料符号等；最后加深图线，擦去多余线条，注写文字说明，如图 13-5(d)。

13.2　楼层、屋面结构平面布置图

楼层结构平面布置图与屋面结构平面布置图基本相似，一般可分为预制和现浇两大类。本节中的实例以预制为主介绍其有关的读图和画图方法。

楼层、屋面结构平面布置图是假想用一水平剖切平面沿楼板面上方或屋面处剖切后作出下面剩余部分的水平投影而成的，主要是用来表示每层楼的梁、板、柱、墙等结构的平面布置情况以及它们之间的关系。由于图中所表示的构件种类较多，为防止图中因线条过多而造成混乱，使读图不便，因此，往往对于一些常用的构件用代号和简化线条来表示。如表 13-1 为常用构件代号。

在简化线条中，板常用细实线画出其轮廓，或画对角线表示铺板的形式；梁常用粗单点长划线表示。

常 用 构 件 代 号　　　　　　　　　　　　　　　　表 13-1

序号	名　称	代号	序号	名　称	代号	序号	名　称	代号
1	板	B	6	天沟板	TGB	11	连系梁	LL
2	屋面板	WB	7	梁	L	12	基础梁	JL
3	空心板	KB	8	屋面梁	WL	13	楼梯梁	TL
4	槽形板	CB	9	圈梁	QL	14	框架梁	KL
5	楼梯板	TB	10	过梁	GL	15	屋架	WJ

序号	名 称	代号	序号	名 称	代号	序号	名 称	代号
16	托架	TJ	20	构造柱	GZ	24	雨篷	YP
17	刚架	GJ	21	承台	CT	25	阳台	YT
18	柱	Z	22	桩	ZH	26	基础	J
19	框架柱	KZ	23	地沟	DG	27	暗柱	AZ

注：预应力钢筋混凝土构件代号，应在代号前加注"Y"，如YKB表示预应力空心板。

13.2.1 读图方法

图13-6为某职工住宅楼层、屋面结构平面布置图。由于本楼左右完全对称，因此，用一对称符号可将两部分的结构平面图合为一个图。其中左半部分为楼层平面图，右半部分是屋面平面图。在识读时应注意以下几点：

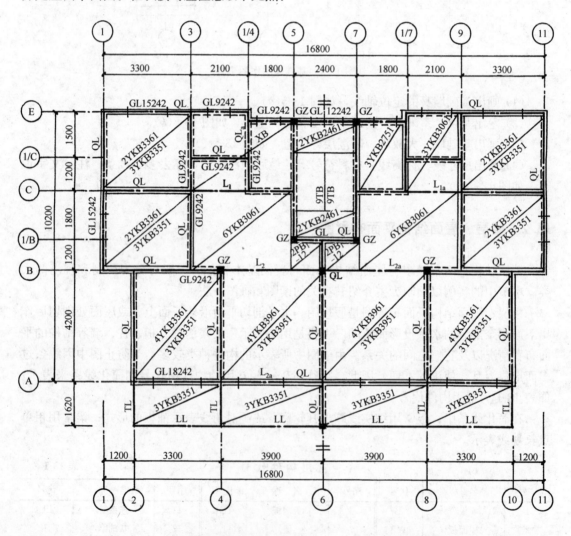

楼层结构平面布置图　　　　　　　　　屋面结构平面布置图

图13-6　某职工住宅楼面、屋面结构平面布置图

1）轴线网

楼板及屋面结构平面的轴线网与相应的"建施"图中楼层平面图轴线网一致。为了突出楼板布置、墙体用细实线表示，被楼板等构件盖住的墙体则用细虚线表示。

2）预制楼板的表示方法

预制楼板一般搁置在墙或梁上，相互平行，可按实际布置画在结构布置平面图上，或者画上一根对角的细实线，并在线上写出构件代号和数量，如图 13-7 所示。该图是选取图 13-6 中的②～③及Ⓐ～Ⓑ轴线的房间楼板布置。该房间共用了 4 块 YKB3361 及 3 块 YKB3351 预制板，且板的代号含义如下：

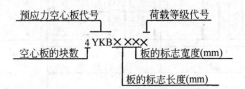

注：板宽分别有 500，600，1000mm 三种。板的荷载有等级代号 1、2、3 三种，分别代表 1—4.0kN/m²；2—6.7kN/m²；3—9.1kN/m²。

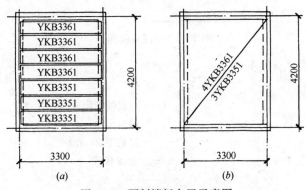

图 13-7　预制楼板布置示意图
(a)楼板结构平面布置图；(b)简化表示法

3）现浇楼板的表示方法

除画出楼层梁、柱、墙的平面布置外，还要画出现浇板的钢筋详图。表明受力筋的配置情况，注明编号、规格、直径、间距等。图 13-6 中的现浇板是用对角线简化表示的，未能表示出其板的钢筋布置情况，则必须单独画出现浇板的结构详图。如图 13-8 所示为该现浇板的结构详图。

图中表示了板的配筋情况，每一种规格的钢筋只画一根，按其形状画在安放的相应位置上。图中沿墙体四周布置的钢筋为负筋，直径为 6mm，间距 200mm 即 ϕ6@200。负筋长度从墙边缘向外有 500mm 和 600mm 两种。而板中的受力筋直径均为 ϕ6mm，间距分别有 120、150mm；板的分布筋均为 ϕ6@200。图中还标出了板的厚度为 80mm 及板顶面标高，如−0.380m、2.620m 等。

4）梁的表示方法

图中梁均用粗点划线表示。并在其上写出梁的代号，见图 13-6 中的 QL（圈梁）、GL（过梁）、及 L（梁）等。过梁可直接写在门窗洞口的位置上。为了防止墙上线条过多，可省略过梁的图例，只注写代号，如下所示。

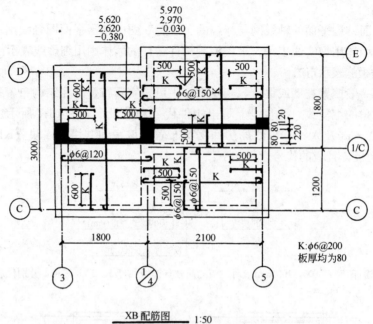

XB 配筋图   1:50

图 13-8   现浇板配筋图

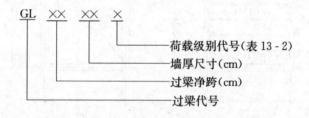

荷 载 级 别 代 号							表 13-2
荷载级别	1	2	3	4	5	6	7
均布外荷载设计值(kN/m)	0	10	15	20	25	30	35

13.2.2 画图方法和步骤

（1）一般采用的比例是 1：100；较大房屋则用 1：200。

（2）画出与建筑平面图相一致的定位轴线，并标注编号及轴线间距尺寸。

（3）用中实线画出楼层平面轮廓，用中虚线画楼面下被挡住的墙、柱和梁的轮廓，并画出下面一层的门窗洞口的位置。

（4）当楼层平面图完全对称时，可只画一半。

（5）画出各部分楼板（多孔板、平板、现浇板等）的布置情况，如搁置方式、搁置块数并注写出板的型号。现浇板还需单独画出结构详图。

（6）画出楼板下的梁、过梁或圈梁等，以中粗单点长画线表示，并标写出各构件的名称及编号。

（7）标注尺寸并注写必要的文字说明。

13.3 钢筋混凝土梁的结构详图

用钢筋混凝土制成的梁、板、柱、基础等构件叫做钢筋混凝土构件。表示这类构件的形状、位置、尺寸、做法及配筋情况的图称为结构详图。大致包括配筋图、模板图、预埋件详图等。其中配筋图由于着重表示了构件内部的钢筋配置、形状、规格、数量等，是构件详图的重点。在此图中，为了突出表示钢筋的配置情况则不画混凝土材料的图例。

下面着重介绍现浇梁的配筋图及其读图与画图方法。

13.3.1 读图方法

如图 13-9 所示是一根梁的配筋详图。该梁即为图 13-6 中的"L_1"和"L_2"。从此图可知该梁内配有 2 根直径为 10mm 的 Ⅰ 级钢筋作为架立筋即 $2\phi10$ 位于梁的上方。同时内部还配有 4 根（L_1 为 2 根）直径为 16mm 的 Ⅱ 级钢筋作为受力筋即 $4\Phi16$（或 L_1 为 $2\Phi16$）位于梁的下方。还配有直径为 6mm 每间隔 200mm 而设置一道的钢筋即 $\phi6@200$ 作为箍筋，共有三种钢筋编号分别为①、②、③，如图 13-9(a)所示为梁的配筋立面图。在梁的立面图中各种钢筋的投影有时重迭在一起不能表示清楚，则需再用截面图来表示。同时截面图也可以表示梁的截面形状和尺寸。如图 13-9(b)所示。由此可知该梁的外形尺寸分别是"L_1"（单位：mm）：长×宽×高$=2340\times240\times250$，"L_2"：长×宽×高$=4140\times240\times250$。同时还标注了梁的顶面标高。

图 13-10 为"梁"的配筋示意图。

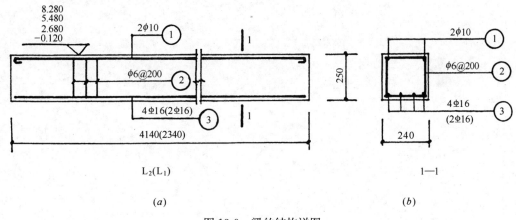

图 13-9 梁的结构详图

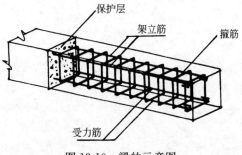

图 13-10 梁的示意图

13.3.2　画图方法和步骤

（1）结构详图常用比例为 1∶50、1∶20、1∶10、1∶1 的比例。

（2）用细实线画出构件的外形轮廓，用粗实线画出配置的钢筋，其中箍筋可不画全，只用部分代替。对配筋较复杂的构件常将钢筋用编号标出，并单独绘出钢筋详图以便识读。

（3）标注尺寸，注写文字说明等。

第 14 章
室内设备施工图

14.1 室内给水排水施工图

14.2 室内电气照明施工图

14.3 室内采暖施工图

14.4 室内通风施工图

本章以室内给水排水、电气照明和采暖通风施工图为例说明室内设备施工图的一般画法与阅读方法。

14.1　室内给水排水施工图

图 14-1 所示直观图，示意了室内给水和排水系统的组成。

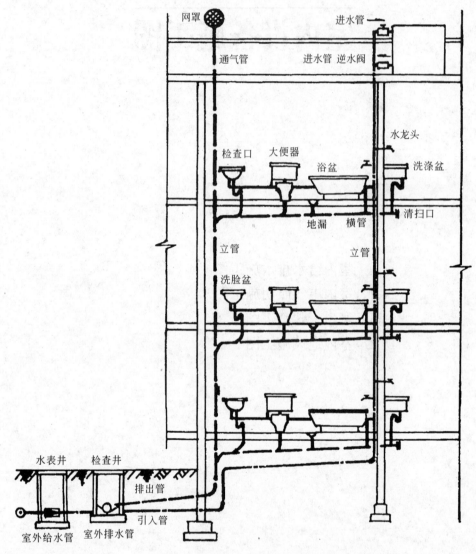

图 14-1　室内给水排水系统的直观图

室内给水与排水施工图主要包括给水排水平面图、给水排水系统轴测图和详图等。在给水排水平面布置图、系统轴测图上的管道及卫生设备，都是用图例符号表示的，并且各种图例应遵照《给水排水制图标准》GB/T 50106—2001 中统一规定的图例符号，见附表 4。如图例 等，分别表示了浴盆、洗脸盆、坐便器、截止阀、放水龙头和水表等。

14.1.1 室内给排水平图面

图 14-2 为室内给水排水平面图，它表明了室内各层给排水管道及卫生设备的平面布置情况。画图时一般只画出建筑平面图中用水间，如厨房、厕所、盥洗间等平面，把给水平面布置和排水平面布置图绘制在同一平面图上，但读图时应分别进行阅读。

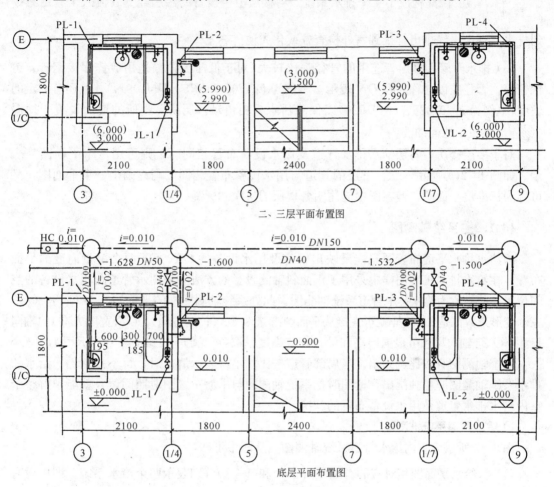

图 14-2　给水排水平面图

1) 给水平面布置图

(1) 一般给水管道以每一引水立管为一个系统，图 14-2 中编号 JL-1 和 JL-2 表示有两个给水系统。给水管道在图上用粗单点长画线表示。

(2) 由图 14-2(a)所示，给水干管是经室外阀门井，从房屋轴线③与⑭和⑦与⑨之间引入室内。干管一般在地面以下(一般是−0.30m 处)形成室内地下水平干管，再经立管 JL-1 和 JL-2 分别将水送到各层用水间(见图 14-2a 底层平面布置图和图 14-2b 二、三层平面布置图)，又在各给水立管上分出支管，经截止阀、水表、分支管把水直接送到浴盆(○)、坐便器(○)、洗脸盆(○)等卫生设备上。

(3) 给水平面布置中，各户装有水表(▶)、截止阀(⋈)、水龙头(丁)等配件。

2）排水平面布置图

（1）由图 14-2 可知，浴盆、坐便器和其他卫生设备中的脏水是通过管道排出室外的，这种排出脏水的管道叫排水管道，排水管道在图中用粗虚线表示。

（2）厨房和厕所分别设置有排水立管（PL-1、PL-2、PL-3、PL-4）通往检查井（一○一）。因此构成了 4 个排水系统。各楼层卫生设备的污水经支管流入干管后集中到排水立管，再经排出管排到室外检查井或化粪池（HC □○）。

（3）排水干管和排出管选用的管径都比较大（对于低压流体输送用镀锌焊接钢管、铸铁管等，管径应以公称直径 DN 表示，本例为 DN50、DN75、DN100），并且还有一定的坡度（本例为 $i=0.025$、$i=0.020$）以保障污水自由流动。厨房、厕所的地面设置了地漏（◎），以便于地面冲洗。

对于多层楼房，各层给水排水管道及用水设备布置相同时，则可用一个平面图来表示。如图 14-2(*b*)所示，二、三层的管道与用水设备布置相同，则只画出一个平面图，又可称为标准层平面图，但在图中应注明各楼层的层次和标高。

14.1.2　系统轴测图

因给水排水平面布置图只能反映出管道及用水设备的 OX、OY 两个度量向度的平面布置。在给水排水工程图样中采用了正面斜轴测投影的方法，来图示管道及用水设备的空间位置，故被称为给水排水管道系统轴测图。此处系统轴测图中的坐标 O_1X_1、O_1Y_1、O_1Z_1 三轴变形系数都是 1，这样就可直接从平面图上量取 OX（长度方向）、OY（宽度方向）的轴向尺寸，O_1Z_1 轴向尺寸可根据层高和设备安装高度量取（可见施工安装详图中的尺寸）。

系统轴测图宜按比例画出。当局部管道按比例不易表示清楚时，可不按比例。给水和排水系统轴测图应单独画出，读图时把系统轴测图与平面布置图对照阅读，就能了解整个室内给水排水管道及用水设备布置的状况。

1）给水管道系统轴测图

图 14-3 所示为室内给水管道系统轴测图。从图中可知：

（1）与给水平面图相对应的有编号（J 1）和（J 2）分别表示两个给水系统。图中没有画出用水设备的图例，只按这些用水设备的实际位置，画出了管线和除用水设备外的配件图例等，如水龙头、水表、水箱等。

（2）从图中可见，看上去相交的两给水管线，如有一根管线被断开，表明被断开的管线在没有断开管线的后面或下面，表明两管线在空间是交叉的。图中楼层用图例（┼）表示，墙体剖面的方向按穿越管道的轴测方向绘制（▨、▨）。

（3）标高 9.5m 处装有 10t 水箱，供水压不够或停水时用水，图中的（◸）图例为单向止回阀。图中标注了管径、坡度、标高尺寸等文字说明。

2）排水管道系统轴测图

图 14-4 所示为室内排水管道系统轴测图。从图中可知：

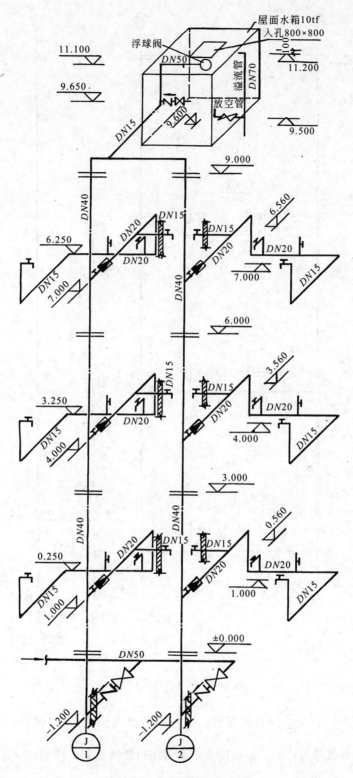

图 14-3 给水管道系统图

(1) 与排水平面图相对应的有编号（$\frac{P}{1}$）、（$\frac{P}{2}$）、（$\frac{P}{3}$）、（$\frac{P}{4}$），表示有 4 个排

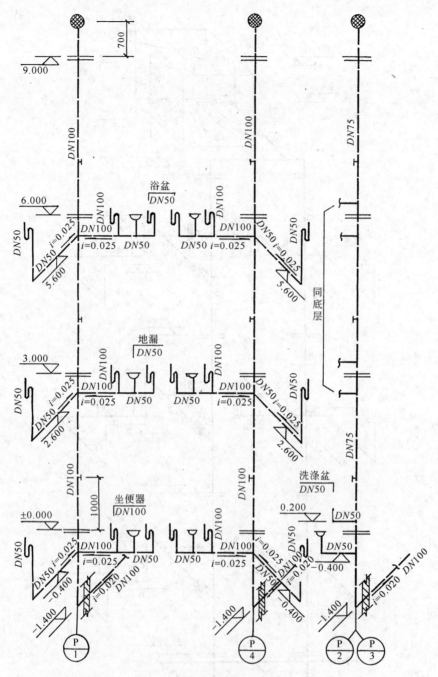

图 14-4　排水管道系统图

水系统。其中 $\left(\dfrac{P}{2}\right)$、$\left(\dfrac{P}{4}\right)$ 排水系统，因各层布置均相同，故共用一个系统表示。并

且只画出第一层管线布置，二、三层的水平干管用折断线折断，注明同一层字样。$\left(\dfrac{P}{1}\right)$

与 $\left(\dfrac{P}{2}\right)$ 两个排水系统二、三层管线布置也同第一层的管线布置，但本例没有简化画出。

（2）排水立管超出屋面的部分称为通气管，离屋面 700mm 处按图例画上通气帽，超

出楼地面 1m 处设置有检查口。

（3）图中的(⊔)、(∇)图例分别表示存水弯和圆形地漏。图中标注了排水管管径、坡度、标高尺寸等文字说明。

当给水系统轴测图与给水平面布置图对照阅读时，一般先从引入管开始，沿给水走向进行，即室外引入管→阀门井（或水表井）→水平干管→立管→支管→用水设备。

排水系统轴测图与排水平面布置图对照阅读时，一般先从上至下，沿污水流向进行。即：排水设备→承接支管→干管→立管→排出管。

14.1.3 给水排水施工详图

给水排水施工详图的画法与"建施"详图画法基本一致，同样要求图样完整、详尽、尺寸齐全、材料规格、有详细的施工说明等。

常用的卫生器具及设备施工详图，可直接套用有关给水排水标准图集，只需要在图例或说明中注明所采用图集的编号即可。对不能直接套用的则需要自行画出详图。例如：图14-5所示为洗脸盆安装的一种做法。

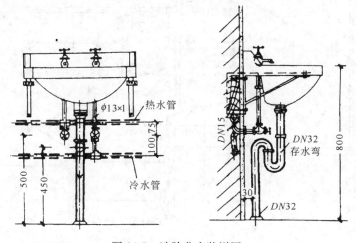

图 14-5 洗脸盆安装详图

14.2 室内电气照明施工图

室内电气照明施工图主要有照明平面图、照明系统图和施工说明等内容。本节以二层小住宅电气照明为例，说明照明施工图的画法与阅读方法。

14.2.1 照明平面图

照明平面图主要表达配电线路的走向、编号、敷设方式、供电导线的进线位置、配电箱的位置、电线规格、数量、穿线管径、开关、插座、照明器具的种类、安装方式等内容。在图纸上各种电气元件都是用图例表示的，电气图例应符合《电气简图用图形符号》GB/T 4728 国家标准，见附表 5。

图 14-6 所示为小住宅底层吊顶照明平面图。进户线标有 VV20(3×6＋1×4)－DA 参数，表示该线采用聚氯乙烯护套电缆，有 3 根相线的截面为 6mm²、一根零线的截面为

$4mm^2$，暗敷设在地面下（1m 处）进入"XRC31—703（改）"型照明配电箱 1MX 内。进户处打重复接地极（⏚），进户线还标有 3N～50Hz，380/220V，表示电源为三相四线制，频率50Hz（赫兹），电压为 380/220V。在配电箱 1MX 处有向上配线的图形符号（　）；并标有 BV（3×4+2×2.5）—PVCφ20—QA 参数，表示采用了 3 根塑料铜芯 $4mm^2$、2 根塑料铜芯 $2.5mm^2$ 截面的导线，穿直径为 20mm 的阻燃塑料管，暗敷设在墙内进入二楼配电箱（2MX）。

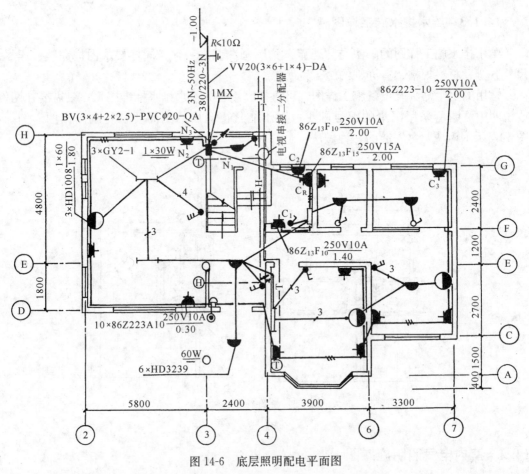

图 14-6　底层照明配电平面图

由配电箱 1MX 引出三条支路，各支路用 N_1、N_2、N_3 表示，分别与底层各电气元件相连。N_1 连接卫生间的热水器插座（◤）、洗衣机插座和排气扇插座。N_2 与灯具、开关接上，底层共有 3 盏 HD100B 型 60W 的壁灯（◑），距地面1.8m；3 套 GY_2-1 型 30W 的吸顶荧光灯（├──┤）。6 盏 HD3239 型 60W 的吸顶灯（◖）N_3 连接各厅室插座。大门口装有门铃（♀）、室内装有电视天线插座（Ⓣ）、电话插座（Ⓗ）的设施。

图 14-7 所示为第二层照明平面图，其阅读方法与底层照明平面图的读法完全相同。符号（　）、（　）、（　）分别表示单极开关、双极开关、三极开关，均为暗装；符号（─∥∥─）、（──⁄³──）均表示三根导线。

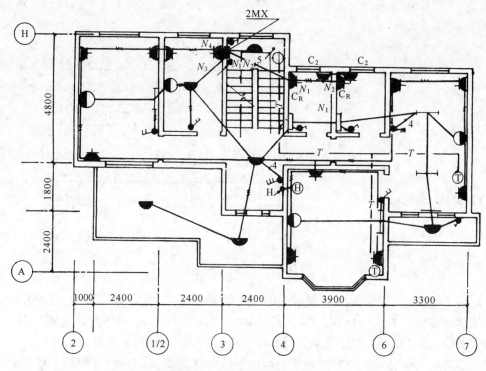

图 14-7　二层照明配电平面图

画照明平面图应注意以下几点：

（1）对土建图部分只用细实线画出，应标注轴线间尺寸及画图的比例。

（2）照明线路、灯具、插座的定位尺寸不必标注，必要时，按图注比例量取。

（3）各层电气照明设施布置相同时可只画一层（即标准层）。

14.2.2　照明系统图

对于平房或电气设备简单的建筑，一般用照明平面图即可施工。而多层建筑或较复杂的电气设备，常要画出照明系统图。

照明系统图主要用来表达房屋室内的配电系统和容量分配情况，所用的配电装置，配电线路所用的导线型号、截面、敷设方式，所用管径、设备容量等。

照明系统图是用图例符号示意性地概括说明整幢房屋供电系统的来龙去脉和接线关系，见图 14-8。

读照明系统图，一般先从电源进线到用电设备顺序读图。其步骤如下：

交流电源采用三相四线制，进户线采用 VV20 型护套电缆（该电缆适用于额定电压 6kV 及以下的输配电线路），暗敷设在地面下 1m 处进入照明配电箱 1MX 内。经过总电度功率表、30A 总自动开关，分出向上配线［型号为 BV($3\times4+2\times2.5$)－PVCϕ20－QA，该线型号说明同照明平面图］进入二层配电箱（2MX），同时分出 A、B、C 相各经过 15A、5A、10A 单相自动保护开关，A、C 相还接有漏电器，再用 2.5mm² 的塑料铜芯线从电源箱引出 N_1、N_2、N_3、支路。N_1 支路［BV(3×2.5)－PVCϕ15－PNA］用 3 根 2.5mm² 的塑料铜芯线，穿 ϕ15 阻燃塑料管暗设在不能进入人的吊顶内，在卫生间 2m 处与 1.4m 处和热水器插座连接，使用功率为 3kW，3 根导线分别为火线、地线、零线。N_2 支路［BV

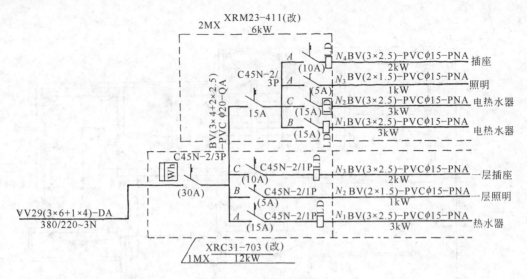

图 14-8　配电系统图

$(2×2.5)-PVC\phi15-PNA$]用 2 根 $2.5mm^2$ 的塑料铜芯线，敷设方式与 N_1 支路相同；用于照明线路，使用功率为 1kW。N_3 支路[$BV(3×2.5-PVC\phi15-PNA$]用 3 根 $2.5mm^2$ 的塑料铜芯线、敷设方式与 N_1 支路相同；用于底层厅室插座，使用功率为 2kW。

第二层配电系统其读图方法与底层配电系统的读法相同。另外在图纸上还有施工说明，把有关规定和图中未详细表达的地方进一步用文字加以说明。

14.3　室内采暖施工图

民用房屋的采暖，一般分为水暖和气暖两种。本节以水暖图为例，说明室内采暖施工图的原理及表示方法。

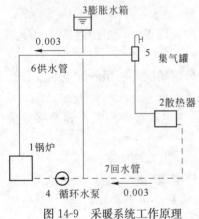

图 14-9　采暖系统工作原理

目前在集中式采暖中一般均采用机械循环系统。图 14-9 为机械循环热水采暖系统工作原理。它依靠水泵的作用，使水在整个系统中循环流动。室内采暖施工图与室内给水、排水工程图的表示方法一样，也是采用（采暖）平面图、系统轴测图和详图组成。图纸上画出的平面图和系统轴测图，其管道及采暖设备也是用图例表示的，所画出的图例应符合《暖通空调制图标准》（GB/T 50114—2001）中规定的图例符号，见附图 6。如图例 ⬜ ▭ ● ┴ 分别表示散热器、集气罐、截止阀。

14.3.1　采暖平面图

图 14-10 和图 14-11 为某医院住院楼的底层平面、二层平面采暖管道及散热器布置平面图。图中用细实线画出房屋底层平面轮廓，供水管道用粗实线表示，回水管道用粗虚线表示。供水主干管是从室外地沟通过基础墙上预留洞进入室内，又顺着室内地沟到达北

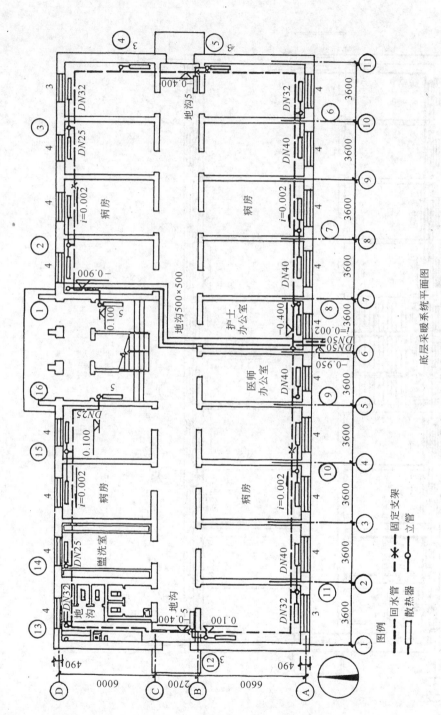

底层采暖系统平面图

图 14-10 采暖系统平面图

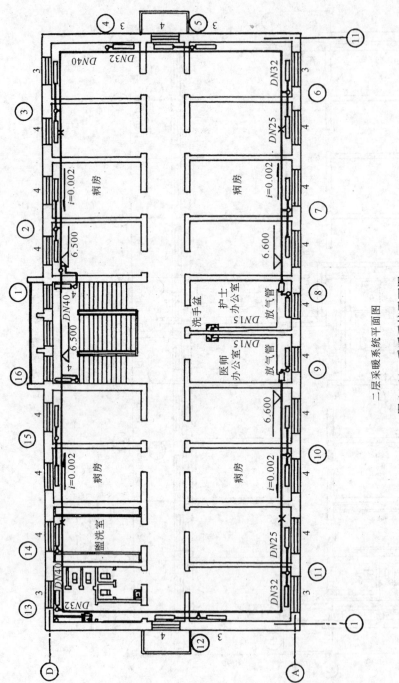

二层采暖系统平面图

图 14-11 采暖系统平面图

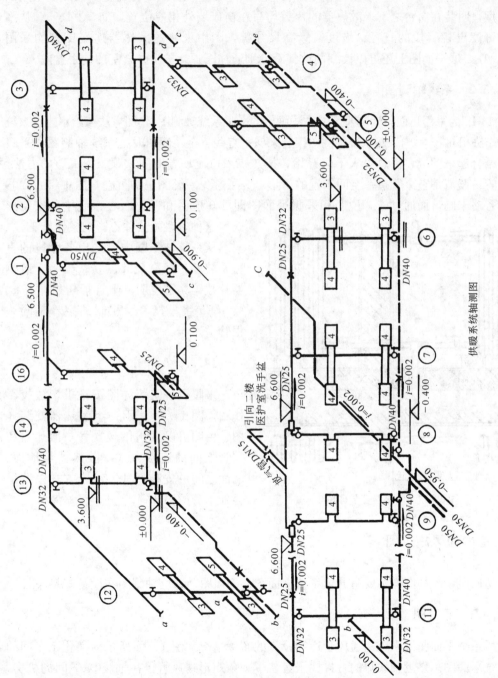

供暖系统轴测图

图 14-12 供暖系统轴测图

墙。管道端部的小圆圈表示立管将热水送往顶层（本例为二层）。管道系统的布置方式采用上行下给单管回程式系统，供热干管走二层，回水干管走底层，并汇集于总回水管同供热总管走一条地沟，经有关设备回到锅炉房热源处。本例的立管编号是从供热总管与水平干管接点起，向右顺时针第一根立管编号为①依次顺序编号一直编到⑯为止。散热器采用四柱 813 型，明装在窗台之下。散热器的片数均写在窗口墙外相应位置，如 3、4、5。从平面图中可读出各管段的直径、坡度、标高尺寸等，图中未注的散热器连接支管均采用 $DN15$。在二层平面图上还可以读到两放气管分别通往医师、护士办公室的洗手盆内。

14.3.2　系统轴测图

图 14-12 为采用正面斜轴测投影的方法画出的采暖系统轴测图（作图方法与给水排水系统轴测图作法相同）。室内采暖系统轴测图读起来似乎有些复杂，读图时把系统轴测图与采暖平面图结合起来阅读，由总引入干管开始，按热媒入口流动方向用"顺藤摸瓜"的方法，就能很容易读清楚整个管道在空间布置的情形。为了避免系统图中的重叠，图中将⑩和⑮两立管省略未画，而通过施工说明和采暖平面图即可知道⑩和⑮立管在系统中的安装形

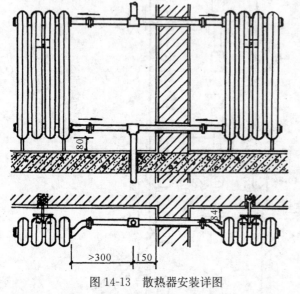

式，这种省略画法并不影响整体施工。

从系统轴测图中可读出各管段的直径、坡度、标高尺寸、立管编号、散热器片数等文字说明。干管折断处标有 a、b、c、d 字母，表示相同的字母是同一根管道。

14.3.3　详图

采暖设备安装详图按正投影法投影作图。图 14-13 表示一组散热器安装详图，由图可以看出供暖支管与散热器和立管之间的连接方式，散热器与地面、墙面之间的安装尺寸、组合方式以及组合处本身的构造等。

图 14-13　散热器安装详图

14.4　室内通风施工图

表达通风系统的图样主要有通风系统平面图、剖面图、系统轴测图和设备安装详图。

14.4.1　平面图

通风系统平面图用来表达通风管道和设备的布置情况。图 14-14 所示为某化工车间的通风系统平面图。靠近轴线ⓒ的一排柱子旁装了一条矩形送风管，在轴线ⓓ-ⓕ间的机房，安装了两套排风系统。矩形送风管的截面尺寸是由□850×400 到□300×400 均匀变化，风量由进风小室的百叶窗经加热器由风机抽入风道，通过风道上 7 个送风口将热风送入车间。其作用：一是补充两个排风系统排出的风量和冲淡散出的酸雾；二是将 30℃的热风送入车间，使原有散热器保证室温 5℃情况下达到室温 14℃，以保证人们从事生产工作。夏

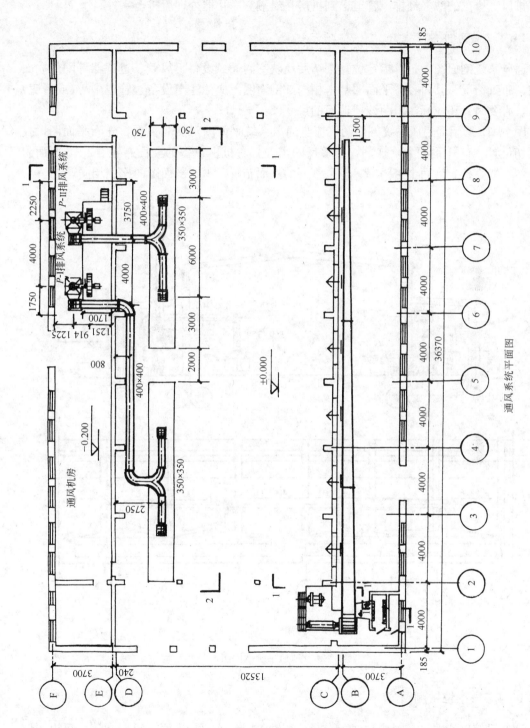

图 14-14　通风系统平面图

通风系统平面图

天送风系统停止工作，补偿的风量由打开的门窗自然补给。排风系统有两个，P-Ⅰ和P-Ⅱ排风系统，两个系统的作用是相同的，每个合成槽都设有带活动盖板密封式排气罩，进行局部排风。排出的酸雾经排风管道送到机房，经酸雾净化器处理后排至室外。

14.4.2　剖面图

通风系统剖面图，是沿指定位置剖切后反映室内通风设备、风管、过滤器等配件立面安装、布置情况，其内容与平面图基本相同。剖面图上应标注出设备、管道中心（或管底）标高，必要时，还应标注出距该层地面的尺寸。

图 14-15 所示为通风系统剖面图，应与通风系统平面图对照起来看，先看平面图，找出剖切位置。1—1 剖面为阶梯剖，能够反映出左、右机房设备的立面布置。2—2 剖面为局部剖，能直接看到两个密闭罩、排风管间的立面布置。平、剖面图的比例相同。

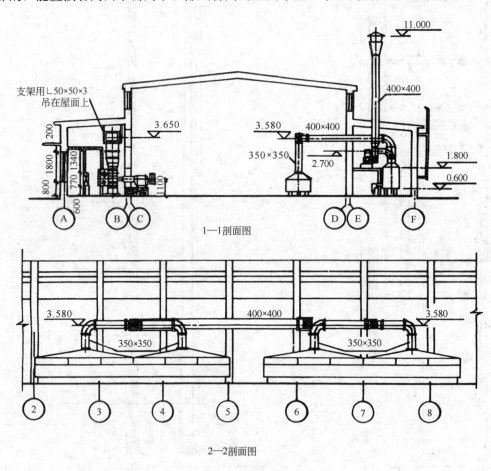

图 14-15　通风系统剖面图

14.4.3　系统轴测图

通风系统轴测图，其画法类似于采暖系统轴测图。该图与平面图对照阅读，可以了解整个通风系统的全部内容，对于较为简单的通风系统，可不画出剖面图，但一定要画出系统轴测图，便于与平面图对照读图。图 14-16 是通风系统轴测图。该图与平面图、剖面图

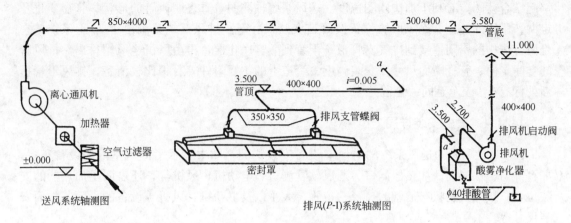

图 14-16 通风系统轴测图

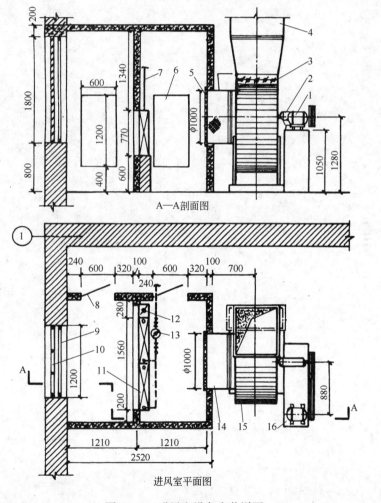

图 14-17 进风室设备安装详图

1—电动机；2—减速器；3—蝶阀；4—通风管道；5—过滤罩；6—检查门；7—供热管；
8—检查门；9—百叶窗；10—空气过滤网；11—加热器；12—调节阀；
13—疏水器；14—帆布短管；15—离心通风机；16—机座

一起结合读图，有利于加快读图速度。送风系统轴测图着重表明风管的形状、管径变化及走向，风管的连接、送风口的位置及管道安装尺寸等。排风系统只画出了 P-Ⅰ系统。它是由合成槽的密闭罩接到排气支管汇于干管到酸雾净化器，再由风机经风帽排出。排风管的空间走向、管径断面尺寸、安装高度、管道上的主要附件等看得比较清楚。排风干管折断处标有 a，表示是同一管道。

14.4.4　设备安装详图

图 14-17 所示为送风系统的进风室设备安装详图，图中表示了进风室内的设备布置，如百叶窗、保温门、加热器洞口、通风软管洞口、电动机、风机等；还表明了加热器的安装位置，接风机的帆布短管的口径、位置、大小以及电动机、风机等设备的平面、立面安装尺寸等。

第 15 章
室内装饰施工图

15.1 概述

15.2 装饰平面图

15.3 室内装饰立面图

15.4 装饰详图

15.1　概述

装饰一词是指在物体的表面加些附属的东西，使其美观。遵照建筑及装饰设计规范的要求绘制的用于表现装饰效果和指导装饰工程施工的图样，称为装饰工程施工图，简称装饰图。装饰工程施工图是装饰施工和装饰验收的依据，同时也是进行造价管理、工程监理等工作的必备技术文件。

装饰工程施工图按施工范围分为室外装饰施工图和室内装饰施工图。本章主要介绍室内装饰施工图。

15.1.1　装饰工程施工图的组成

装饰工程施工图主要由装饰设计说明、装饰平面图、装饰立面图、装饰剖面图、装饰详图等图样组成。

15.1.2　装饰工程制图常用图线和比例

装饰工程制图中采用的图线一般应符合表 15-1 的规定，装饰工程制图常用比例见表 15-2。

装饰工程制图常用图线　　　　　　　　　　　　　　表 15-1

名　称	线　型	线　宽	用　途
粗实线	——————	b	平面图、顶棚图、立面图、详图中被切的主要构造(包括构配件)的轮廓线
中实线	——————	$0.5b$	1. 平面图、顶棚图、立面图、详图中被切的次要构造(包括构配件)的轮廓线 2. 立面图中的转折线 3. 立面图中的主要构件的轮廓线
细实线	——————	$0.25b$	1. 平面图、顶棚图、立面图、详图中一般构件的图形线 2. 平面图、顶棚图、立面图、详图中索引符号及引出线
超细实线	——————	$0.15b$	1. 平面图、顶棚图、立面图、详图中细部润饰线 2. 平面图、顶棚图、立面图、详图中尺寸线、标高符号、材料标注引出线 3. 平面图、顶棚图、立面图、详图中配景图线
中虚线	— — — — —	$0.5b$	平面图、顶棚图、立面图、详图中不可见的灯带
细虚线	— — — — — —	$0.25b$	平面图、顶棚图、立面图、详图中被剖切的次要构造(包括构配件)的轮廓线
细单点长画线	— · — · — · —	$0.25b$	中心线、对称中心线、定位轴线
折断线	——／\———	$0.25b$	不需画全的断开界线

装饰工程制图常用比例　　　　　　　　　　　　　　表 15-2

图　名	比　例
平面图、顶面图	1∶200、1∶150、1∶100、1∶50
立面图	1∶100、1∶50、1∶40、1∶30、1∶25
详图(包括局部放大的平面图、顶棚图、立面图)	1∶50、1∶40、1∶30、1∶25、1∶20、1∶10
节点图、大样图	1∶10、1∶5、1∶2、1∶1

15.1.3　装饰工程制图常用符号和图例

（1）内视符号　为表示室内立面在平面图上的位置，应在平面图上用内视符号（图 15-1)注明视点位置、方向及立面编号。符号中的圆圈应用细实线绘制，根据图面比例圆圈直径可选择 8～12mm。立面编号宜用拉丁字母或阿拉伯数字。图 15-2 所示为内视符号应用示例。

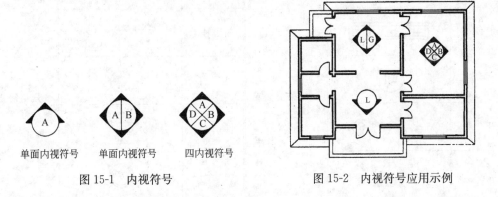

图 15-1　内视符号　　　　　　　　　　图 15-2　内视符号应用示例

（2）图例　装饰工程制图中采用的图例应遵守《房屋建筑制图统一标准》GB/T 50001—2001、《建筑制图标准》GB/T 50104—2001 等制图标准中的规定，还可采用表 15-3 中的常用图例。

常用装饰制图图例　　　　　　　　　　　　　　　表 15-3

名　称	图　例	备　注	名　称	图　例	备　注
双人床			钢琴		
单人床		室内家具平面轮廓可按实际情况绘制			
沙　发			地　毯		满铺地毯在地面用文字说明
凳　椅					
桌			盆　栽		

续表

名　称	图　例	备　注	名　称	图　例	备　注
圆形散流器			空调插座	 Δ/C	
方形散流器	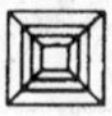		电话插座	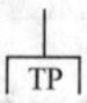 TP	
剖面送风口			电视插座	 TV	
剖面回风口	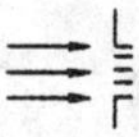		筒　灯		
条形送风口	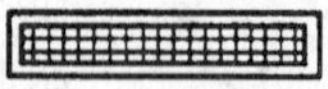		射　灯		
条形回风口	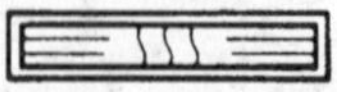		轨道射灯		
扬声器		规格需要单独注明	壁　灯		规格需要单独注明
开　关			防水灯		
普通五孔插座			吸顶灯		
地面插座			花式吊灯		
防水插座			单管格栅灯		
排气扇			双管格栅灯	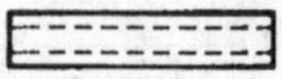	
烟　感	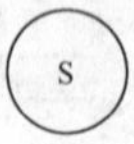 S		三管格栅灯	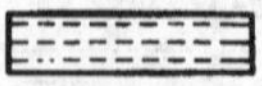	
喷　淋			暗藏荧光灯管	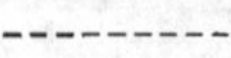	

15.2　装饰平面图

15.2.1　装饰平面图的图示方法及内容

装饰平面图与建筑平面图的形成方法相同，即用一个假想的水平剖切平面沿着略高于窗台的位置剖切房屋后，所得的水平剖面图，即为装饰平面图。装饰平面图一般应简化不属于装饰范围的建筑部分，而重点表示装饰构配件、内墙立面、家具、家用电器、顶棚、地面的造型与饰面以及美化配置、灯光配置等室内平面布置和施工做法。装饰平面图主要包括平面布置、楼地面平面图和顶棚平面图。

装饰平面图中除顶棚平面图宜用镜像投影法绘制外，其他各种平面图均按正投影法绘制。采用镜像投影法绘制顶棚，其原理是假想在顶棚下方水平放一块镜子，直接照着镜子内的图形画出来的图样即为镜像图，如图15-3所示。注意用镜像投影法绘制的图样应在图名后注写"镜像"二字或画出镜像投影识别符号(图15-4)。

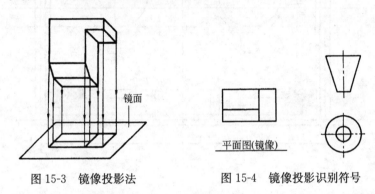

图15-3 镜像投影法   图15-4 镜像投影识别符号

15.2.2 装饰平面图的识读顺序

在识读装饰平面之前，首先熟悉平面图中的各种有关装饰材料、设备端口、室内灯具等所用的图例和有关装饰符号，还应该仔细阅读图中的文字，如构造做法、施工要求、所选材料名称、板材颜色等，然后依次读图。

(1) 先读图名，了解该平面属于哪一层平面，了解房间分布、用途及功能。

(2) 读定位轴线，了解房屋开间、进深以及各房间的装饰面积、材料选用、设备的布置等。

(3) 读具体尺寸与文字，了解室内装饰布局、家具定位、色彩搭配的总体效果。

(4) 读内视符号(或剖切符号)、了解内视符号所指方向(或投影方向)，也就是该立面的投影方向。

(5) 读楼、地面装饰材料。通常情况下，卧室地面一般选择质地柔软、吸声性能强的地面材料(如优质木材、地毯等)，客厅、餐厅选择耐磨性好、易清刷的材料(如大理石、铺地砖等)，厨房选用防水、防潮、防滑、易清洁的材料(如陶瓷锦砖、缸砖等)。底层地面宜加防潮措施。

15.2.3 装饰平面图识图示例

1) 平面布置图

图15-5所示为某餐厅平面布置图。从图名可知该图为某餐厅的平面布置图，比例为1∶50。室内布置有两张圆桌，各配有8张靠背椅，是一个小餐厅。

(1) 读图名、比例，了解餐厅的功能与布局。

(2) 了解各功能区域的平面尺寸、地面标高、家具及陈设等的布局。从图中可知餐厅

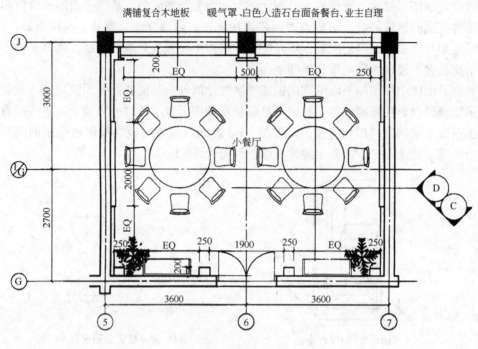

餐厅平面布置图

图 15-5 某餐厅平面布置图 1∶50

的开间尺寸为 3600mm×2＝7200mm，进深尺寸为 2700mm＋3000mm＝5700mm。地面满铺复合木地板，左右两墙内的线宽为装饰物厚度，窗台铺白色人造石台面，台面下装有散热器，靠大门两侧配有备餐台和盆景。

（3）了解平面布置图中的符号等。为表示室内立面在平面图中的位置及名称，图中绘出了两面墙面的内视符号，即以该符号引线所指处为站点，分别观看 D、C 两个方向的墙面，并且以该字母命名所观看墙面立面图的编号。

（4）识读平面布置图中的详细尺寸。从图中可知，门宽为 1900mm，门两边有四个 250mm×200mm 的矩形装饰物等。

2）顶棚平面图

图 15-6 所示为某餐厅顶棚平面图。

（1）读图名、比例。从图名可知该图为某餐厅的顶棚平面图，比例为 1∶50，采用镜像法绘制。

（2）读顶棚平面的装饰造型式样和尺寸、标高。由图可知，吊顶为三层，其标高分别为 3.150m、2.850m、2.800m。图中标注了轴线尺寸和吊顶细部尺寸。吊顶尺寸为第一层 4960mm×3260mm，沿四周各增加 300mm 为第二层尺寸（5560mm×3860mm），第三层长度方向增加 600mm、宽度方向增加 550mm，即长×宽＝6760mm×4960mm。宽度方向的 300mm 为定位尺寸。

（3）根据文字说明，了解顶棚所用的装饰材料及规格。由图可知，该顶棚平面采用轻钢龙骨石膏板造型吊顶，白色乳胶漆饰面，窗帘盒内刷白色漆。

（4）读灯具式样、规格及位置。在吊顶第一层与第二层之间暗藏荧光灯管；在第一层

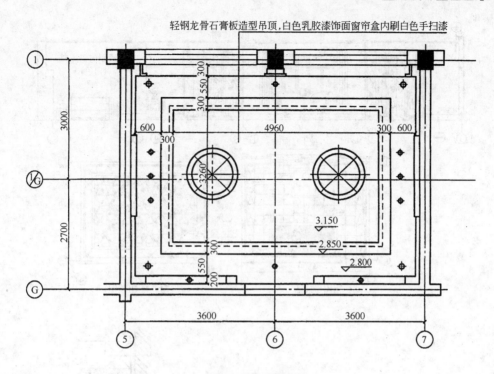

轻钢龙骨石膏板造型吊顶,白色乳胶漆饰面窗帘盒内刷白色手扫漆

餐厅顶棚平面图(镜像)

图 15-6 首层餐厅顶棚平面图(镜像)1:50

顶面安装两盏花式吊灯；在第三层顶面四周安装 4 盏大吸顶灯,同在第三层顶面的前、后、左、右位置共安装了 8 盏小吸顶灯,轴线 G 旁安装 2 盏小吸顶灯。

15.3 室内装饰立面图

15.3.1 室内装饰立面图的图示方法及内容

装饰立面图应按正投影法绘制。室内装饰立面图应包括投影方向可见的室内轮廓线和装饰构造、门窗、构配件、墙面做法、固定家具、灯具、必要的尺寸和标高及需要表达的非固定家具、灯具、装饰物件等(室内立面图的顶棚轮廓线,可根据具体情况只表达吊顶或同时表达吊顶及结构顶棚)。在绘制室内装饰立面图时,常用粗实线绘制外轮廓线,即室内墙面、地面、顶棚等处的轮廓,和细实线绘制室内家具、陈设、壁挂等处的立面轮廓；标注相关轴线、尺寸、标高和文字说明。

室内装饰立面图的形成方法有以下几种。

(1) 假想将室内空间垂直剖开,移去剖切平面前面的部分,作出剩余部分的正投影图。

(2) 设想将室内各墙面沿某个轴线拆开,且依次展开在同一个平面图上,形成各立面的展开图(图 15-7)。这种立面图能将各墙面的装饰效果连贯地展示在人们面前。绘制展开图时,用粗实线绘制连续的墙面外轮廓、面与面转折的阴角线、内墙面、地面、顶棚等处的轮廓,然后用细实线绘制室内家具、陈设、壁挂等的立面轮廓。为了区别墙面位置,在图的两端和阴角处标注与平面图一致的轴线编号,以及标注与之相关的尺寸、标高、两个

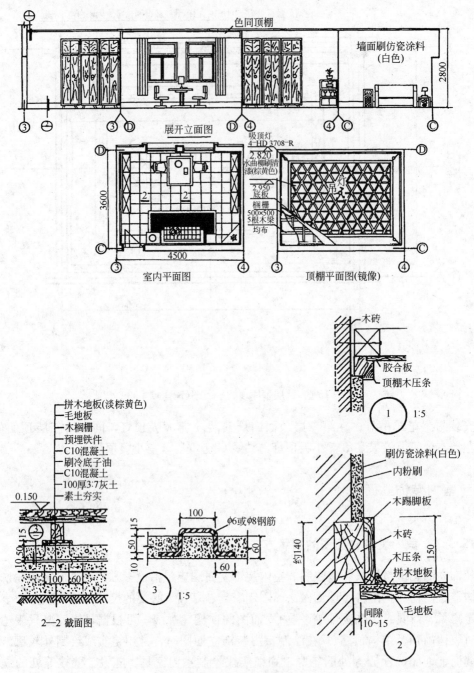

图 15-7 室内装饰图

索引符号和文字说明。

　　此外还画出了顶棚平面图(镜像)。顶棚平面图采用了局部剖面画法,用文字说明了顶棚所用材料、灯具规格、表面颜色等。室内平面图除主要表示室内装饰件的平面布置外,还标注了 2—2 截面图(又称断面图)。其读图方法同建筑施工详图。这样可以让人们了解到室内装饰的整体效果,对室内设计与施工有着重要作用。

　　(3) 在平面上用内视符号注明视点位置及方向,然后单独绘制该方向的立面正投影图,参见图 15-8、图 15-9。这种图示是装饰工程设计中常用的形式。

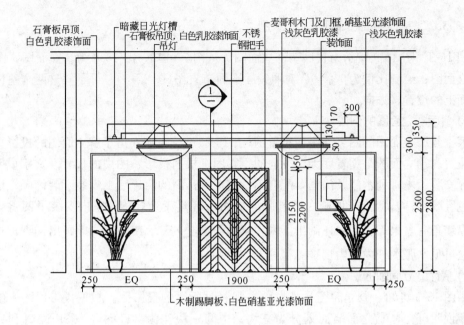

石膏板吊顶, 暗藏日光灯槽 麦哥利木门及门框,硝基亚光漆饰面
白色乳胶漆饰面 石膏板吊顶, 白色乳胶漆饰面 不锈 浅灰色乳胶漆 浅灰色乳胶漆
吊灯 钢把手 装饰面

木制踢脚板、白色硝基亚光漆饰面

Ⓒ立面图

图 15-8 某餐厅装饰立面图

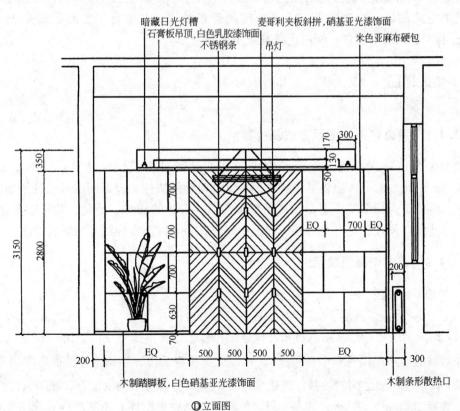

暗藏日光灯槽 麦哥利夹板斜拼,硝基亚光漆饰面
石膏板吊顶,白色乳胶漆饰面 米色亚麻布硬包
不锈钢条 吊灯

木制踏脚板,白色硝基亚光漆饰面 木制条形散热口

Ⓓ立面图

图 15-9 某餐厅装饰立面图

15.3.2 室内装饰立面图识读示例

图 15-8、图 15-9 所示为餐厅装饰立面图。从图名可知，图 15-8 为ⓒ立面图，图 15-9 为ⓓ立面图；绘制比例为 1∶40。对照餐厅平面布置图(图 15-5)，可了解这两个室内立面在平面上的位置、方向。

1) 餐厅ⓒ立面图的识读

根据装饰立面图的图名与平面布置图(图 15-5)进行对照，可了解立面图的投影关系和视点位置。ⓒ立面图是朝餐厅大门方向的投影图。根据投影、图中的尺寸及文字说明，可知餐厅安装了麦哥利木门及门框，配有不锈钢把手；门的两边墙上安装了装饰画；墙壁刷浅灰色乳胶漆；石膏板吊顶刷白色乳胶漆饰面，暗藏荧光灯槽；室内安装了两盏花式吊灯；靠墙角有盆景等。图中还画出了内视索引符号 ⟿ 表示在此部位应画出详细构造，构造做法可见本张图纸内的内视详图符号①。

2) 餐厅ⓓ立面图的识读

由图 15-5 可知，ⓓ立面图是从右向左观看时所得的投影图。根据投影、图中的尺寸及文字说明可知，ⓓ立面墙面划分为三块，中间一块宽为 2000mm，采用麦哥利夹板斜拼，夹板中间每隔 500mm 嵌不锈钢条三条，斜拼板刷硝基亚光漆饰面；两边的装饰相同，采用尺寸为 700mm×700mm 的米色亚麻布硬包拼装饰面，并在米色亚麻布硬包拼装饰面的下方装钉木制踢脚板刷白色硝基亚光漆饰面。餐厅吊顶高度为 3150mm，在顶棚中间位置安装了花式吊灯，在顶棚 2850mm 处暗藏荧光灯槽。在窗台下安装了高 800mm、宽 200mm 的木制条形散热口，刷白色硝基亚光漆饰面。

15.4 装饰详图

15.4.1 装饰详图的图示方法及内容

装饰详图是将在平面、立面图中未表达清楚的部分，以大比例(1∶30、1∶20、1∶10、1∶5、1∶2、1∶1)将其形状、大小、材料和做法按正投影图的画法详细地画出来的图样。装饰节点详图实质上是一种局部放大图，表达的详细、清楚。其特点是比例大、表达详尽清楚，尺寸标记齐全。装饰详图有时也称为装饰节点详图或装饰大样图。

15.4.2 装饰详图识读示例

1) 内墙节点详图

图 15-10 所示为某餐厅内墙节点详图。

(1) 读图名、比例。由图名可知，该详图符号①为在本张图纸内，比例为 1∶5。在图 15-8 中可找到对应的内视索引符号 ⟿ 表示在此部位应画出详细构造，剖视方向朝右。

(2) 读顶棚与墙之间的关系，顶棚采用轻钢龙骨石膏板结构吊顶，靠墙距顶面 300mm 龙骨上铺宽 200mm、厚 9mm 的木夹板，再贴麦哥利夹板贴面，刷硝基产亚光漆饰面，用厚为 12mm、宽为 30mm 的实木线收边。顶棚竖向石膏板刷浅灰色乳胶漆饰面，顶棚石膏板刷白色乳胶漆饰面。

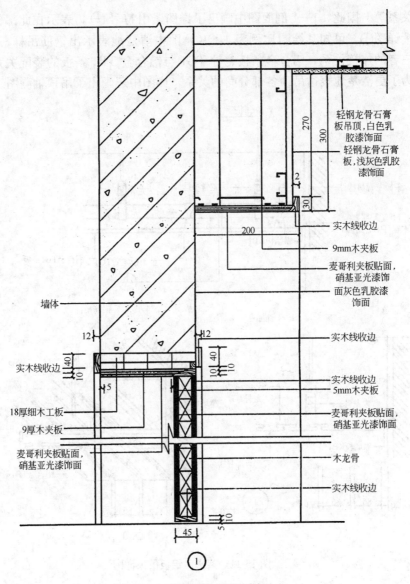

图 15-10 某餐厅内墙节点详图

（3）读门洞与大门框之间的构造关系。由图可知，门洞的下方固定两块与墙同宽、厚18mm 的细木工板，上铺厚 9mm 木夹板面层麦哥利夹板贴面，刷硝基亚光漆饰面，墙的两边分别用厚 12mm、宽 50mm 和 40mm 的实木线收边。

识读内墙节点详图时，除看图名、详图索引符号、图形外，还要把图中的尺寸、文字读清楚，加深对详图的理解（即以文助图），才能把详图中的局部构造、材料、做法、尺寸大小、装饰色彩了解得详细、完整、合理。

2）吊顶详图

图 15-11 所示为某厨房铝板吊顶详图，由三种不同表达方法的图样组成。1—1 剖面图为局部剖视图，按 1：50 绘制；画有吊顶的铝合金条板龙骨 TG1、铝合金 TB1 条板、大龙骨、φ6 钢筋吊杆、吊挂件等主配件的布置图及安装方式图。但由于投影关系，1—1 剖面图中有些细节不能表达清楚，如大龙骨挂件、铝合金条板龙骨 TG1 与铝合金 TB1 条板

的装配关系等。因此，1—1 剖面图中画出了详图索引符号 ，表示在此部位应画出详细构造。读详图①，可知其绘图比例为 1：10，图中清楚地表示出钢筋吊杆、大龙骨挂件、大龙骨三者的连接关系，铝合金条板龙骨 TG1 与铝合金 TB1 条板的装配关系以及各细部尺寸。为了更清楚地表达吊顶各部分间的关系，详图中还画出了吊顶轴测图。

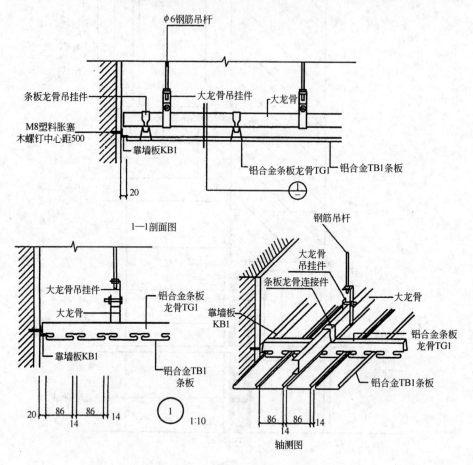

图 15-11　某厨房铝板吊顶详图

3) 透视图在装饰施工图中的应用

在装饰设计中，画出透视图是一项十分重要的工作环节。一般用户并不具备与设计者相同的空间概念、色彩概念，但他们可借助于透视效果图，对设计者所要表现的"东西"有所理解。因此正确画好透视图，在装饰施工中的用途是显而易见的。图 15-12 为室内透视图。

图 15-12　室内透视图

附　图

附图说明

1. 该附图选编的某学生宿舍楼水施工图。该工程为三层砖混结构，建筑面积为 703m²。

2. 附图中包括建筑、结构、给排水和电气照明四个部分，各部分仅选编了一些主要图纸且由于印刷制板原因，图中比例不是原图所标注的比例。

3. 建筑设计和构造作法具有地区性，本学生宿舍楼的构造做法和构配件型号均套用《中南地区通用建筑标准设计》图集。

4. 本附图仅供教学参考用，不能用作施工图使用。

图纸目录

序　号	图 纸 编 号	图 纸 内 容
1	建施 00	总平面图、说明
2	建施 01	一层平面、南立面、1—1 剖面、门窗表
3	建施 02	楼层平面、北立面、西立面、2—2 剖面
4	建施 03	屋顶平面、厕所、盥洗间大样、山墙泛水
5	建施 04	楼梯一、二、三层平面
6	建施 05	楼梯剖面图
7	结施 01	基础平面图
8	结施 02	TGB-1、TGB-2、TGB-3、TL-1、圈梁转角连接大样
9	结施 03	楼面结构布置图、XB、屋面结构布置图、240 墙上圈梁、370 墙上圈梁
10	水施 01	底层给水排水平面、图例、楼层给水排水平面、说明、给水系统轴测图、排水系统轴测图
11	电施 01	电气照明平面图、说明、电气照明系统图、图例

说　明

1. 本工程室内地面标高±0.000 相当于绝对标高64.700，室外地面平整后为64.250。

2. 内外墙均采用MU10机红砖，M5.0混合砂浆砌筑。墙体未注明者均为240砖墙。

3. 内装修：内墙面纸筋石灰粉刷，面刷仿瓷涂料，所有内墙阳角均作2000高护角。盥洗间、厕所均做1500高水泥合度；外墙装修为水刷石。

4. 地面：水泥地面。素土夯实、70厚C10混凝土，20厚1：2水泥砂浆随捣随抹。

5. 楼面：面层同地面、板底同内墙装修。

6. 木门窗一底二底二底调合漆（浅棕色），楼梯栏杆等金属露明部分均刷；防锈漆两度、灰铅油两度。

7. 施工图中除标高以m计外，其余均以mm计。

8. 本图索引均为"中南地区通用标准建筑设计"图集代号。

9. 图中未尽事项均按国家现行有关规范执行。

建施		
学生宿舍楼	图别	
	图号	00
	日期	
总平面图、说明		
（设计单位）		
制图		
设计		
审核		

北

总平面图 1:500

实习场地

学生宿舍

9.00m

13.50

64.15

学生宿舍
64.70 64.25

64.13

娱乐室

晒衣场

60.5

28.00m

65.19

60.20

6.359

6.359

63.15

59.11

总平面图、说明

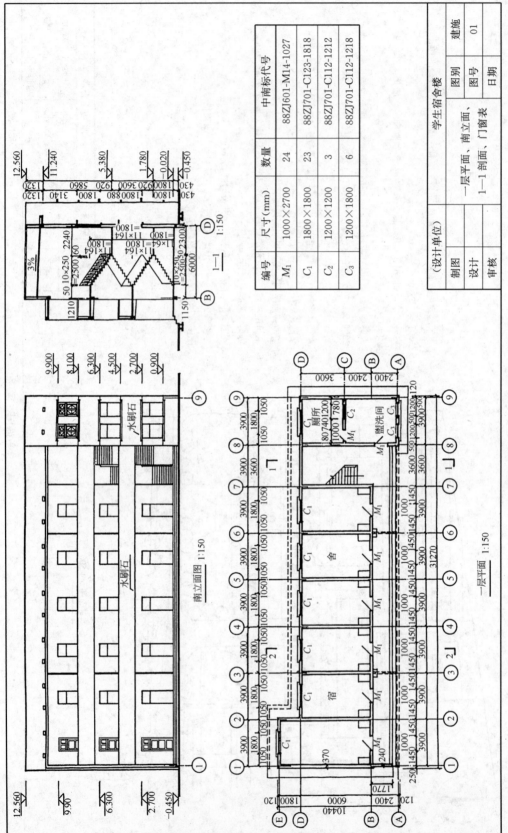

一层平面、南立面、1—1剖面、门窗表

编号	尺寸(mm)	数量	中南标代号
M_1	1000×2700	24	88ZJ601-M14-1027
C_1	1800×1800	23	88ZJ701-C123-1818
C_2	1200×1200	3	88ZJ701-C112-1212
C_3	1200×1800	6	88ZJ701-C112-1218

(设计单位)		学生宿舍楼	图别	建施
制图		一层平面、南立面、	图号	01
设计		1—1剖面、门窗表	日期	
审核				

南立面图 1:150

一层平面 1:150

1—1 1:150

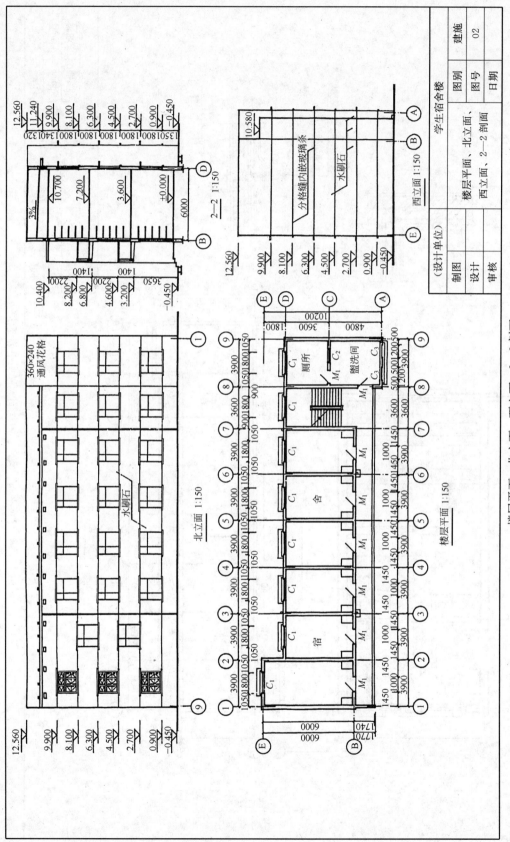

楼层平面、北立面、西立面、2—2剖面

		学生宿舍楼		图别	建施	
				图号		02
		楼层平面、北立面、		日期		
		西立面、2—2剖面				
（设计单位）		制图				
		设计				
		审核				

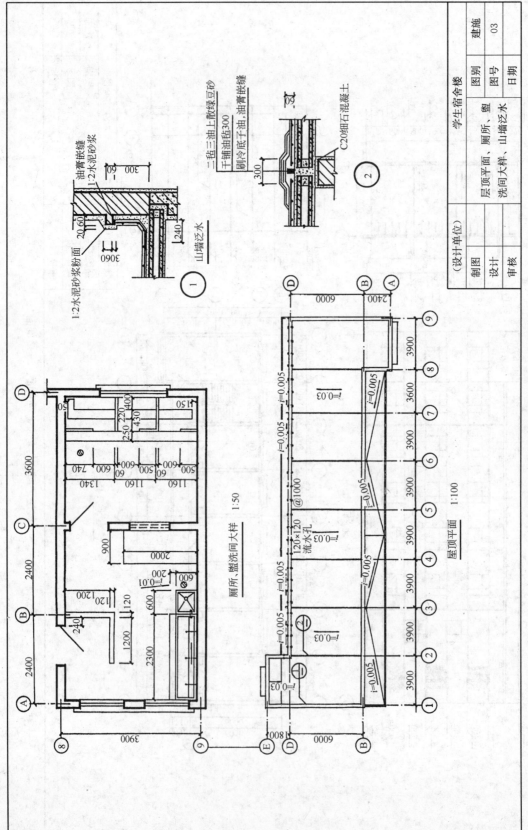

屋顶平面、厕所、盥洗间大样、山墙泛水

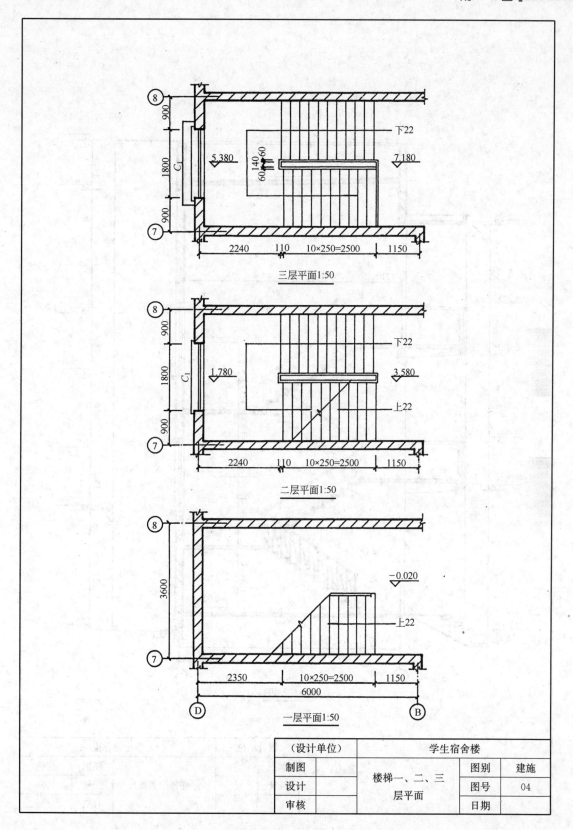

三层平面1:50

二层平面1:50

一层平面1:50

（设计单位）	学生宿舍楼		
制图	楼梯一、二、三层平面	图别	建施
设计		图号	04
审核		日期	

楼梯一、二、三层平面

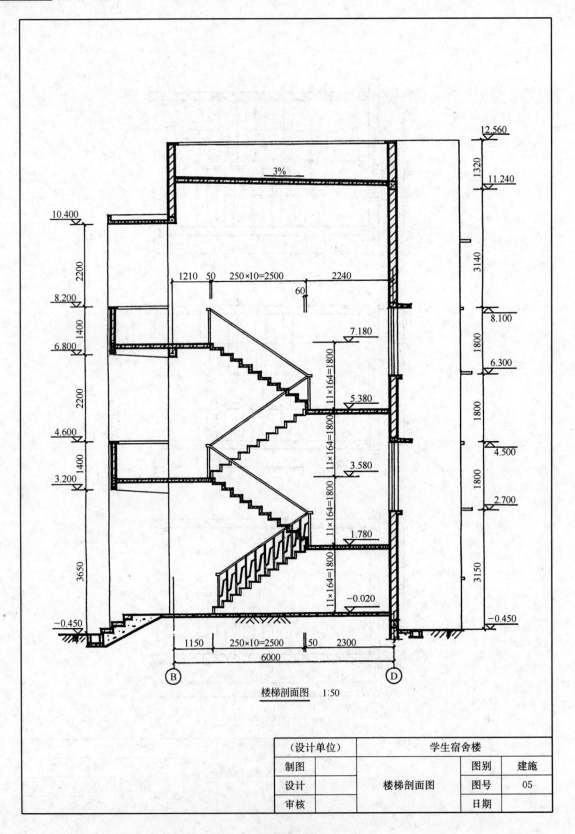

楼梯剖面图 1:50

（设计单位）		学生宿舍楼		
制图			图别	建施
设计		楼梯剖面图	图号	05
审核			日期	

楼梯剖面图

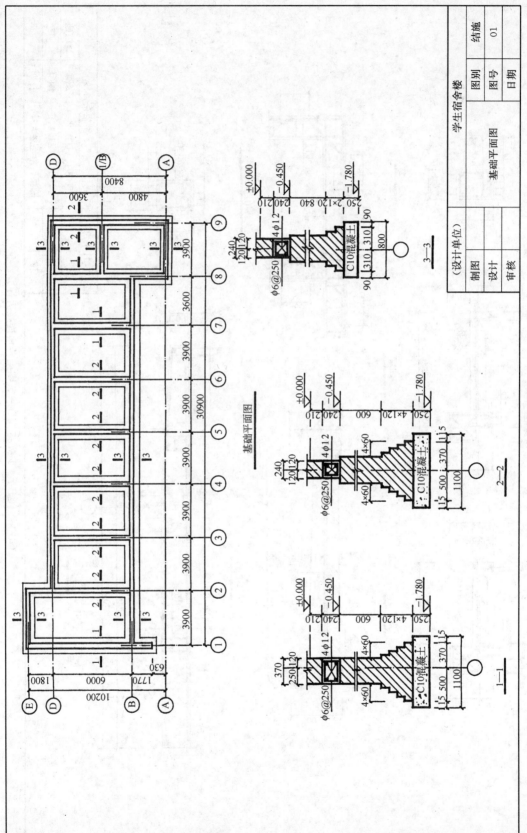

基础平面图

2—2

1—1

3—3

基础平面图

学生宿舍楼

基础平面图

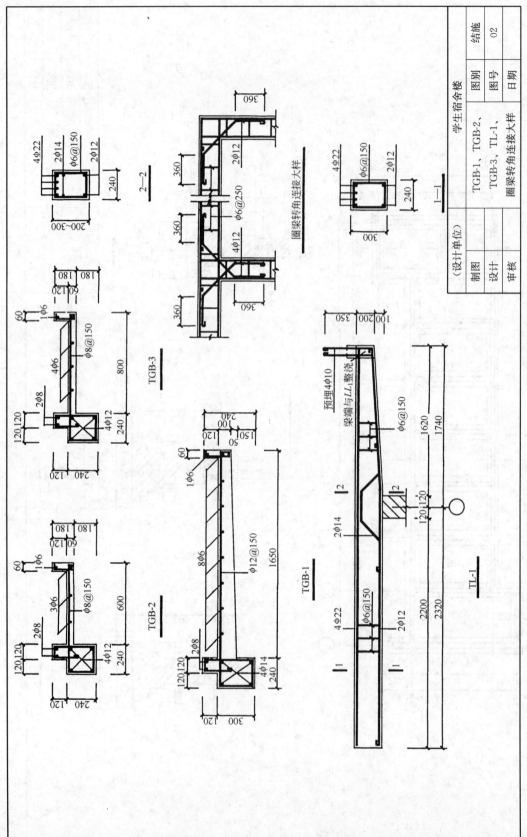

TGB-1、TGB-2、TGB-3、TL-1、圈梁转角连接大样

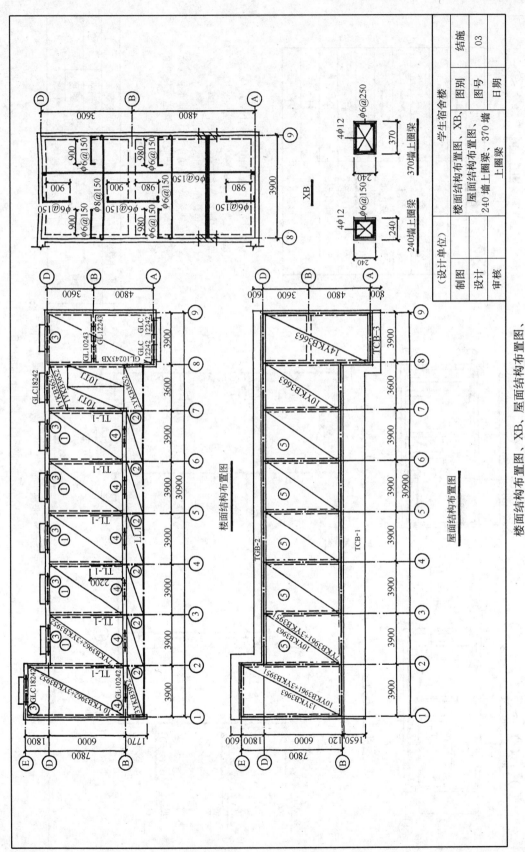

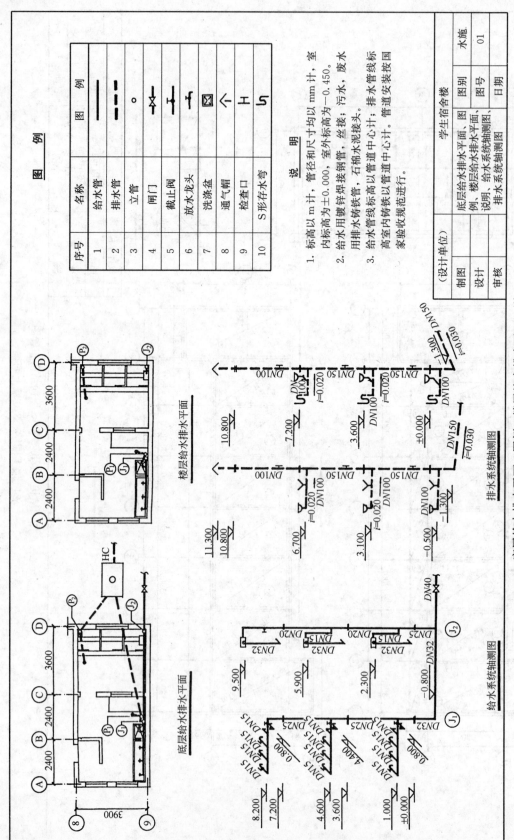

图　例

序号	名称	图　例
1	给水管	
2	排水管	
3	立管	
4	闸门	
5	截止阀	
6	放水龙头	
7	洗涤盆	
8	通气帽	
9	检查口	
10	S形存水弯	

说　明

1. 标高以 m 计，管径和尺寸均以 mm 计，室内标高为±0.000，室外标高为−0.450。

2. 给水用镀锌焊接钢管，丝接；污水、废水用排水铸铁管，石棉水泥接头。

3. 给水管线标高以管道中心计；排水管线标高室内转铁以管道中心计。管道安装按国家验收规范进行。

学生宿舍楼		图别	水施
底层给水排水平面、图例、楼层给水排水平面、说明、给水系统轴测图、排水系统轴测图		图号	01
		日期	

（设计单位）	制图			
	设计			
	审核			

楼层给水排水平面

底层给水排水平面

排水系统轴测图

给水系统轴测图

底层给水排水平面、图例、楼层给水排水平面、说
明、给水系统轴测图、排水系统轴测图

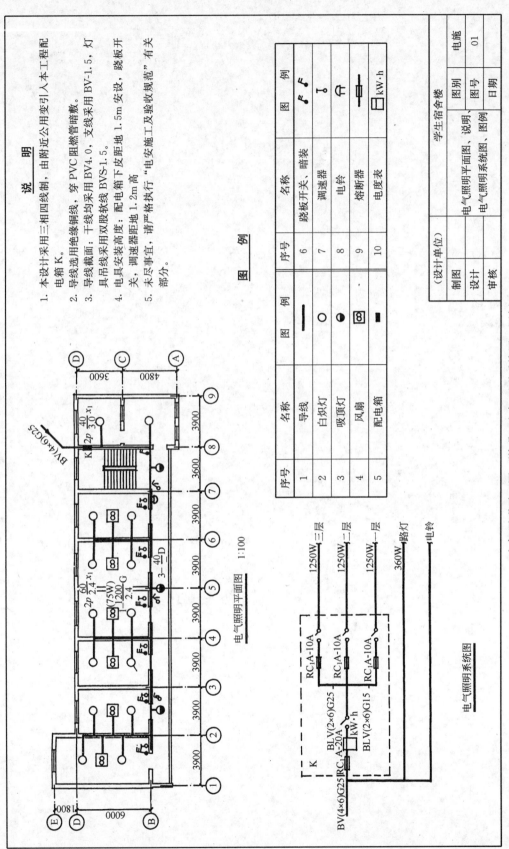

说 明

1. 本设计采用三相四线制，由附近公用变引入本工程配电箱 K。
2. 导线选用绝缘铜线，穿 PVC 阻燃管暗敷。
3. 导线截面：干线均采用 BV4.0，支线采用 BV-1.5，灯具吊线采用双股软线 BVS-1.5。
4. 电具安装高度：配电箱下皮距地 1.5m 安设、跷板开关，调速器距地 1.2m 高。
5. 未尽事宜，请严格执行"电安施工及验收规范"有关部分。

图 例

序号	名称	图 例
1	导线	——
2	白炽灯	○
3	吸顶灯	◐
4	风扇	⊠
5	配电箱	▬

序号	名称	图 例
6	跷板开关，暗装	⸝ F
7	调速器	⅃
8	电铃	⌂
9	熔断器	▭
10	电度表	⊟ kW·h

（设计单位）	学生宿舍楼	图别	电施
制图	电气照明平面图、说明、	图号	01
设计	电气照明系统图、图例		
审核		日期	

电气照明平面图 1:100

电气照明系统图

电气照明平面图、说明、电气照明系统图、图例

附　表

常用建筑材料图例 附表1

序号	名 称	图 例	说 明
1	自然土壤		包括各种自然土壤
2	夯实土		
3	砂、灰土		靠近轮廓线绘较密的点
4	砂砾石、碎砖三合土	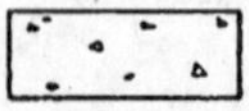	
5	毛石		
6	普通砖		包括实心砖、多孔砖、砌块等砌体。断面较窄不易绘出图例线时，可涂红
7	空心砖		指非承重砖砌体
8	饰面砖		包括铺地砖、陶瓷锦砖、人造大理石等
9	混凝土		1. 本图例指能承重的混凝土及钢筋混凝土 2. 包括各种强度等级、骨料、外加剂的混凝土
10	钢筋混凝土		3. 在剖面图上画出钢筋时，不画图例线 4. 断面图形小，不易画出图例线时，蛭石制品等
11	多孔材料		包括水泥珍珠岩、沥青珍珠岩、泡沫混凝土、非承重加气混凝土、软木、蛭石制品等
12	纤维材料	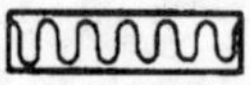	包括矿棉、岩棉、玻璃棉、麻丝、木丝板、纤维板等
13	木材	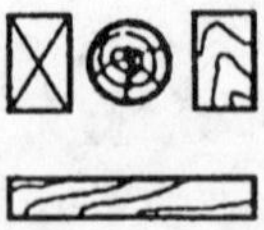	1. 上图为横断面，上左图为垫木、木砖或木龙骨 2. 下图为纵断面

建筑构造与配件图例　　　　　　　　　　　　　　　　　附表 2

序号	名　　称	图　　例	说　　明
1	墙体		应加注文字或填充图例表示墙体材料，在项目设计图纸说明中列材料图例表给予说明
2	隔断		1. 包括板条抹灰、木制、石膏板、金属材料等隔断 2. 适用于到顶与不到顶隔断
3	栏杆		
4	楼梯	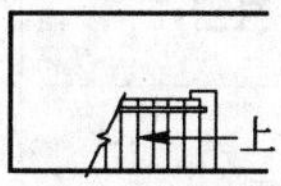 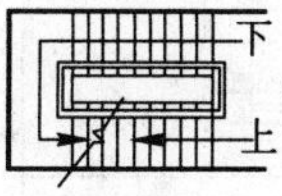 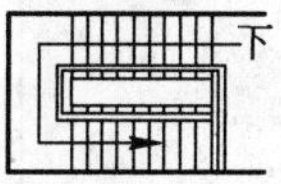	1. 上图为底层楼梯平面，中图为中间层楼梯平面，下图为顶层楼梯平面 2. 楼梯及栏杆扶手的形式和楼梯踏步数应按实际情况绘制
5	坡道	 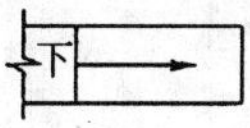	
6	检查孔		左图为可见检查孔 右图为不可见检查孔
7	孔洞		阴影部分可以涂色代替
8	坑槽		
9	墙顶留洞	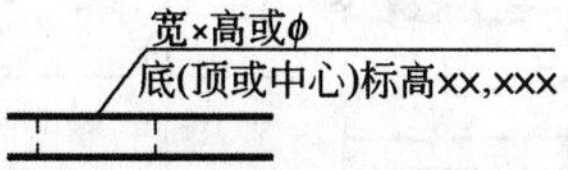 宽×高或φ 底(顶或中心)标高××,×××	1. 以洞中心或洞边定位 2. 宜以涂色区别墙体和留洞位置
10	墙预留洞	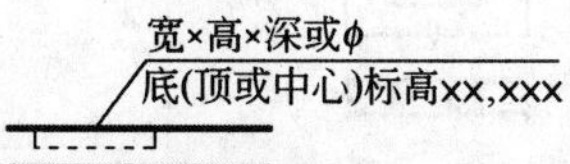 宽×高×深或φ 底(顶或中心)标高××,×××	

序号	名　称	图　例	说　明
11	烟道		1. 阴影部分可以涂色代替 2. 烟道与墙体为同一材料，其相接处墙身线应断开
12	通风道		
13	新建的墙和窗		1. 本图以小型砌块为图例，绘图时应按所用材料的图例绘制，不易以图例绘制的，可在墙面上以文字或代号注明 2. 小比例绘图时平、剖面窗线可用单粗实线表示
14	改建时保留的原有墙		
15	应拆除的墙		
16	在原有墙或楼板上新开的洞		
17	在原有洞旁扩大的洞		
18	在原有墙或楼板上全部填塞的洞		
19	在原有墙或楼板上局部填塞的洞		

序号	名　称	图　例	说　明
20	空门洞	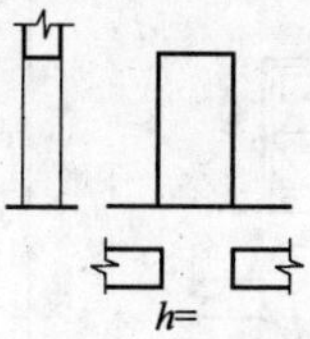	h 为门洞高度
21	单扇门（包括平开或单面弹簧）	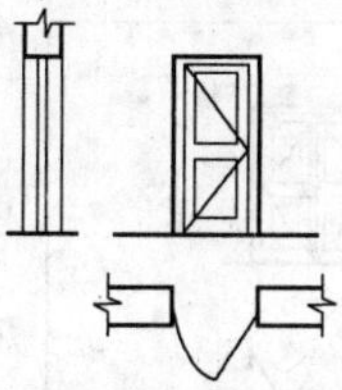	
22	双扇门（包括平开或单面弹簧）	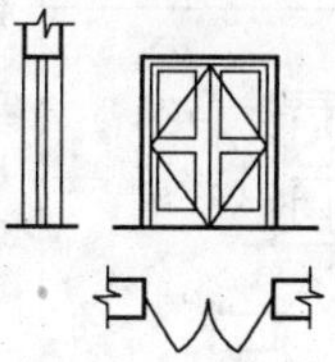	1. 门的名称代号用 M 2. 图例中剖面图左为外、右为内，平面图下为外、上为内 3. 立面图上开启方向线交角的一侧为安装合页的一侧，实线为外开，虚线为内开 4. 平面图上门线应 90°或 45°开启，开启弧线宜绘出 5. 立面图上的开启线在一般设计图中可不表示，在详图及室内设计图上应表示 6. 立面形式应按实际情况绘制
23	对开折叠门	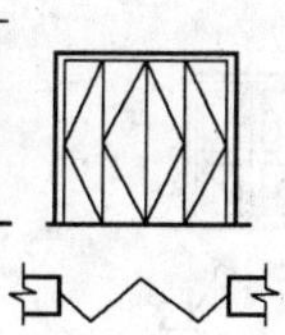	
24	墙外单扇推拉门	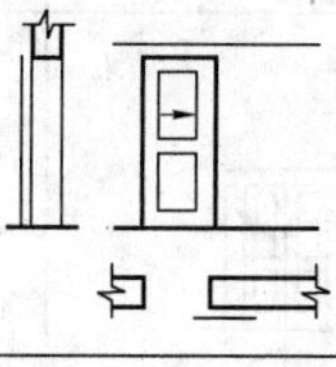	
25	墙外双扇推拉门	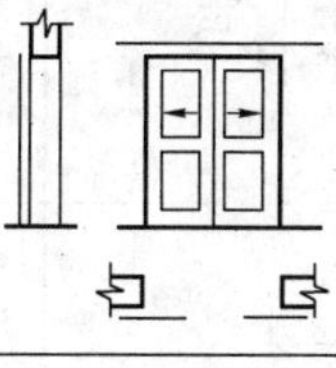	1. 门的名称代号用 M 2. 图例中剖面图左为外、右为内，平面图下为外、上为内 3. 立面形式应按实际情况绘制
26	墙中单扇推拉门	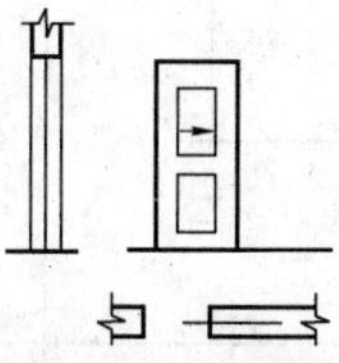	
27	墙中双扇推拉门	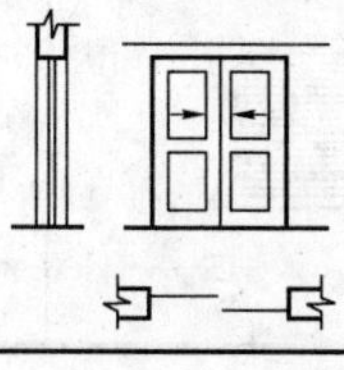	

序号	名　称	图　例	说　明
28	单扇双面弹簧门	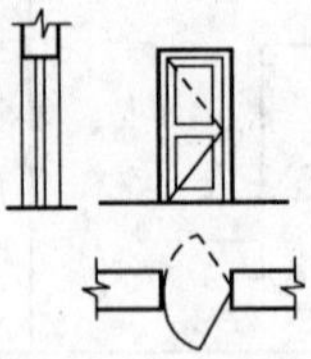	
29	双扇双面弹簧门	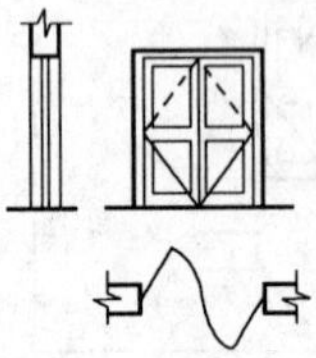	1. 门的名称代 45°开启，开启弧线宜绘出 号用 M 2. 图例中剖面图左为外、右为内，平面图下为外、上为内 3. 立面图上开启方向线交角的一侧为安装合页的一侧，实线为外开，虚线为内开 4. 平面图上门线应 90°或 45°开启，开启弧线宜绘出 5. 立面图上的开启线在一般设计图中可不表示，在详图及室内设计图上应表示 6. 立面形式应按实际情况绘制
30	单扇内外开双层门（包括平开或单面弹簧）	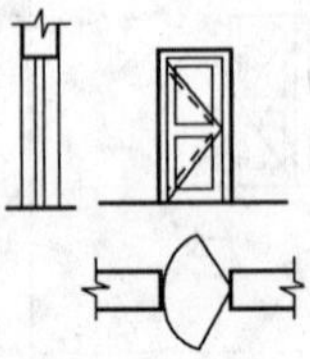	
31	双扇内外开双层门（包括平开或单面弹簧）	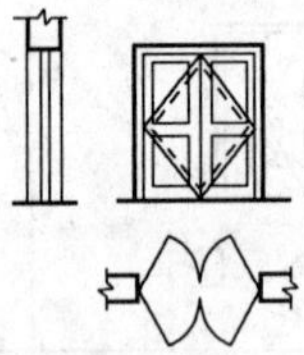	
32	转门	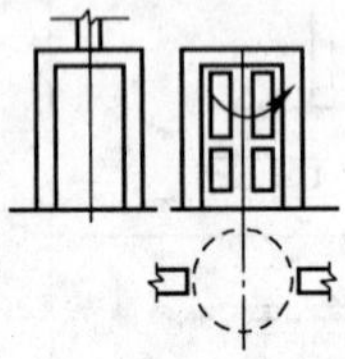	1. 门的名称代号用 M 2. 图例中剖面图左为外、右为内，平面图下为外、上为内 3. 平面图上门线应 90°或 45°开启，开启弧线宜绘出 4. 立面图上的开启线在一般设计图中可不表示，在详图及室内设计图上应表示 5. 立面形式应按实际情况绘制
33	折叠上翻门	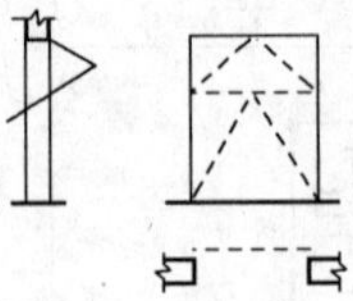	1. 门的名称代号用 M 2. 图例中剖面图左为外、右为内，平面图下为外、上为内 3. 立面图上开启方向线交角的一侧为安装合页的一侧，实线为外开，虚线为内开 4. 立面形式应按实际情况绘制 5. 立面图上的开启线设计图中应表示
34	竖向卷帘门	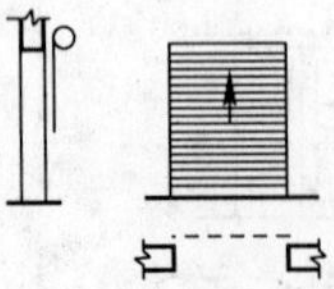	1. 门的名称代号用 M 2. 图例中剖面图左为外、右为内，平面图下为外、上为内 3. 立面形式应按实际情况绘制

续表

序号	名　称	图　例	说　明
35	提升门	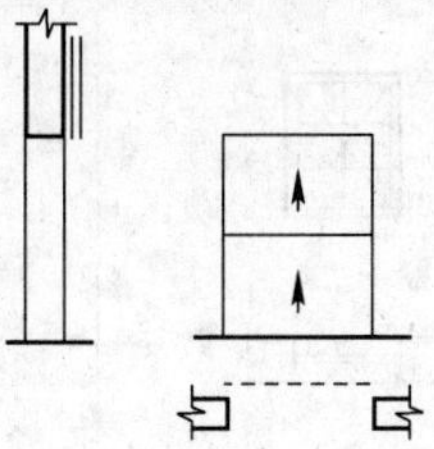	1. 门的名称代号用 M 2. 图例中剖面图左为外、右为内，平面图下为外、上为内 3. 立面形式应按实际情况绘制
36	单层固定窗		
37	单层外开上悬窗	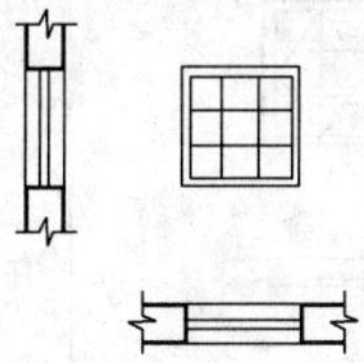	1. 窗的名称代号用 C 表示 2. 立面图中的斜线表示窗的开启方向，实线为外开，虚线为内开；开启方向线交角的一侧为安装合页的一侧，一般设计图中可不表示 3. 图例中，剖面所示左为外，右为内，平面图所示下为外，上为内 4. 平面图和剖面图上的虚线仅说明说明开关方式，在设计图中不需表示 5. 窗的立面形式应按实际绘制 6. 小比例绘图时平、剖面的窗线可用单粗实线表示
38	单层中悬窗		
39	单层内开下悬窗		
40	单层外开平开窗		

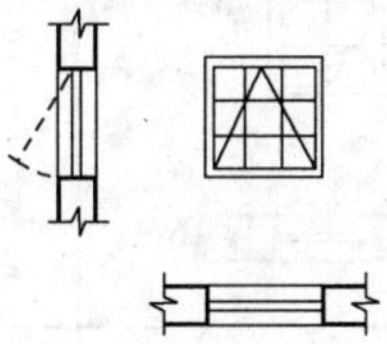

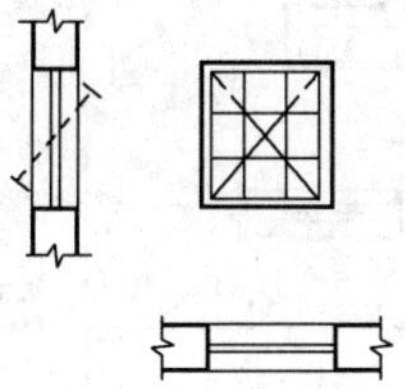

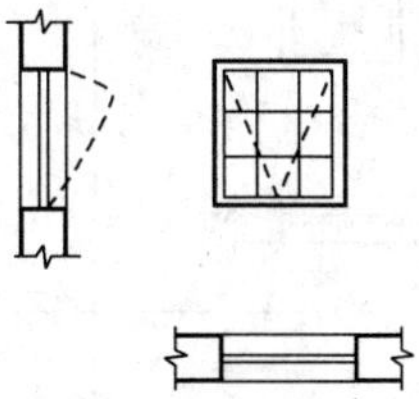

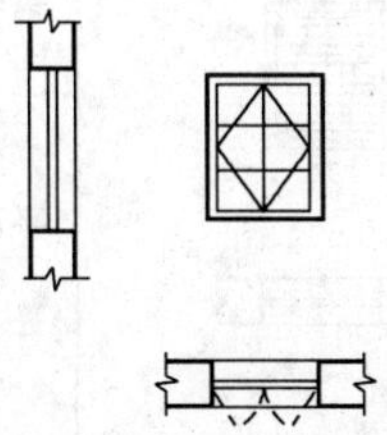

序号	名 称	图 例	说 明
41	立转窗	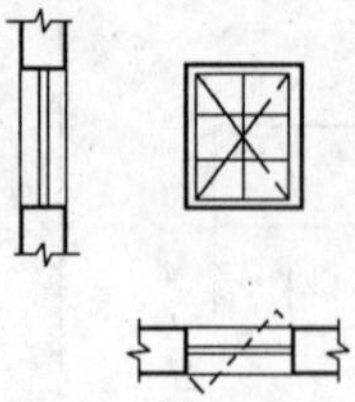	1. 窗的名称代号用C表示 2. 立面图中的斜线表示窗的开启方向，实线为外开，虚线为内开；开启方向线交角的一侧为安装合页的一侧，一般设计图中可不表示 3. 图例中，剖面所示左为外，右为内，平面图所示下为外，上为内 4. 平面图和剖面图上的虚线仅说明说明开关方式，在设计图中不需表示 5. 窗的立面形式应按实际绘制 6. 小比例绘图时平、剖面的窗线可用单粗实线表示
42	单层内开平开窗		
43	双层内开平开窗		
44	推拉窗	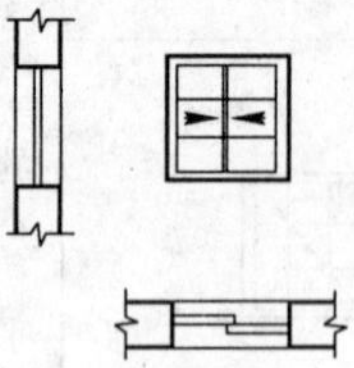	1. 窗的名称代号用C表示 2. 图例中，剖面所示左为外，右为内，平面图所示下为外，上为内 3. 窗的立面形式应按实际绘制 4. 小比例绘图时平、剖面的窗线可用单粗实线表示
45	上推窗		
46	百叶窗	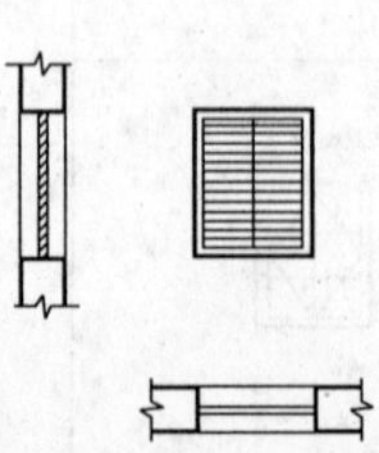	1. 窗的名称代号用C表示 2. 立面图中的斜线表示窗的开启方向，实线为外开，虚线为内开；开启方向线交角的一侧为安装合页的一侧，一般设计图中可不表示 3. 图例中，剖面所示左为外，右为内，平面图所示下为外，上为内 4. 平面图和剖面图上的虚线仅说明说明开关方式，在设计图中不需表示 5. 窗的立面形式应按实际绘制

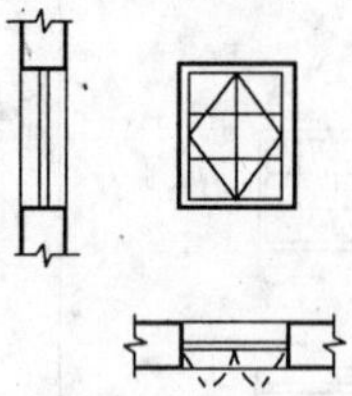

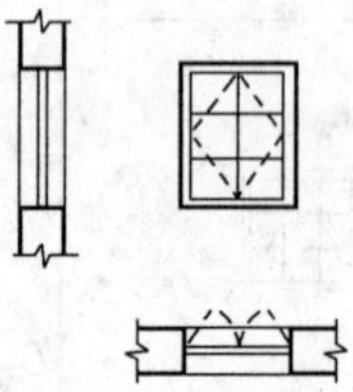

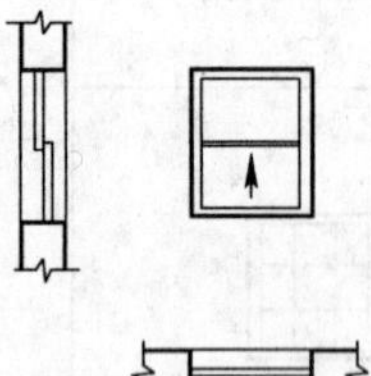

总平面图例

序号	名　称	图　例	说　明
1	新建建筑物	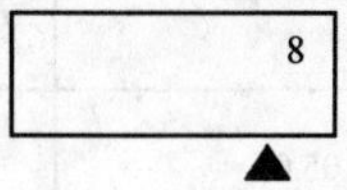 8 ▲	1. 需要时，可用▲表示出入口，可在图形内右上角用点数或数字表示层数 2. 建筑物外形（一般以±0.00高度处的外墙定位轴线或外墙面线为准）用粗实线表示。需要时，地面以上建筑用中粗实线表示，地面以下建筑用细虚线表示
2	原有建筑物	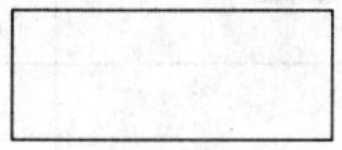	用细实线表示
3	计划扩建的预留地或建筑物		用中粗虚线表示
4	拆除的建筑物	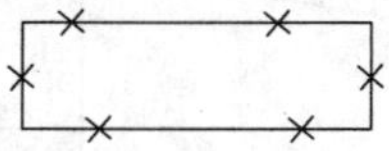	用细实线表示
5	建筑物下面的通道	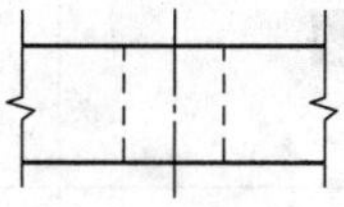	
6	铺砌场地	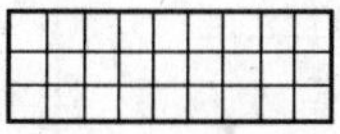	
7	敞棚或敞廊	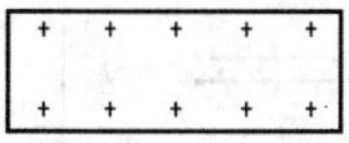	
8	烟囱		实线为烟囱下部直径，虚线为基础，必要时可注写烟囱高度和上、下口直径
9	围墙及大门	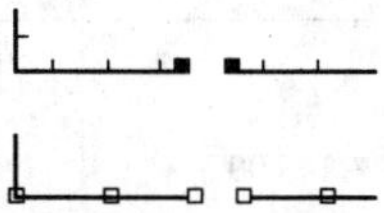	上图为实体性质的围墙，下图为通透性质的围墙，若仅表示围墙时不画大门
10	水池、地槽		可以不涂黑
11	挡土墙 挡土墙上设围墙		被挡土在"突出"的一侧

续表

序号	名 称	图 例	说 明
12	台阶	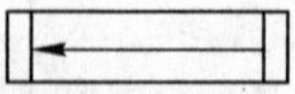	箭头指向表示向下
13	坐标	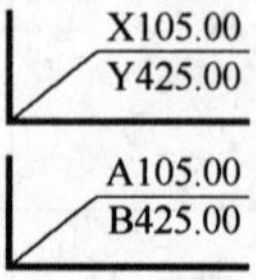 X105.00 Y425.00 A105.00 B425.00	上图表示测量坐标 下图表示建筑坐标
14	填挖边坡	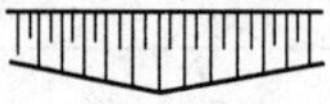	1. 边坡较长时，可在一端或两端局部表示 2. 下边线为虚线时表示填方
15	护坡	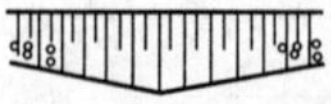	
16	雨水井		
17	消火栓井		
18	拦水(闸)坝	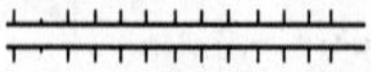	
19	室内标高	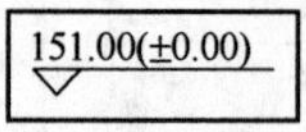 151.00(±0.00)	
20	室外标高	●143.00 ▼ 143.00	室外标高也可采用等高线表示
21	新建的道路	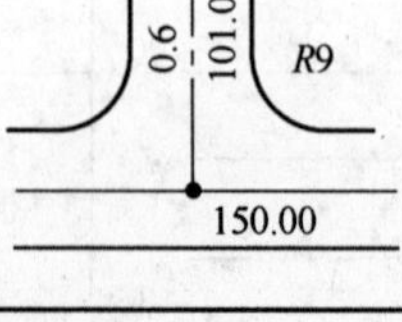 0.6 101.00 R9 150.00	"R9"表示道路转弯半径为 9m，"150.00"为路面中心控制点标高，"0.6"表示 0.6%的纵向坡度，"101.00"表示变坡点间距离

序号	名　称	图　例	说　明
22	原有的道路	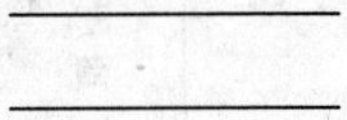	
23	计划扩建道路		
24	拆除的道路	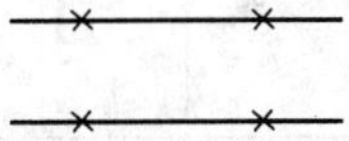	
25	人行道	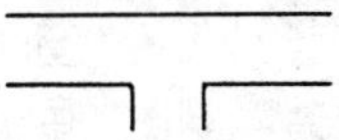	
26	桥梁	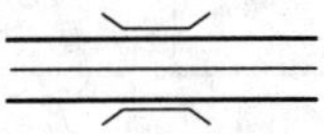 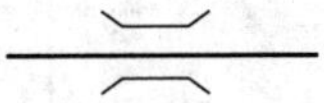	1. 上图为公路桥，下图为铁路桥 2. 用于旱桥时应注明
27	常绿阔叶乔木	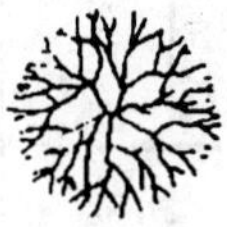	
28	草地	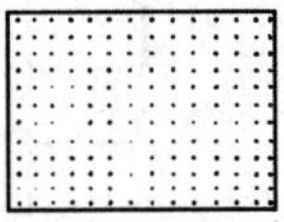	
29	花坛	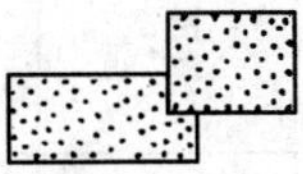	

给水排水图例 　　　　　　　　　　　　　　　　　　　附表 4

序号	名　称	图　例	说　明
1	管道	—— J —— —— F —— —— Y —— —— W ——	
2	管道立管	XL-1 平面　　系统	X: 管道类别 L: 立管 1: 编号
3	管道交叉		在下方和后面的 管道应断开
4	四通连接		
5	多孔管		

序号	名　称	图　例	说　明
6	排水明沟	坡向	
7	弯折管		表示管道向后及向 下弯转 90°
8	存水弯		
9	通气帽	成品　铅丝球	
10	圆形地漏	平面	通用。如为无水 封，地漏应加存水弯
11	排水漏斗	系统	
12	截止阀	DN>50　　DN<50	
13	止回阀		

续表

序号	名　称	图　例	说　明
14	放水龙头		左侧为平面，右侧为系统
15	室外消火栓		
16	室内消火栓（单口）	平面　系统	白色为开启面
17	台式洗脸盆		
18	带沥水板洗涤盆		不锈钢制品
19	盥洗槽		
20	污水池		
21	浴盆		
22	小便器		左图为立式小便器，右图为壁挂式小便器
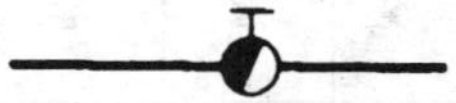 23	大便器	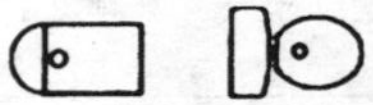	左图为蹲式大便器，右图为坐式大便器
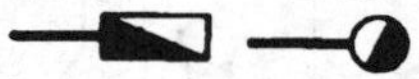 24	淋浴喷头	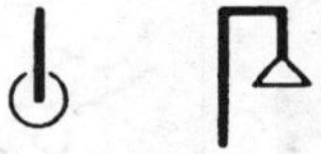	
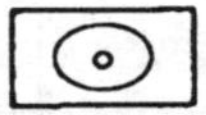 25	矩形化粪池	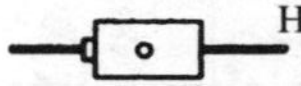 HC	HC为化粪池代号
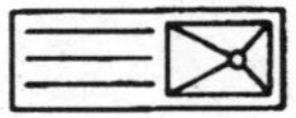 26	沉淀池	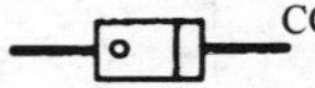 CC	CC为沉淀池代号
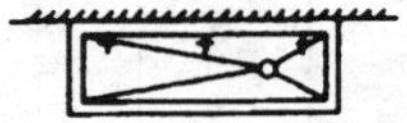 27	雨水口	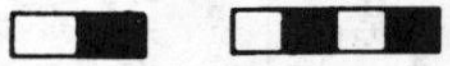	左图为单口，右图为双口
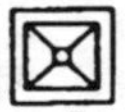 28	阀门井 检查井	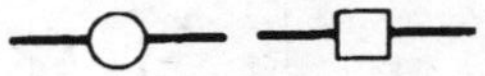	
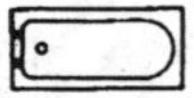 29	水表井	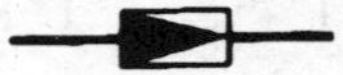	

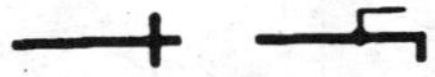

常见室内电气照明图图例

图 例	名 称	图 例	名 称
	电力配电箱(盘)		暗装单相二极插座
	照明配电箱(盘)		暗装单相三极插座(带接地)
	三根导线		暗装三相四极防脱锁紧型插座(带接地)
	五根导线		具有指示灯的开关
	接地一般符号		单极拉线开关
	熔断器一般符号		双极开关
	灯具一般符号		单极开关(跷板式开关,250V-6A)
			暗装单极开关(跷板式开关,250V-6A)
	花灯	向上配线 向下配线 垂直通过配线	管线引向符号
	投光灯		具有保护线和中性线的三相配线
	双管荧光灯		调光器
	三管荧光灯		断路器
	明装单相二极插座		负荷开关(负荷隔离开关)
	明装单相三极插座	Wh	带指示灯的开关
	明装三相四极插座		电铃开关
	暗装三相四极插座		风扇一般符号

采暖通风工程图例　　　　　　　　　　　　　　　　　　　附表6

序号	名　称	图　例	说　明
1	管道	——R—— ——P——	用汉语拼音表示管类别
2	供水(汽)管采暖 回(凝结)水管		用图例表示管道类别
3	绝热管		
4	金属软管		也可表示为：—·—
5	补偿器		也称"伸缩器"
6	套管补偿器		
7	矩形补偿器		
8	波纹管补偿器		
9	丝堵		也可表示为：—·—·—
10	坡度及坡向	$i=0.003$ 或 　$i=0.003$	坡度数值不宜与管道起、止点标高同时标注，标注位置同管径标注位置
11	介质流向	→ 或 ⇨	在管道断开处时，流向符号宜标注在管道中心线上，其余可同管径标注位置
12	固定支架		
13	阀门(通用)、截止阀		1. 没有说明时，表示螺纹连接 法兰连接时—▷◁— 焊接时—▷◁— 2. 轴测图画法 阀杆为垂直 阀杆为水平
	闸阀		
	手动调节阀		
14	球阀、转心阀		

序号	名　称	图　例	说　明
15	止回阀	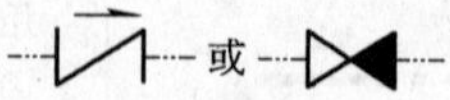 ▷─ 或 ─◀	左图为通用，右图为升降式止回阀，流向同左。其余同阀门类类推
16	安全阀		左图为通用，中为弹簧安全阀，右为重锤安全阀
17	减压阀	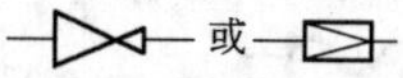 ◁─ 或 ─▷	左图小三角为高压端，右图右侧为高压端。其余同阀门类推
18	平衡阀	 ─▷◁─	
19	节流阀	 ─▷◁─	
20	自动排气阀		
21	疏水阀	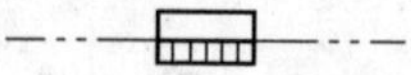 ─▭─	在不致引起误解时，也可用  ─●─ 表示　也称"疏水器"
22	膨胀阀	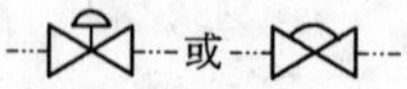 ▷◁ 或 ▷◁	也称"隔膜阀"
23	散热器及手动放气阀	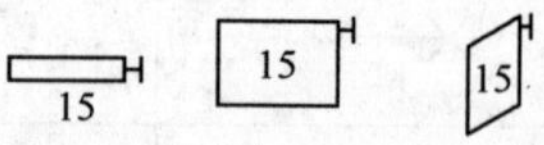 15　　15　　15	左为平面图画法，中为剖面图画法，右为系统图、Y轴测图画法
24	集气罐、排气装置	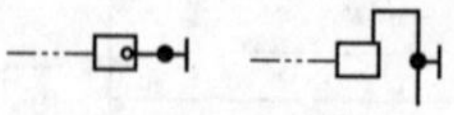	左图为平面图
25	除污器（过滤器）	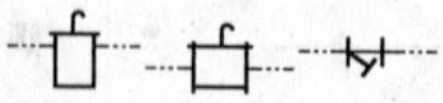	左为立式除污器，中为卧式除污器，右为Y形过滤器
26	空气加热、冷却器		左、中分别为单加热、单冷却，右为双功能换热装置

序号	名　称	图　例	说　明
27	散热器及控制阀		左为平面图画法，右为剖面图画法
28	水泵		
29	风机盘管		可标注型号：如： FP5
30	消声器消声弯管		也可表示为：
31	插板阀		
32	防火阀	70℃	表示 70℃ 动作的常开阀。若因图面小，可 70℃常开 表示为：
33	散流器		左为矩形散流器，右为圆形散流器。散流器为可见时，虚线改为实线
34	温度计	T　或	左为圆盘式温度表，右为管式温度计
35	压力表	或	
36	流量计	FM　或	

参 考 文 献

1. 南京建筑工程学院. 黑龙江省建筑工程学校合编. 建筑制图. 北京：高等教育出版社，1982.

2. 清华大学建筑系制图组编. 建筑制图与识图. 北京：中国建筑工业出版社，1982.

3. 朱福熙主编. 建筑制图. 北京：高等教育出版社，1982.

4. 张宝贵编. 工程制图. 北京：中国建筑工业出版社，1987.

5. 孙天杰主编. 工程制图. 天津：天津大学出版社，1991.

6. 许松照编. 画法几何与阴影透视. 北京：中国建筑工业出版社，1981.

7. 黄钟琏编著. 建筑阴影和透视. 上海：同济大学出版社，1989.

8. 王仁求，黄思远编著. 建筑透视及阴影. 北京：冶金工业出版社，1988.

9. 谢培青主编. 建筑阴影与透视. 哈尔滨：黑龙江科学技术出版社，1985.

10. 邓德全，邹永廉，林划政编. 房屋建筑测量. 长沙：湖南科学技术出版社，1986.

11. 李世林，宋英华编. 大比例尺地形图绘制. 北京：测绘出版社，1987.

12. 徐化玉编著. 侯君伟审校. 建筑饰面施工技术. 北京：中国建筑工业出版社，1988.

13. 史春珊主编. 孙清军，董冰编写. 建筑装饰工程施工工艺. 沈阳：辽宁科学技术出版社，1989.

14. 中国建筑装饰协会信息部. 中国建筑装饰协会信息咨询委员会编. 家庭装饰装修行业技术标准规范汇编. 北京：中国建筑工业出版社，2004.

15. 国家测绘局，国家测绘局测绘标准化研究所编. 测绘标准汇编. 北京：中国标准出版社，2003.

16. 邹明，王忠雅编. 现代家居设计实例图集. 北京：机械工业出版社，2006.

全国建设行业中等职业教育规划推荐教材

建筑制图与阴影透视习题集

（第二版）

（建筑设计技术 城镇建设 建筑装饰技术专业适用）

谭伟建 主编

雷克见 吴赳 编

刘小聪 李敏

郝俊 主审

中国建筑工业出版社

本书主要介绍了正投影、平面体、曲面体、组合体、轴测图、阴影及透视图等的基本理论和作图方法；地形图的画法和识读与构图；建筑施工图、结构施工图、室内设备施工图的画法及应用。结合目前的实际需要，还着重介绍了室内装饰施工图，包括装饰平面图、立面图、剖面图、大样图、室内效果图的画法及应用等。本书习题集选编了制图基本知识（字体、线型练习、徒手作图）、投影作图、专业制图等部分内容，每部分内容编有少量较难的习题。作为提高选做题，本书适合中等职业教育建筑设计技术、建筑装饰技术专业教学使用，以及二级注册建筑师考试考生复习使用。

第 二 版 前 言

本教材由原建设部中等专业学校建筑与城镇规划专业指导委员会组织编写，推荐出版，其中《建筑制图与阴影透视》和《建筑制图与阴影透视习题集》中等专业学校系列教材。

《建筑制图与阴影透视习题集》第二版修订是在第一版的基础上，考虑到各校使用本制图教材第一版于1997年6月由中国建筑工业出版社出版。

教材的连续性，与第一版教材配套做的教学模型、教学挂图、多媒体课件的可用性，除增加了一套室内装饰施工图的阅读实例和调整了少量的习题外，对第一版教材习题的体系，内容没有作大的更改，并保留本书第一版的特点。

《建筑制图与阴影透视习题集》第二版由湖南省城建职业技术学院谭伟建、雷克见、吴越、刘小聪、季敏合编，原四川省建筑工程学校高级讲师谭俊主审。

修订过程中得到中南大学周刃荒（国家一级注册建筑师、一级注册结构工程师），湘潭大学李应明（副教授），湖南大学谭征宇（博士）的指导与帮助，第二版习题集引用的三室二厅室内装饰实例来自《现代家居设计实例图集》（见《建筑制图与阴影透视》参考文献），在此一并表示衷心的感谢。

由于编者水平有限，在修订中存在的疏漏之处，诚望读者批评、指正。

编者

2008 年 6 月

第一版前言

本习题集是与湖南省建筑学校编写的《建筑制图与阴影透视》教材配套使用。在编写过程中注意了以下几个方面：

1. 本着从专业特点出发，贯彻"少讲多练"的原则。习题集选编了制图基本知识、投影作图和专业制图几部分内容。

2. 在习题集内容编写上，力求符合认识发展规律，采取由浅入深、读画结合、多次反复、循序渐进的方法。习题中增加了立体图的数量，又编写了曲线与曲面等习题内容，进而扩展思路，以利培养分析问题和解决问题的能力。

3. 在完成一定数量习题练习的基础上，还应完成相当于12～16张A₃幅面的仪器图（包括铅笔图和描图），以便加强基本技能的训练。

4. 专业制图中的建筑施工与结构施工图，现采用的标准图集代号为中南地区通用建筑标准设计。因此，教学中应结合各学校的具体情况和教学需要作适当补充。

本习题集由谭伟建主编，由四川省建筑工程学校高级讲师都俊审定。参加编写的有刘小聪（辅测投影、部分阴影，建筑施工图）、季敏（字体练习、线型练习、徒手作图，部分体的投影）、谭伟建（其余习题）。肖欣荣、许兴伟参加了部分描图工作。

在编写过程中，除参考了配套教材所列有的参考书目外，还参考了乐荷卿主编的《建筑制图习题集》（高教出版社，1992年）、南京建筑工程学院编的《建筑制图习题集》（高教出版社，1985年）、彭明霞主编的《建筑阴影透视习题集》（湖南大学出版社，1987年）等，同时得到了湖南省建筑学校的大力支持与帮助，编者在此表示衷心的感谢。

由于编者水平有限，习题集如有错漏之处，请读者批评指正。

出 版 说 明

为适应全国建设类中等专业学校教学改革和满足建筑技术进步的要求，由建设部中等专业学校建筑与城镇规划专业指导委员会组织编写，推荐出版了中等专业学校系列教材，由中国建筑工业出版社出版。

这套教材采用了国家颁发的现行标准、规范和规定，内容符合建设部制定的中等专业学校建筑设计技术专业教育标准、专业培养方案和课程教学大纲的要求，符合全国注册建筑师管理委员会制定的"二级注册建筑师教育标准"的要求，并且理论联系实际，取材适当，反映了目前建筑科学技术的先进水平。

这套教材适用于中等专业学校建筑设计技术专业教学，也是二级注册建筑师资格考试复习参考资料的辅助用书，同时也适用于建筑装饰等专业相应课程的教学使用。为使这套教材日臻完善，望各校师生和广大读者在教学过程中提出宝贵意见，并告我司职业技术教育处或建设部中等专业学校建筑与城镇规划专业指导委员会，以便进一步修订。

建设部人事教育劳动司

1997 年 6 月

目　录

字体练习 ……………………………………………………… 1

线型练习 ……………………………………………………… 5

徒手作图 ……………………………………………………… 7

找投影图 ……………………………………………………… 8

找立体图 ……………………………………………………… 10

点的投影 ……………………………………………………… 11

直线的投影 …………………………………………………… 13

平面的投影 …………………………………………………… 15

体的投影 ……………………………………………………… 17

平面体的投影 ………………………………………………… 28

曲面体投影 …………………………………………………… 33

曲线与曲面的投影 …………………………………………… 37

组合体的投影 ………………………………………………… 42

轴测投影 ……………………………………………………… 47

体的剖切 ……………………………………………………… 53

阴影 …………………………………………………………… 59

透视投影 ……………………………………………………… 69

圆柱和圆拱的透视 …………………………………………… 85

透视阴影与虚像 ……………………………………………… 88

附图（建筑与结构施工图）…………………………………… 95

建筑制图房屋东南西北平立剖面设计说明墙柱梁楼板

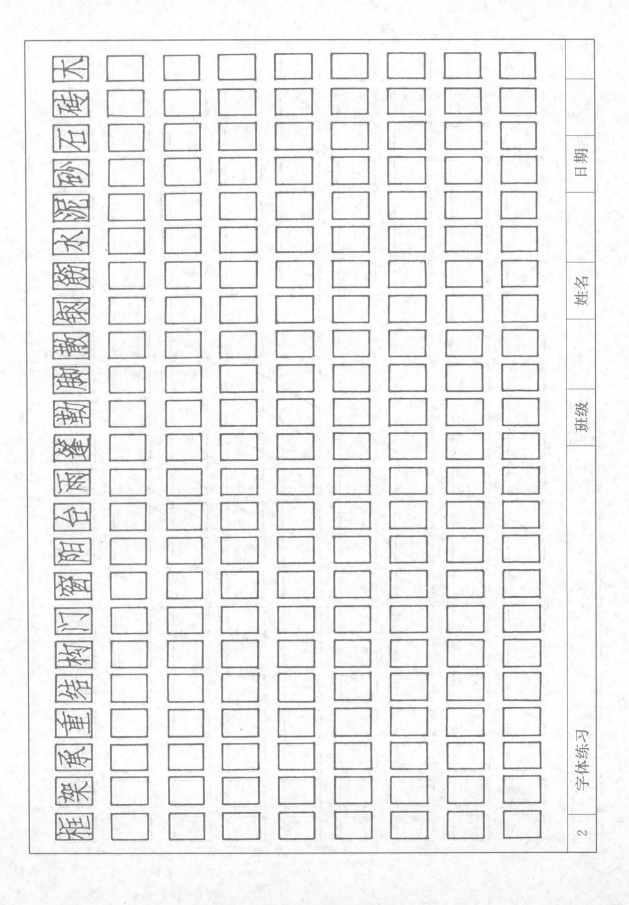

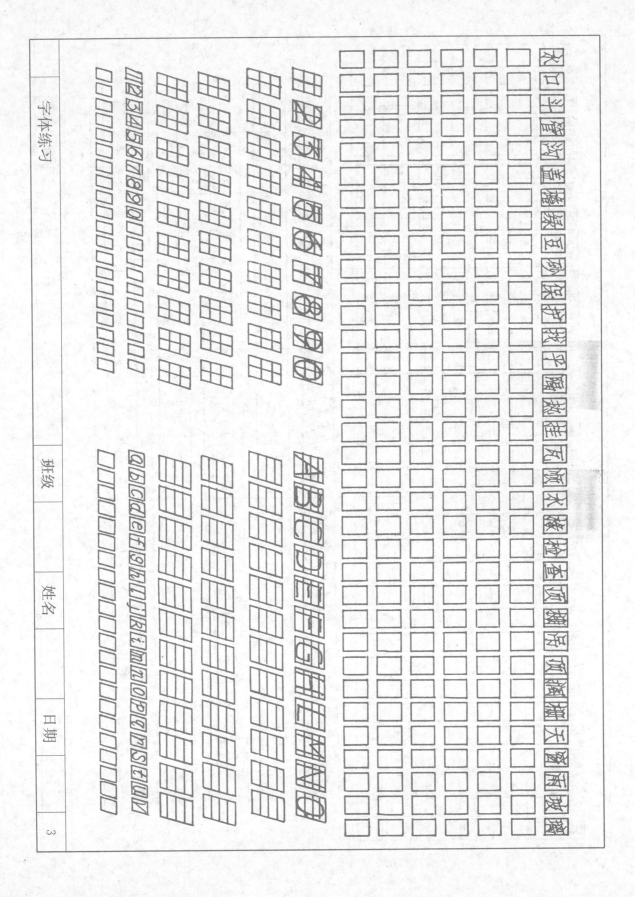

字体练习

班级　　姓名　　日期

3

石楼地消防梯安全板泛水坡度线圈梁隔断墙预埋件过梁伸缩缝变勒形磨马赛克

ABCDEFGHIJKLMNOPQRSTUVWXYZ

abcdefghijklmnopqrstuvwxyz

1234567890

4	字体练习	班级		姓名		日期	

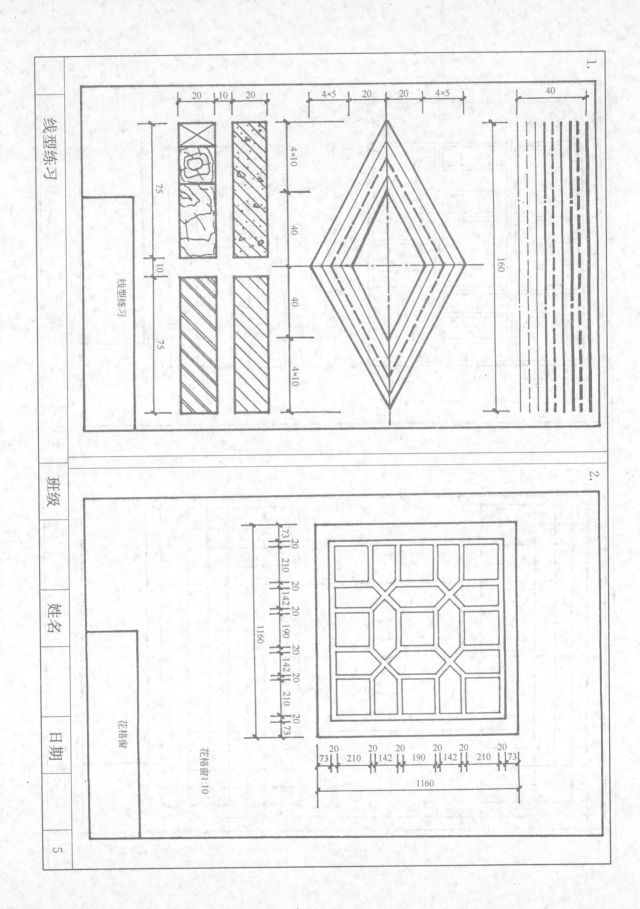

线型练习

线型练习

花格窗

花格窗1:10

班级　　姓名　　日期　　5

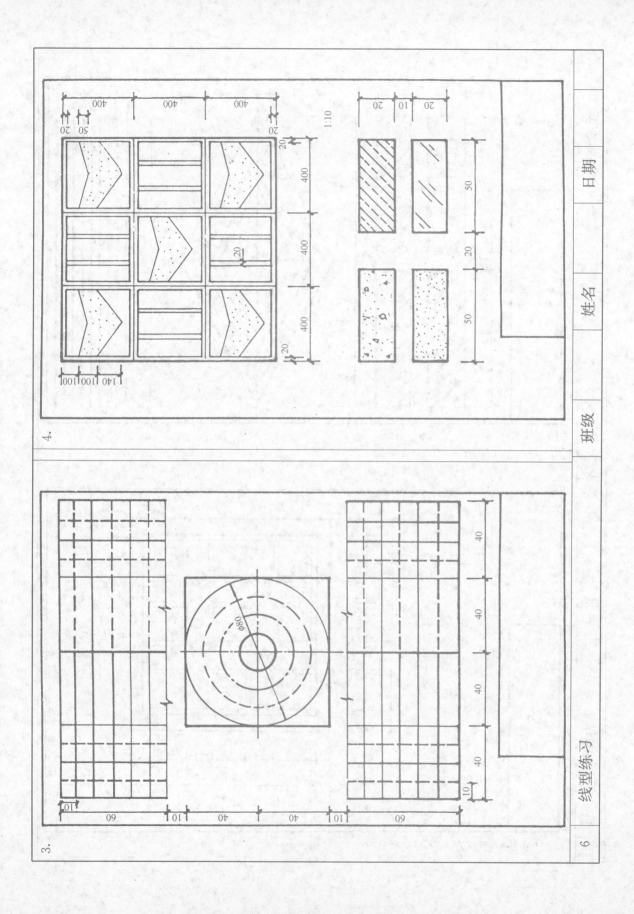

线型练习

1.

2.

3.

4.

徒手作图 | 班级 | 姓名 | 日期 | 7

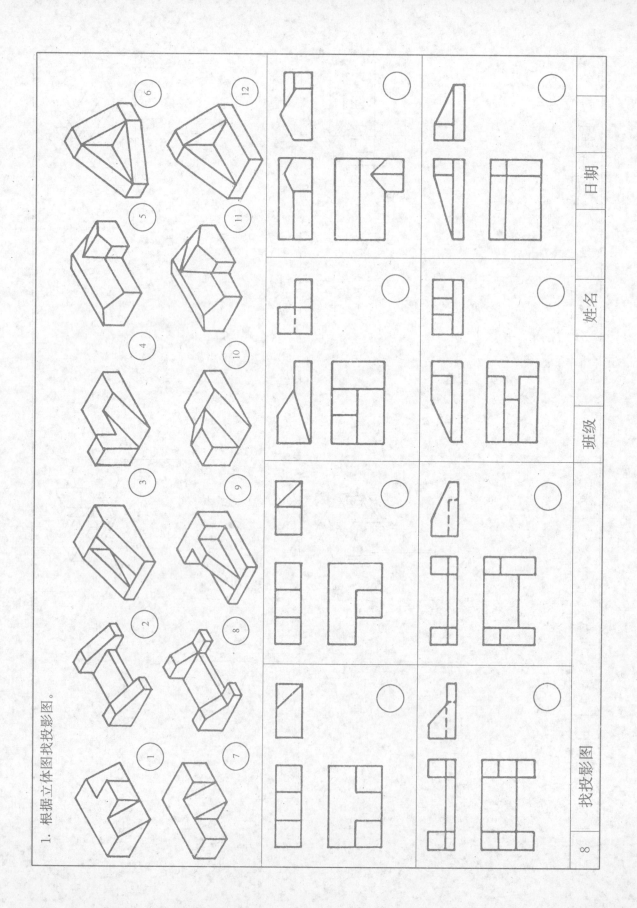

1. 根据立体图找投影图。

找投影图

日期　姓名　班级

8

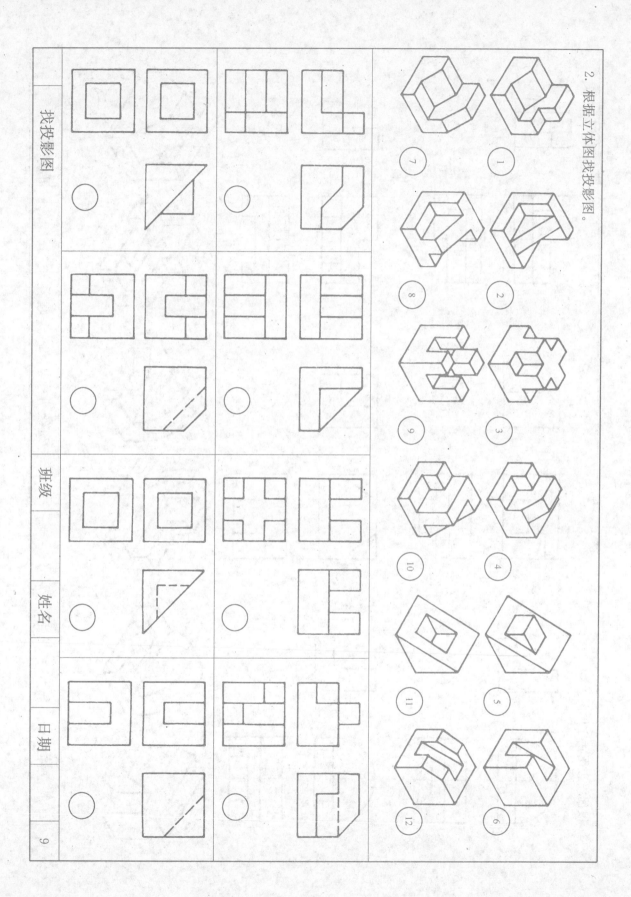

3. 根据投影图找立体图。

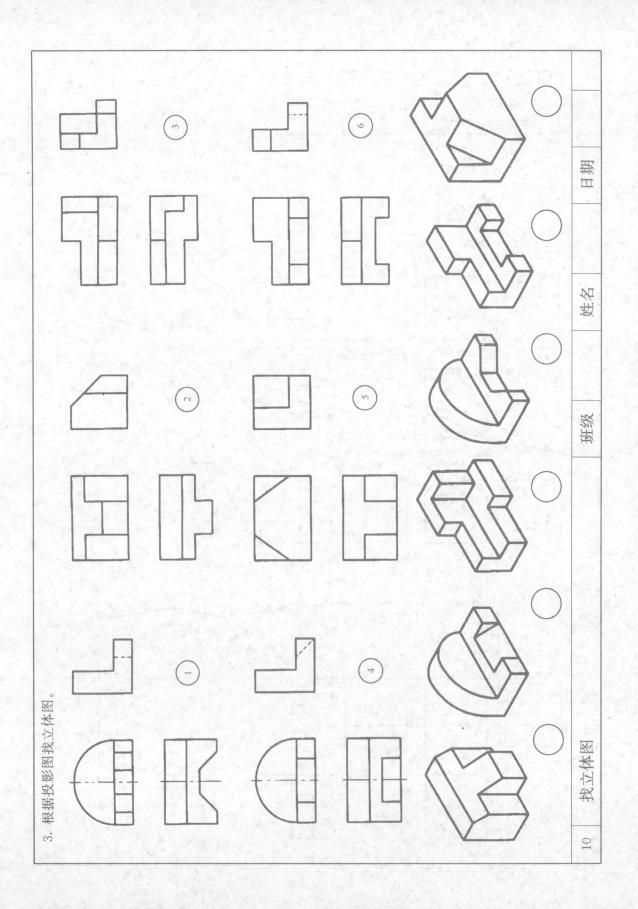

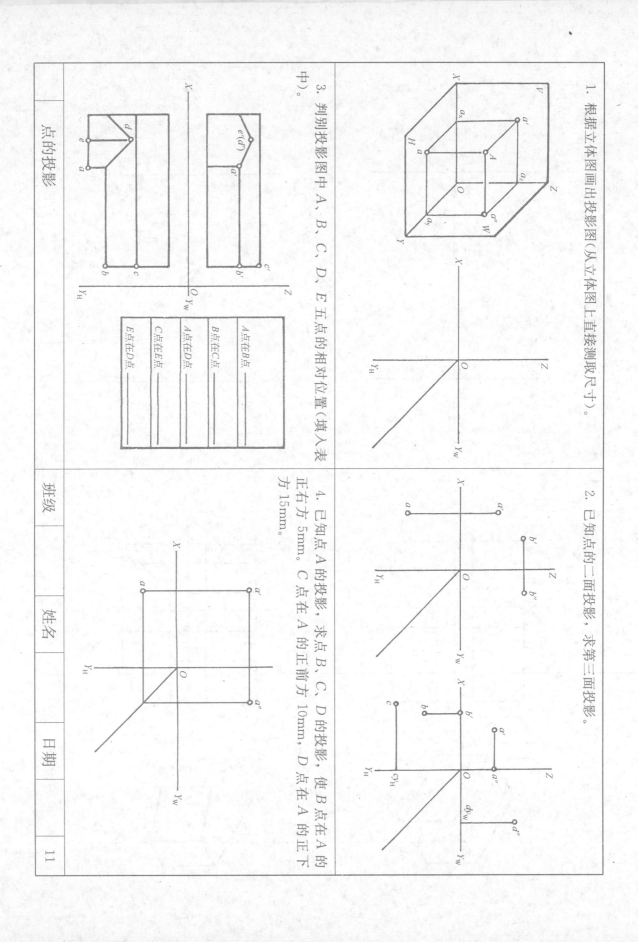

1. 根据立体图画出投影图（从立体图上直接测取尺寸）。

2. 已知点的二面投影，求第三面投影。

3. 判别投影图中 A、B、C、D、E 五点的相对位置（填入表中）。

A点在B点	
B点在C点	
A点在D点	
C点在E点	
E点在D点	

4. 已知点 A 的投影，求点 B、C、D 的投影，使 B 点在 A 的正右方 5mm。C 点在 A 的正前方 10mm，D 点在 A 的正下方 15mm。

点的投影

班级　　姓名　　日期　　11

5. 根据立体图在投影图中找出点 A、B、C 的三面投影，并单独画出点 A、B 的三面投影图。

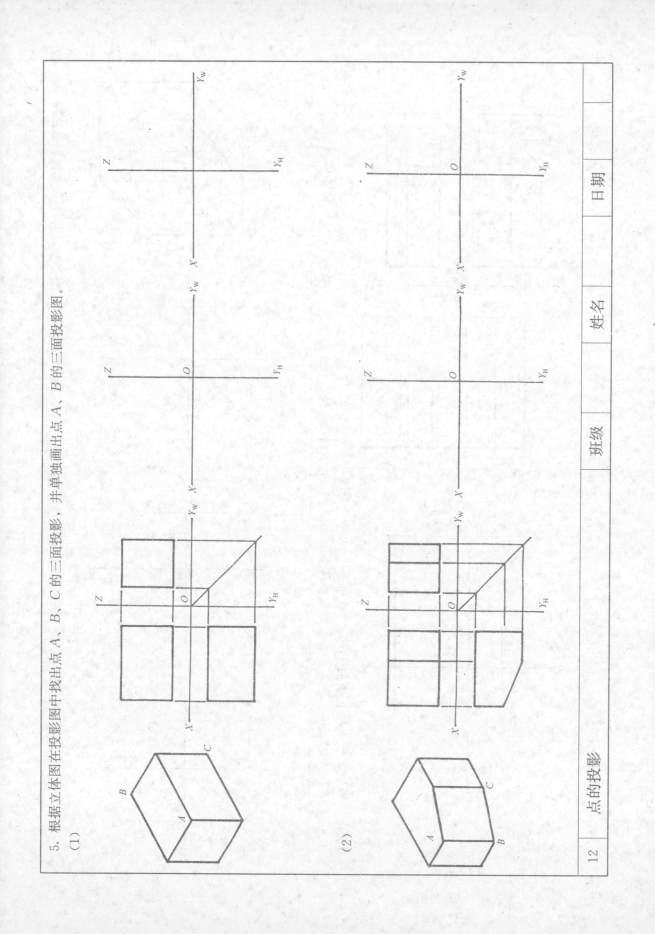

(1)

(2)

| 12 | 点的投影 | | 班级 | | 姓名 | | 日期 |

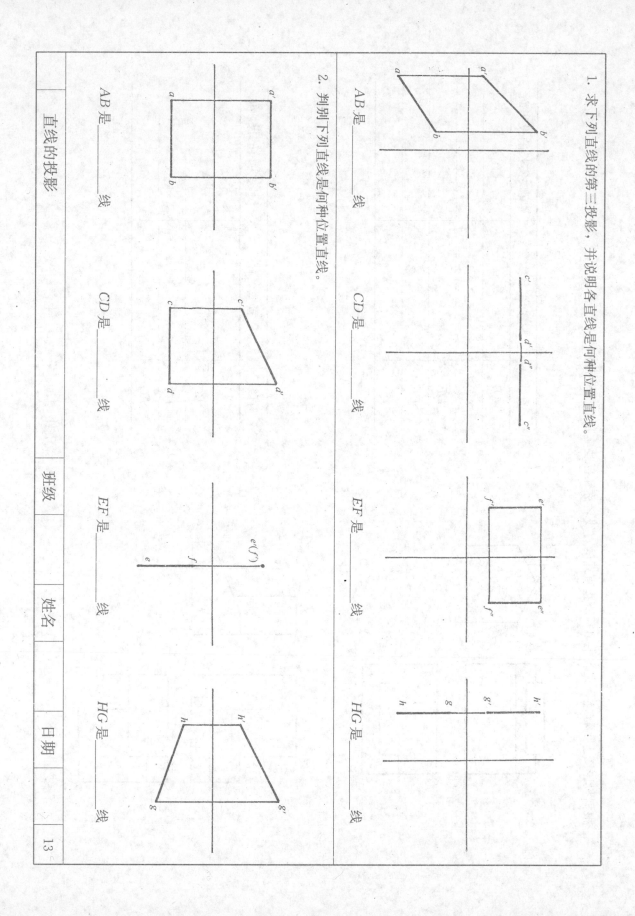

1. 求下列直线的第三投影，并说明各直线是何种位置直线。

AB 是 _____ 线   CD 是 _____ 线   EF 是 _____ 线   HG 是 _____ 线

2. 判别下列直线是何种位置直线。

AB 是 _____ 线   CD 是 _____ 线   EF 是 _____ 线   HG 是 _____ 线

直线的投影

| 班级 | 姓名 | 日期 | | 13 |

3. 根据投影图上的标注，在表中填写所指直线的直线名称和反映实长的投影面。

(1)

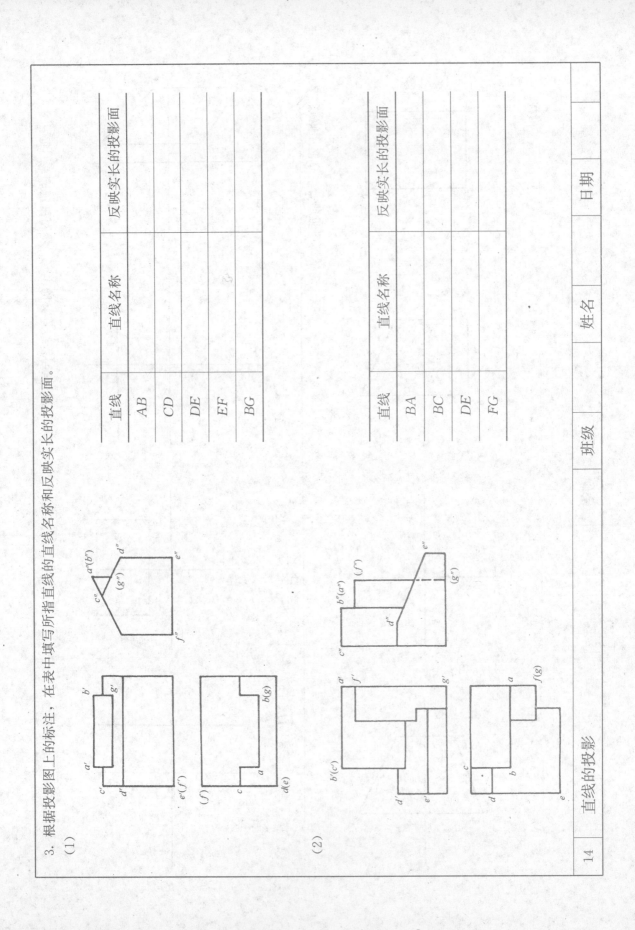

直线	直线名称	反映实长的投影面
AB		
CD		
DE		
EF		
BG		

(2)

直线	直线名称	反映实长的投影面
BA		
BC		
DE		
FG		

14	直线的投影		班级		姓名		日期

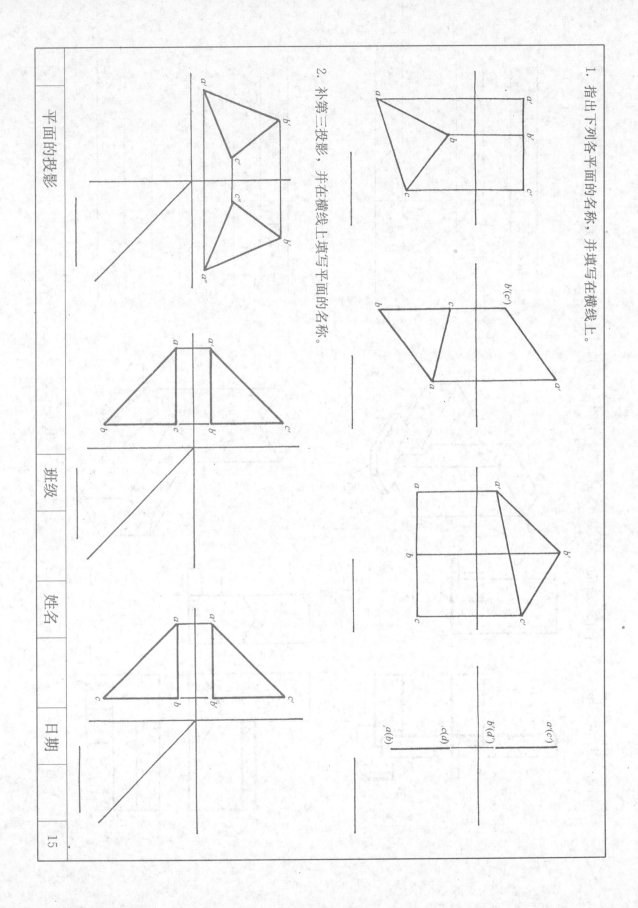

1. 指出下列各平面的名称，并填写在横线上。

2. 补第三投影，并在横线上填写平面的名称。

平面的投影

班级　　姓名　　日期　　15

3. 根据立体图，在投影图上注明指定表面的名称（如 a、a'、a''），并在表格内填写所指定表面的平面名称。

(1)

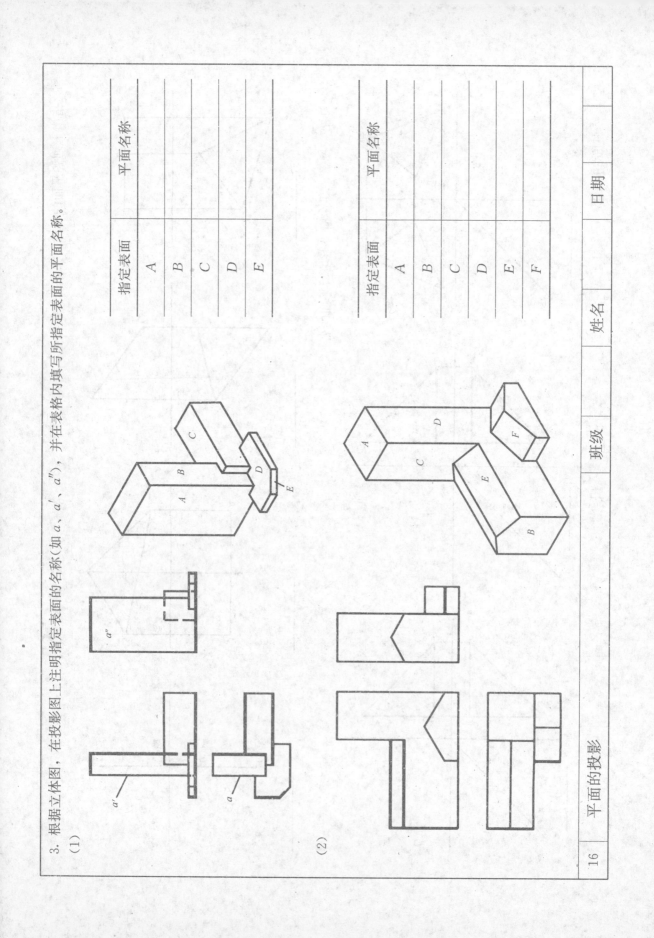

指定表面	平面名称
A	
B	
C	
D	
E	

(2)

指定表面	平面名称
A	
B	
C	
D	
E	
F	

| 平面的投影 | 16 | | 班级 | | 姓名 | | 日期 | |

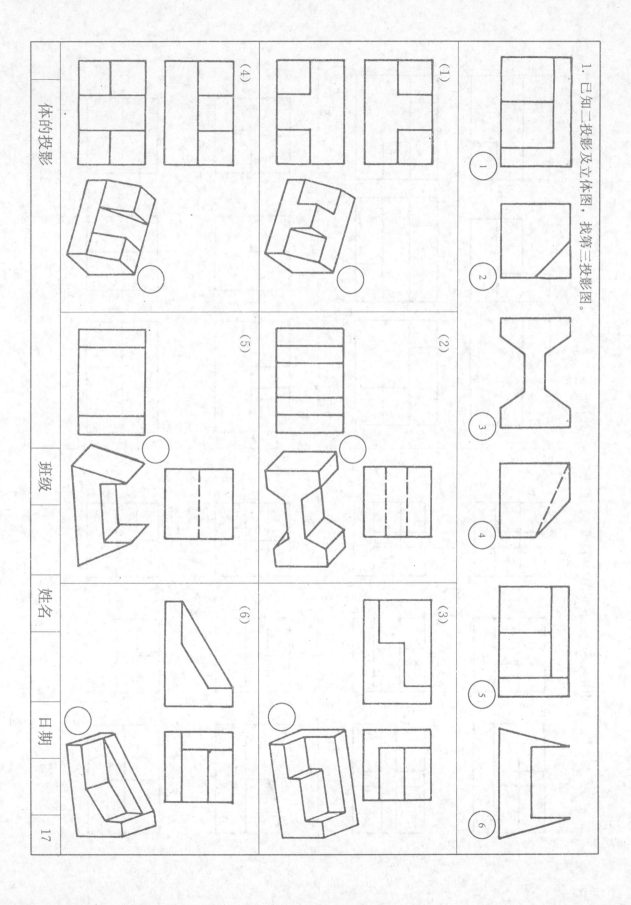

2. 已知二投影图，找出正确的第三投影图（在正确第三投影图编号处打记号 "√"）。

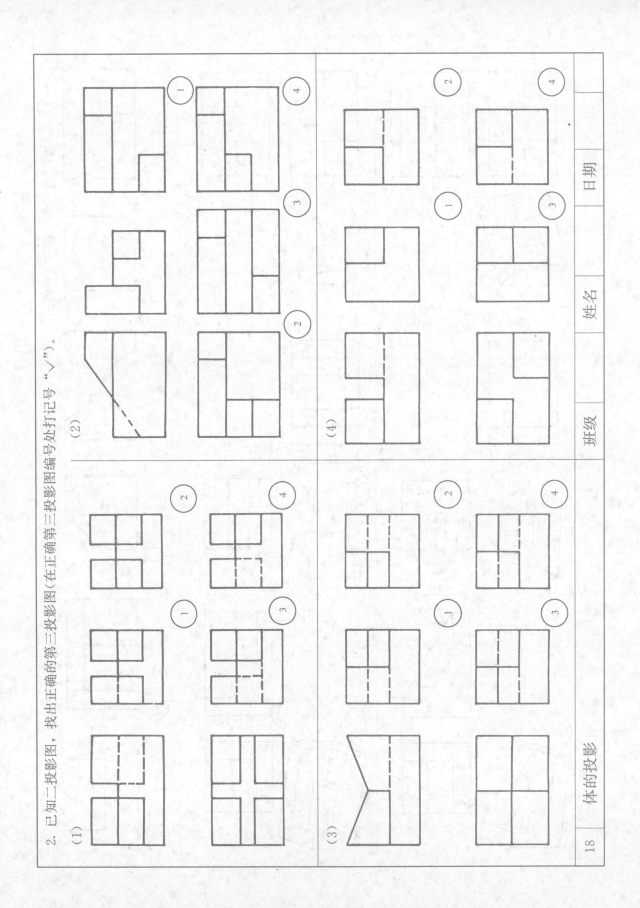

体的投影

班级　　姓名　　日期

3. 根据立体图作形体的三面投影图（比例 1：1）。

(1)

(2)

(3)

(4)

4. 根据立体图作形体的三面投影图（比例 1：1）。

(1)

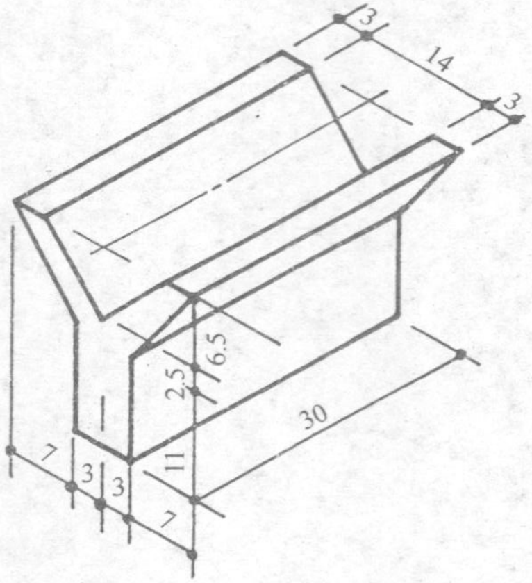

(2)

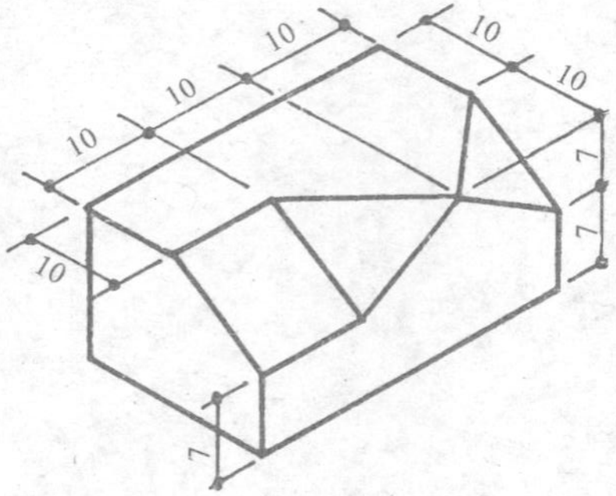

(3)

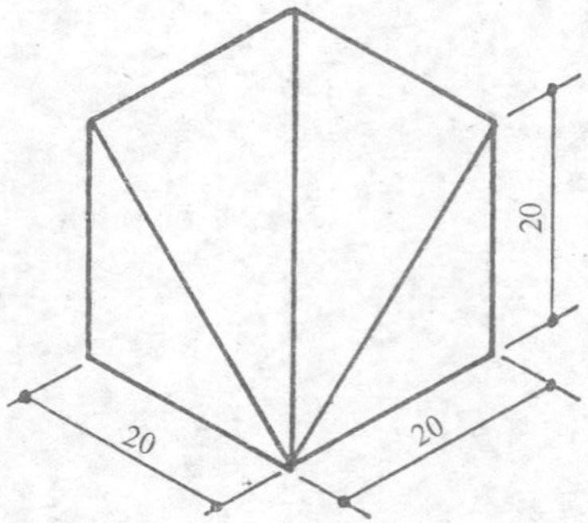

(4)

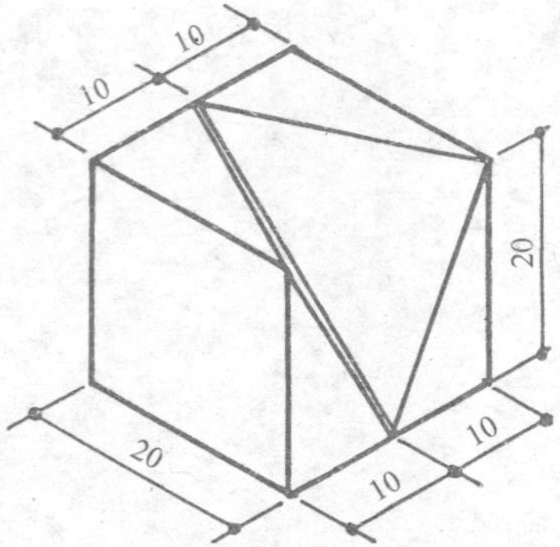

		班级	姓名	日期
20	体的投影			

5. 根据立体图，作形体的三面投影（尺寸由图中量取）。

(1)

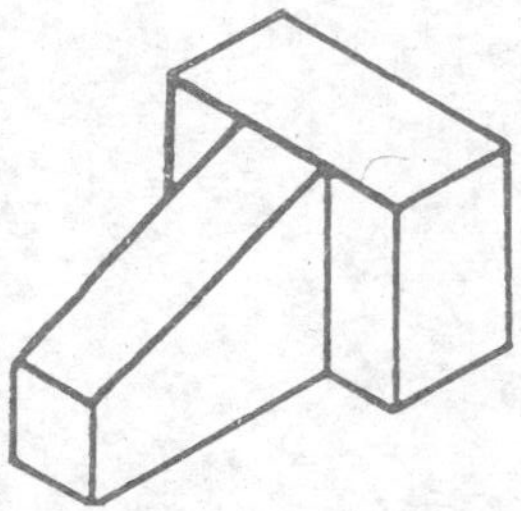

(2)

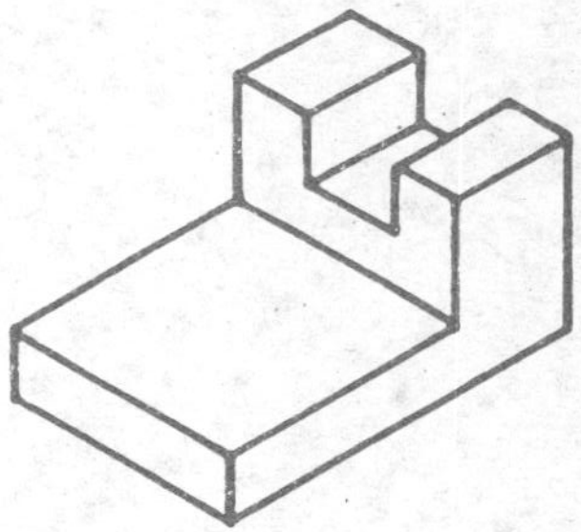

(3)

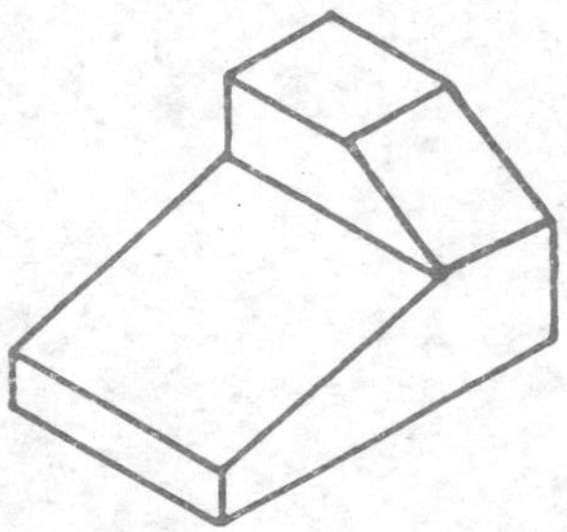

(4)

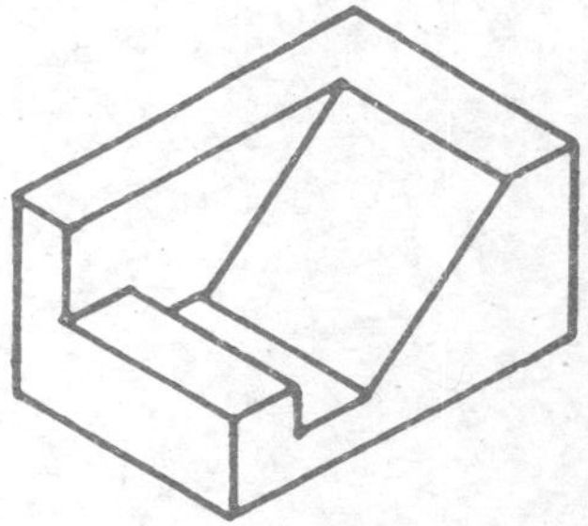

| 体的投影 | 班级 | | 姓名 | | 日期 | | 21 |

6. 根据立体图作形体的三面投影（尺寸由图中量取）。

(1)

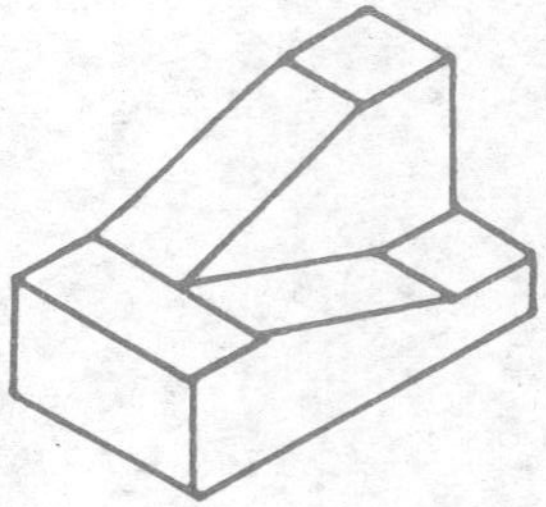

(2)

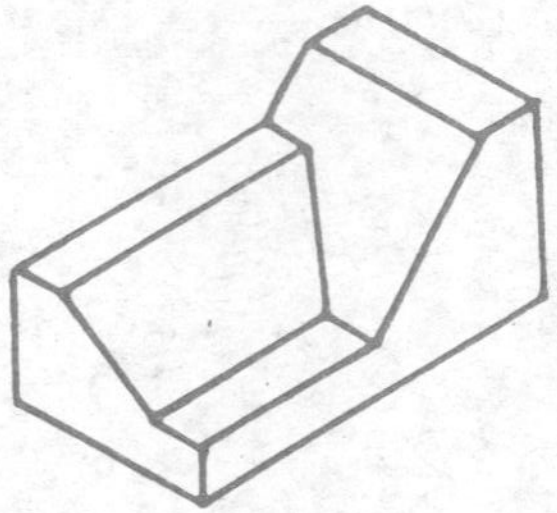

(3)

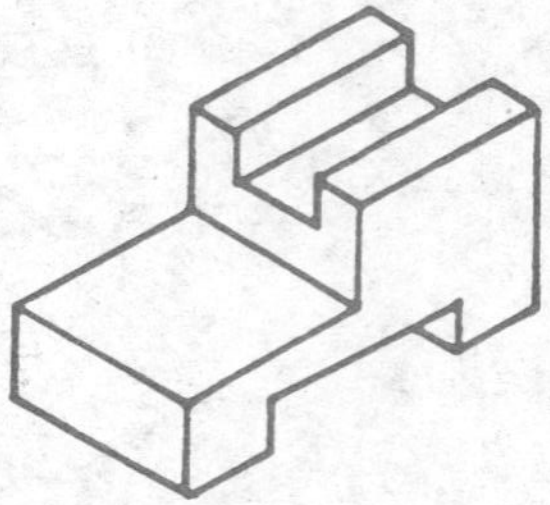

(4)

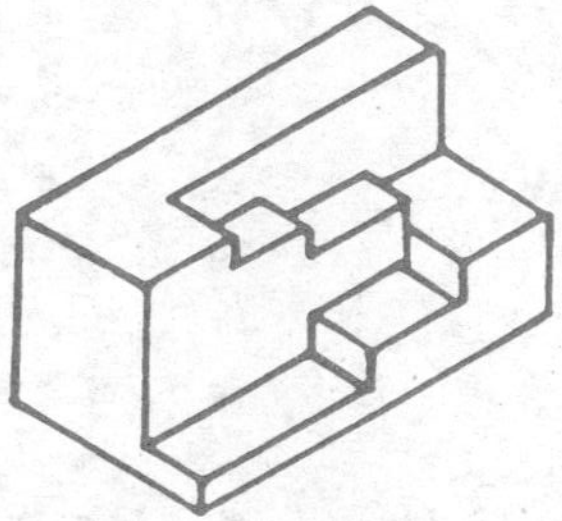

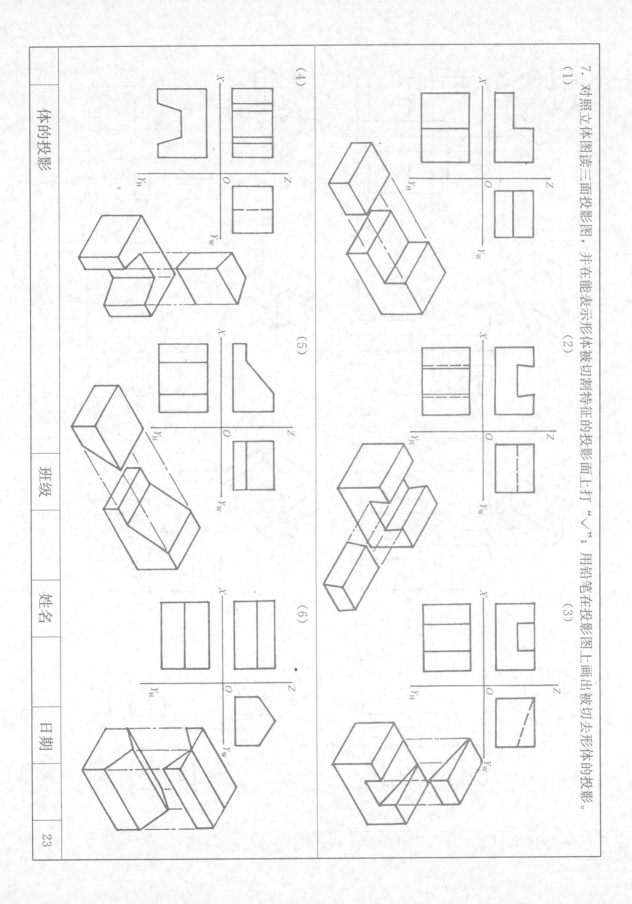

7. 对照立体图读三面投影图，并在能表示形体被切割特征的投影面上打"√"；用铅笔在投影图上画出被切去形体的投影。

(1)

(2)

(3)

(4)

(5)

(6)

体的投影

| 班级 | | 姓名 | | 日期 | | 23 |

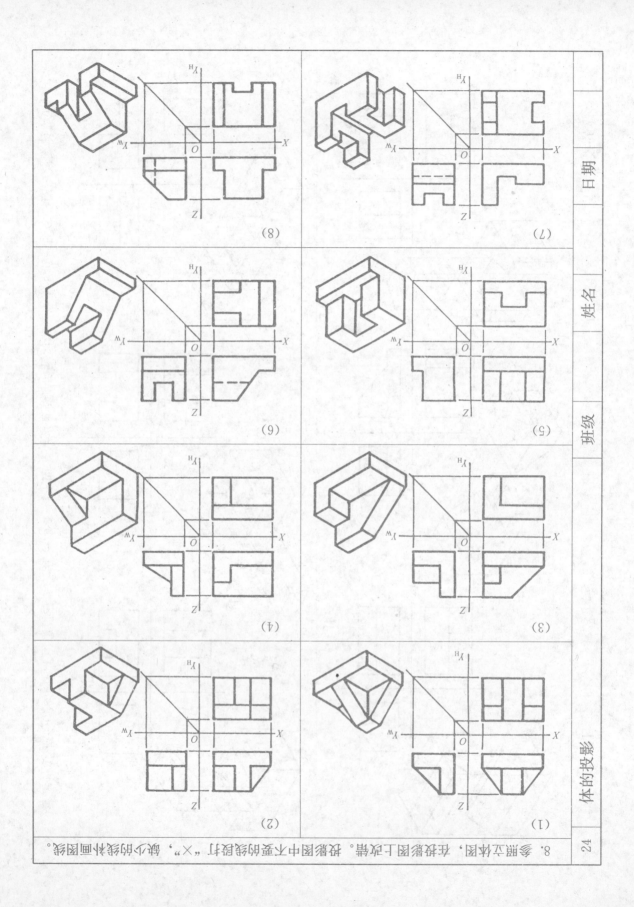

8. 参照立体图，在投影图上填补投影图中所缺的线段，并标注上字母"×"，补足图中所缺的投影图线。

（1）　（2）　（3）　（4）　（5）　（6）　（7）　（8）

日期　姓名　班级　体的投影

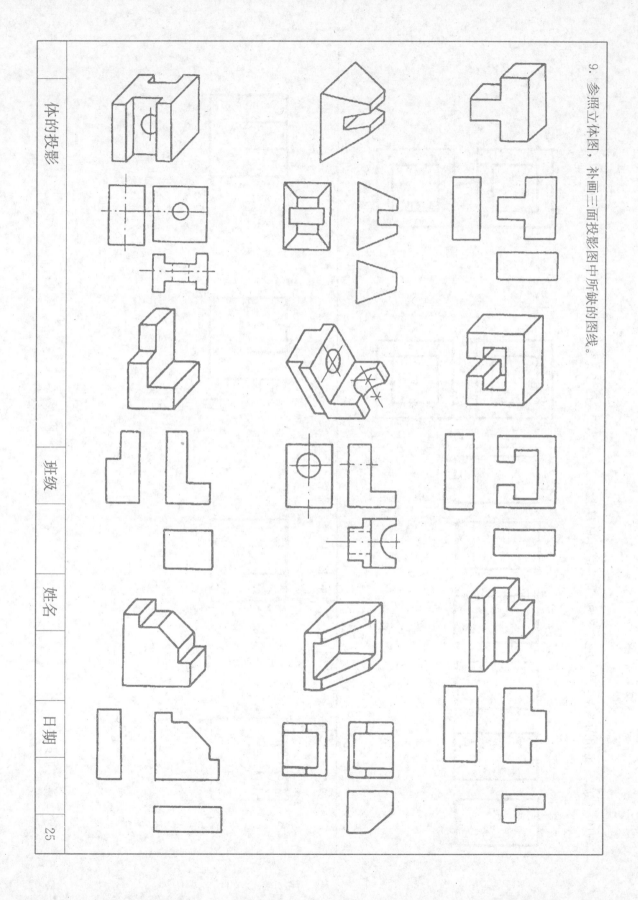

9. 参照立体图，补画三面投影图中所缺的图线。

体的投影   班级   姓名   日期   25

10. 已知 3 组相同的 V、W 投影, 分别画出各自的 H 投影。

(1)

V W

(2)

V W

(3)

V W

11. 已知 2 个相同的 V、H 投影, 分别画出各自的 W 投影。

12. 已知 4 个 V 面投影, 分别画出各自的 H、W 面投影。

体的投影

班级　　姓名　　日期

13. 已知 4 个相同的 H 投影，分别画出对应不同的 V 投影。

(1)

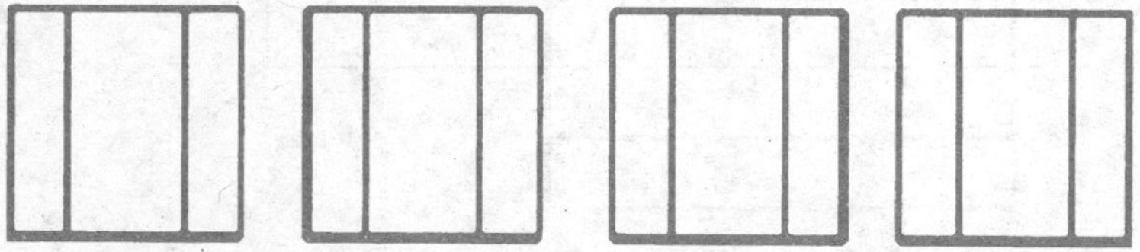

(2)

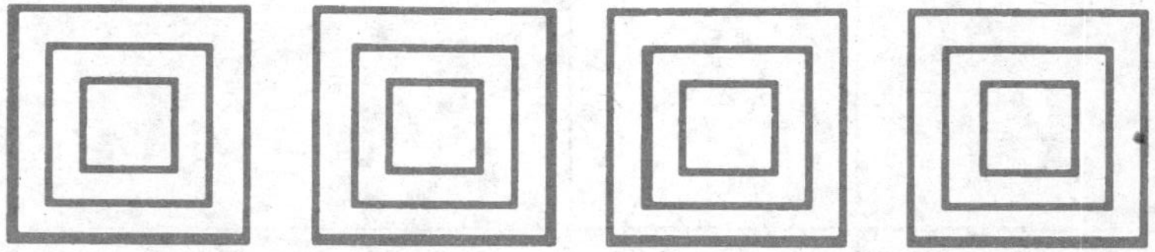

(3)

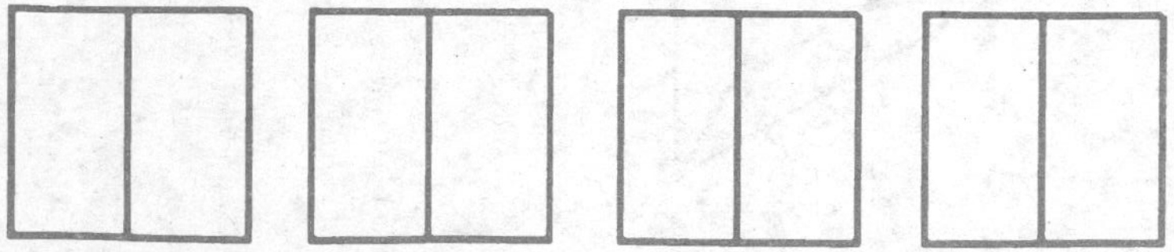

(4)

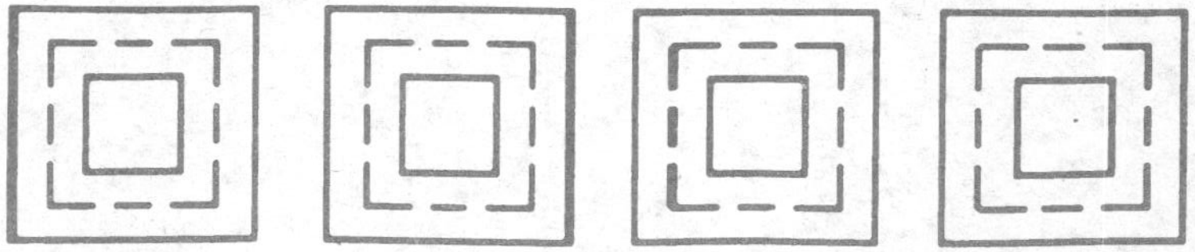

体的投影	班级	姓名	日期		27

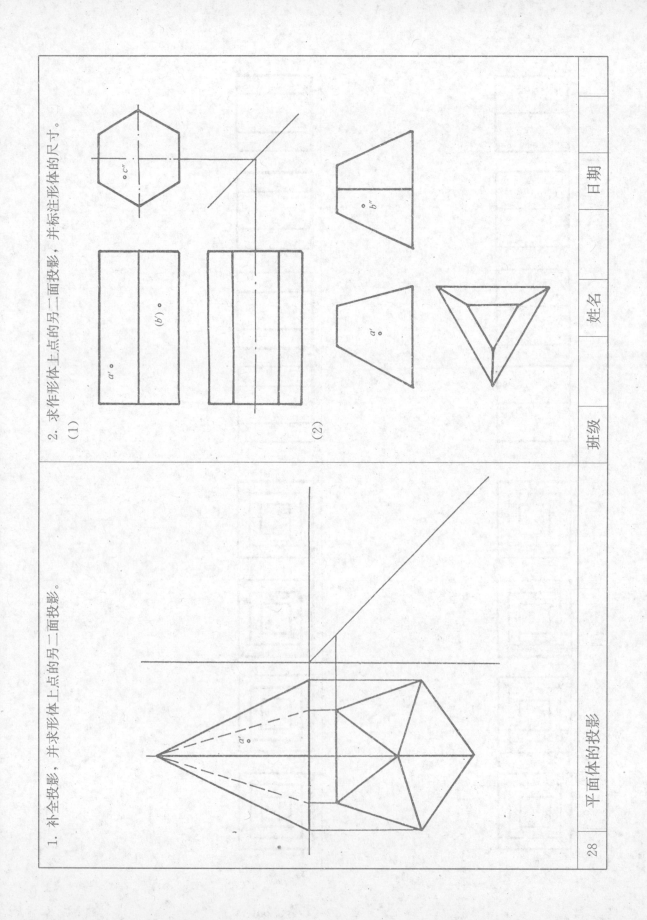

2. 求作形体上点的另二面投影，并标注形体的尺寸。

(1)

(2)

1. 补全投影，并求形体上点的另二面投影。

平面体的投影

班级　　姓名　　日期

28

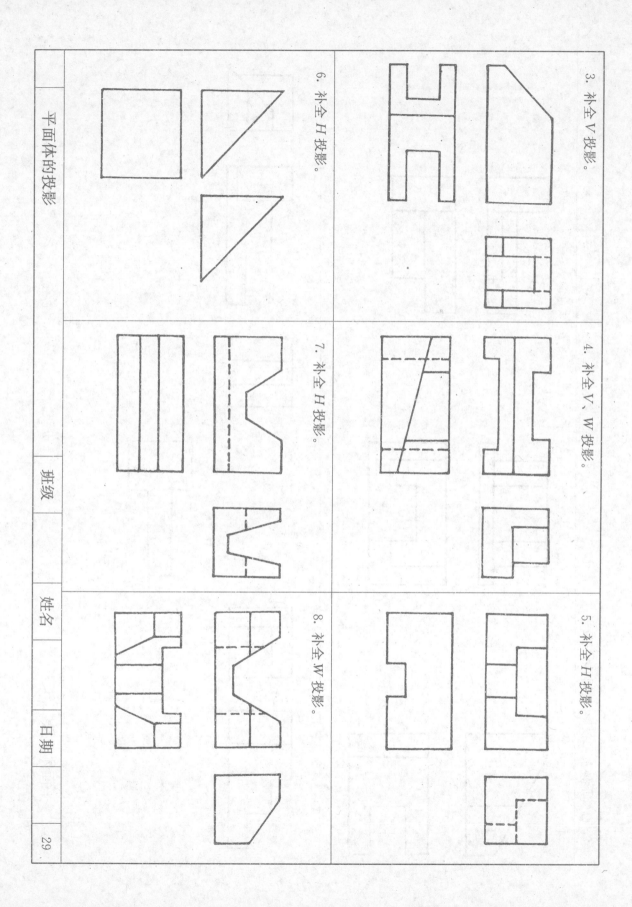

3. 补全 V 投影。

4. 补全 V、W 投影。

5. 补全 H 投影。

6. 补全 H 投影。

7. 补全 H 投影。

8. 补全 W 投影。

平面体的投影

班级　　姓名　　日期　　29

9. 已知形体的二投影，补画第三投影。

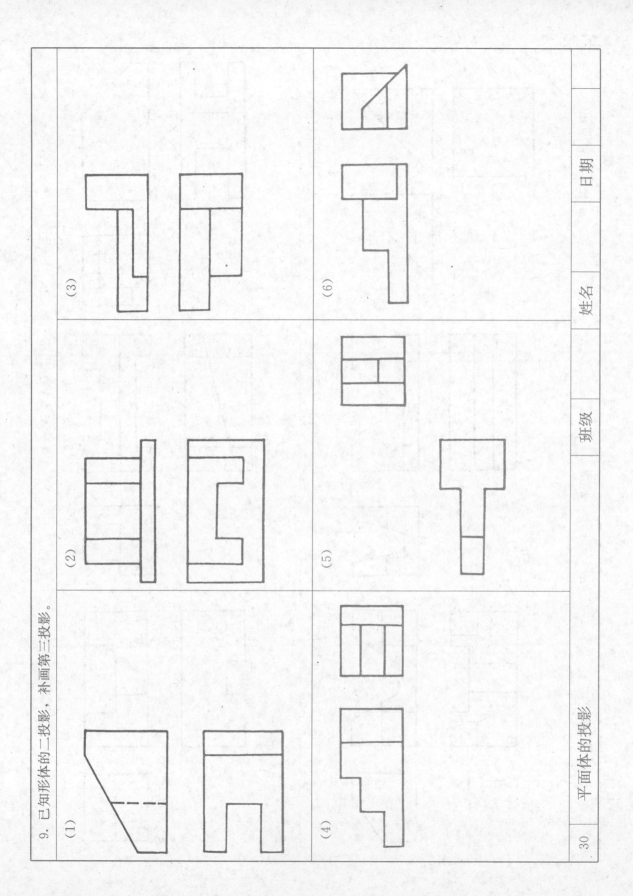

（1）　（2）　（3）

（4）　（5）　（6）

平面体的投影

班级　　姓名　　日期

30

10. 补画 W 面投影图。

(1)

11. 补画 V 面投影图。

(1)

(2)

(2)

(3)

(3)

班级　姓名　日期

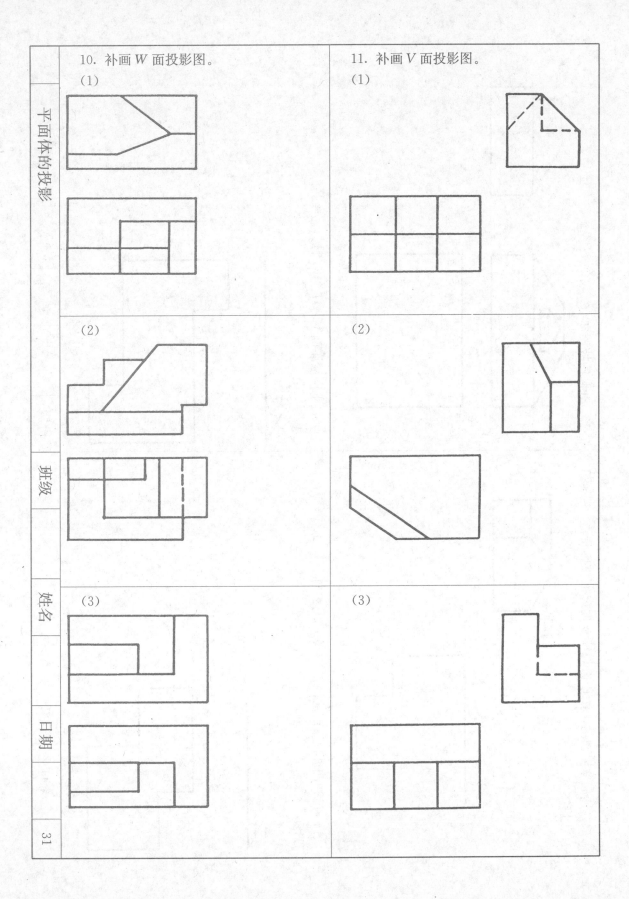

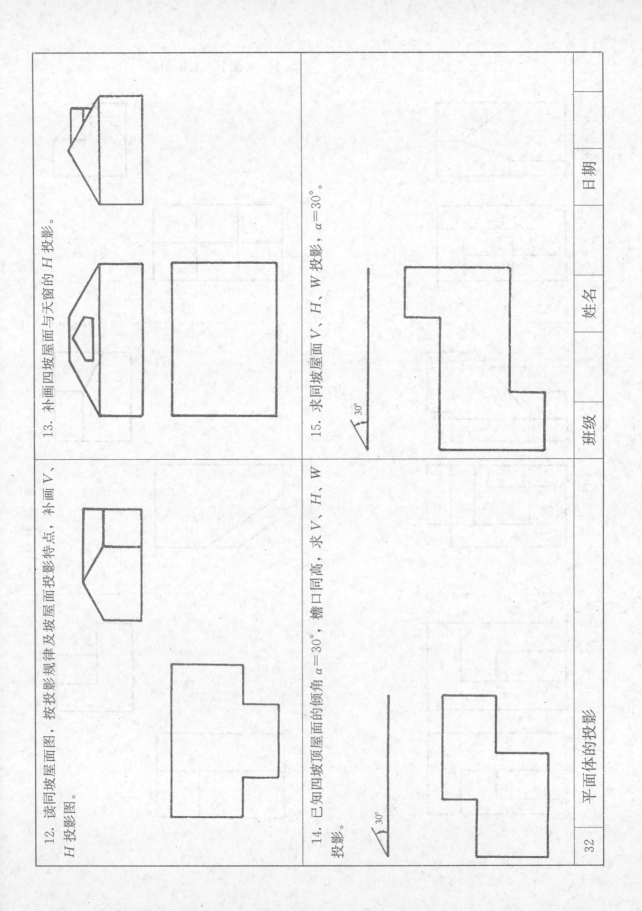

13. 补画四坡屋面与天窗的 H 投影。

15. 求同坡屋面 V、H、W 投影，α＝30°。

12. 读同坡屋面图，按投影规律及坡屋面投影特点，补画 V、H 投影图。

14. 已知四坡顶屋面的倾角 α＝30°，檐口同高，求 V、H、W 投影。

平面体的投影

32

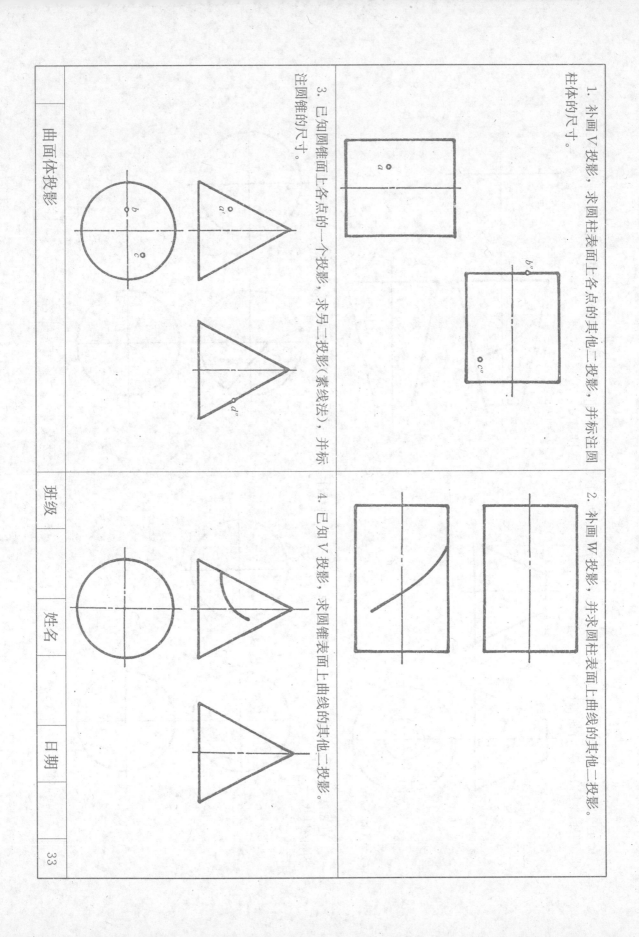

1. 补画 V 投影，求圆柱表面上各点的其他二投影，并标注圆柱体的尺寸。

2. 补画 W 投影，并求圆柱表面上曲线的其他二投影。

3. 已知圆锥面上各点的一个投影，求另二投影（素线法），并标注圆锥的尺寸。

4. 已知 V 投影，求圆锥表面上曲线的其他二投影。

曲面体投影

| 班级 | | 姓名 | | 日期 | | 33 |

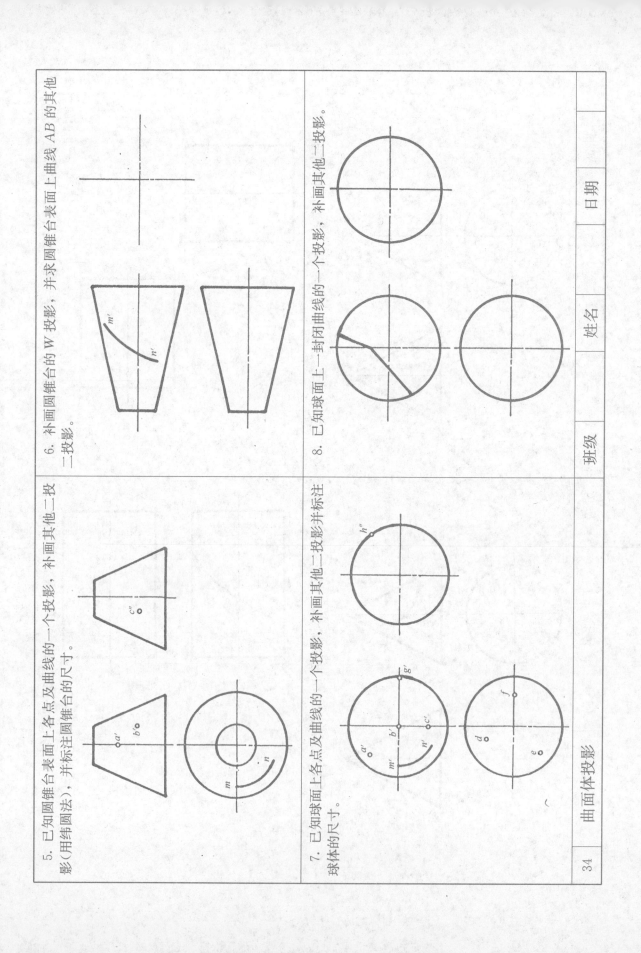

5. 已知圆锥台表面上各点及曲线的一个投影，补画其他二投影(用纬圆法)，并标注圆锥台的尺寸。

6. 补画圆锥台的 W 投影，并求圆锥台表面上曲线 AB 的其他二投影。

7. 已知球面上各点及曲线的一个投影，补画其他二投影并标注球体的尺寸。

8. 已知球面上一封闭曲线的一个投影，补画其他二投影。

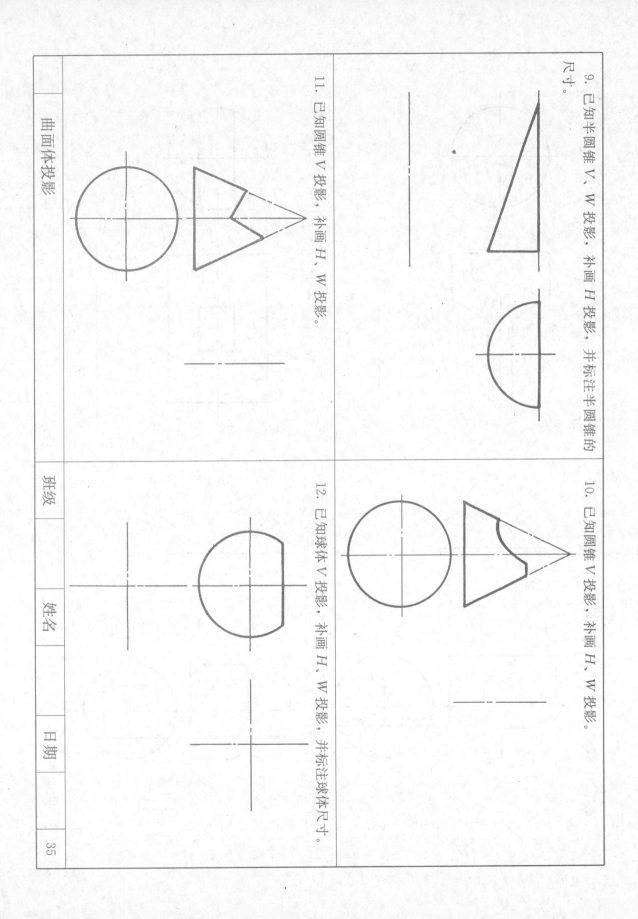

9. 已知半圆锥 V、W 投影，补画 H 投影，并标注半圆锥的尺寸。

10. 已知圆锥 V 投影，补画 H、W 投影。

11. 已知圆锥 V 投影，补画 H、W 投影。

12. 已知球体 V 投影，补画 H、W 投影，并标注球体尺寸。

曲面体投影

班级　　姓名　　日期

35

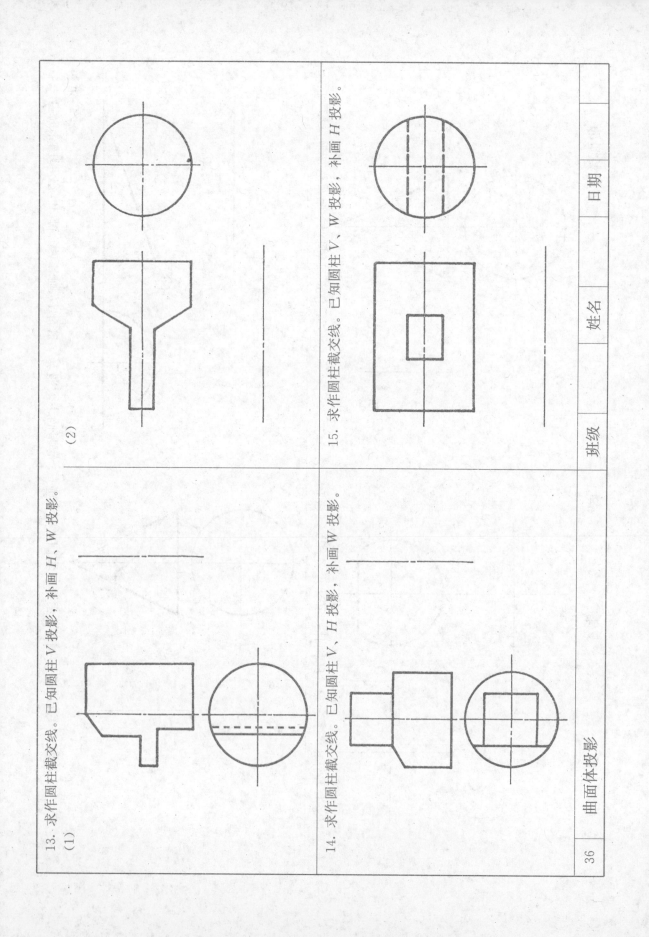

13. 求作圆柱截交线。已知圆柱 V 投影，补画 H、W 投影。
(1)

(2)

14. 求作圆柱截交线。已知圆柱 V、H 投影，补画 W 投影。

15. 求作圆柱截交线。已知圆柱 V、W 投影，补画 H 投影。

曲面体投影

班级　　姓名　　日期

36

1. 已知两导圆柱及螺距 p，试分别画出左向圆柱螺旋线和右向圆柱螺旋线，并画出右向圆柱螺旋线展开图。

曲线与曲面的投影

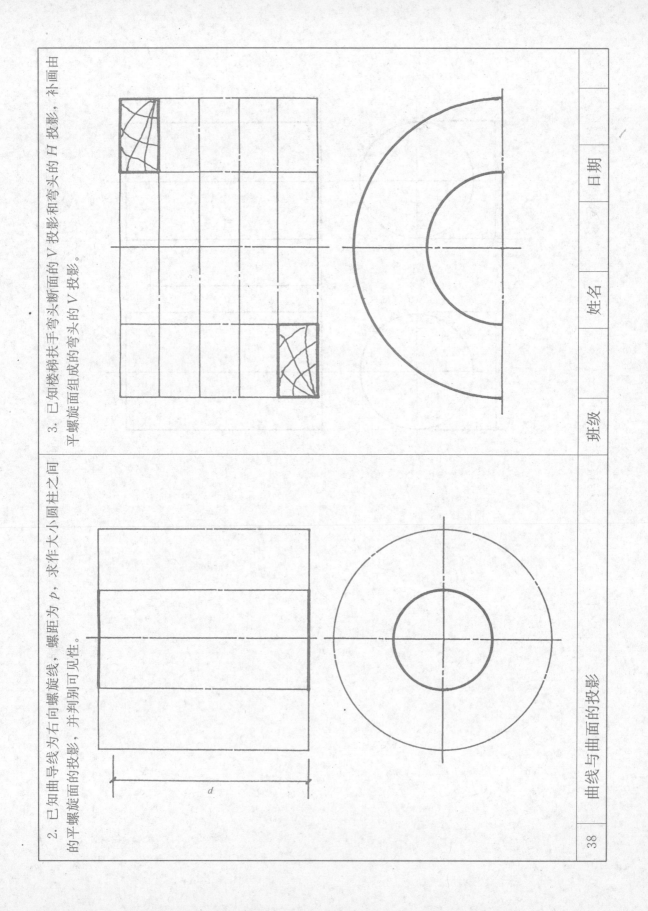

3. 已知楼梯扶手弯头断面的 V 投影和弯头的 H 投影，补画由平螺旋面组成的弯头的 V 投影。

2. 已知曲导线为右向螺旋线，螺距为 p，求作大小圆柱之间的平螺旋面的投影，并判别可见性。

d

曲线与曲面的投影

38

班级　　　　　　姓名　　　日期

4. 已知内、外圆柱直径 ϕ、ϕ_1，螺距 p，踏步高为 $\dfrac{p}{12}$，踏面板厚为 $\dfrac{p}{12}$，试画出左向螺旋楼梯的投影。

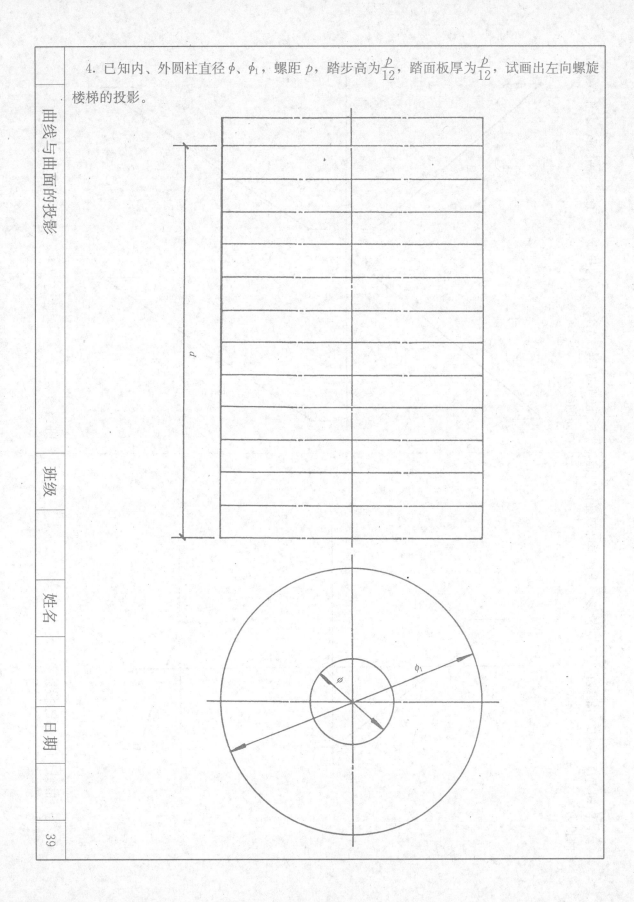

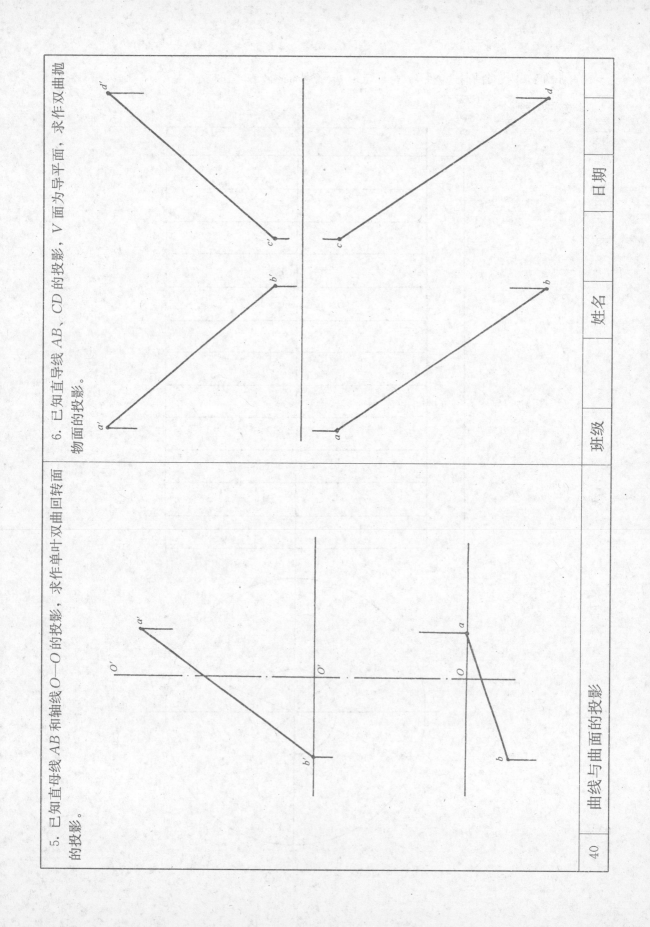

5. 已知直母线 AB 和轴线 O—O 的投影，求作单叶双曲回转面的投影。

6. 已知直导线 AB、CD 的投影，V 面为导平面，求作双曲抛物面的投影。

曲线与曲面的投影

班级　　姓名　　日期

40

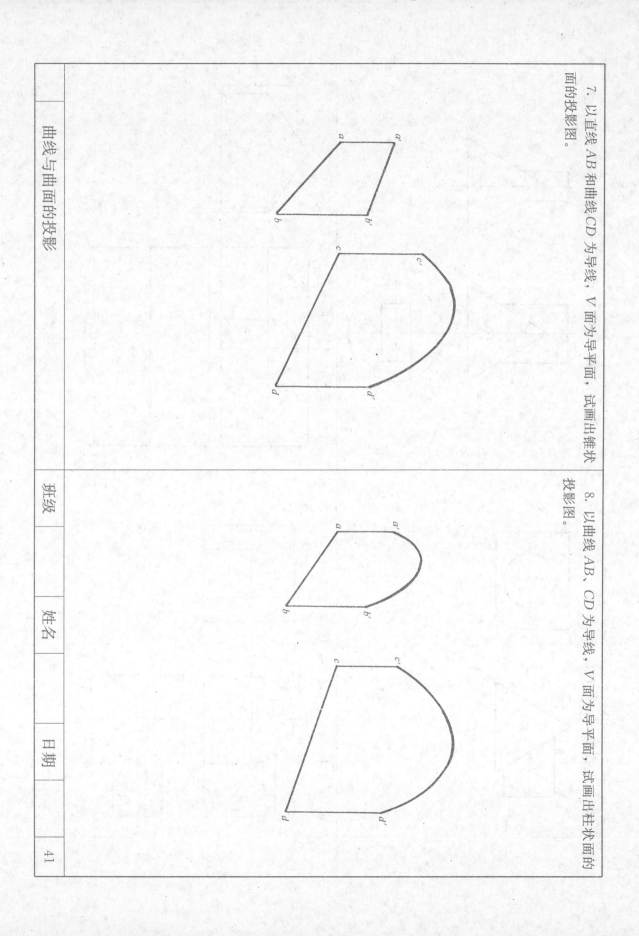

7. 以直线 AB 和曲线 CD 为导线，V 面为导平面，试画出锥状面的投影图。

8. 以曲线 AB，CD 为导线，V 面为导平面，试画出柱状面的投影图。

曲线与曲面的投影

| 班级 | 姓名 | 日期 | 41 |

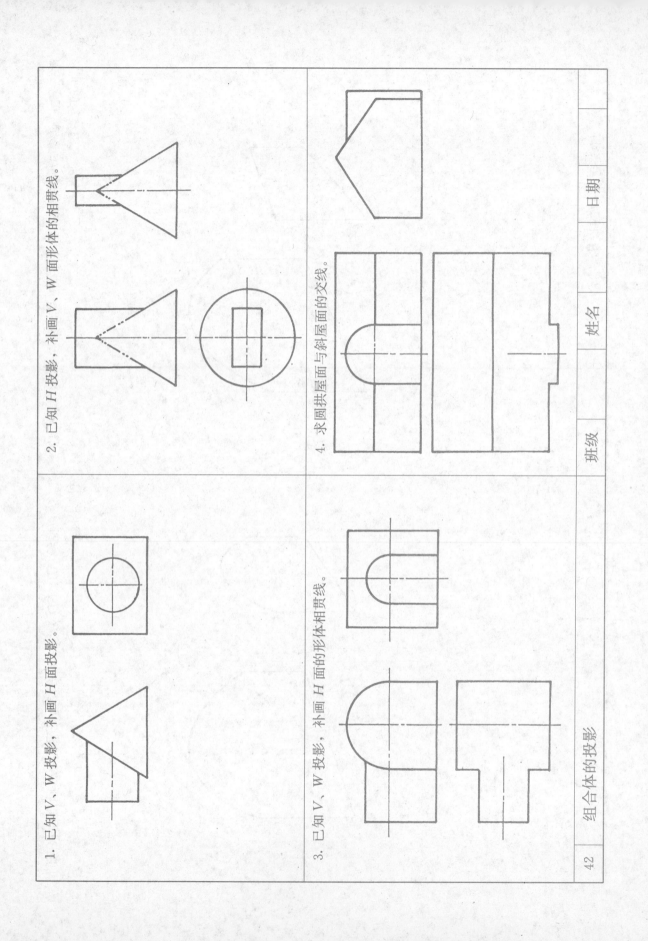

1. 已知 V、W 投影，补画 H 面投影。

2. 已知 H 投影，补画 V、W 面形体的相贯线。

3. 已知 V、W 投影，补画 H 面的形体相贯线。

4. 求圆拱屋面与斜屋面的交线。

组合体的投影

42

班级　　姓名　　日期

5. 根据组合体立体图上的尺寸，画出三面投影图（比例自定）。

（1）

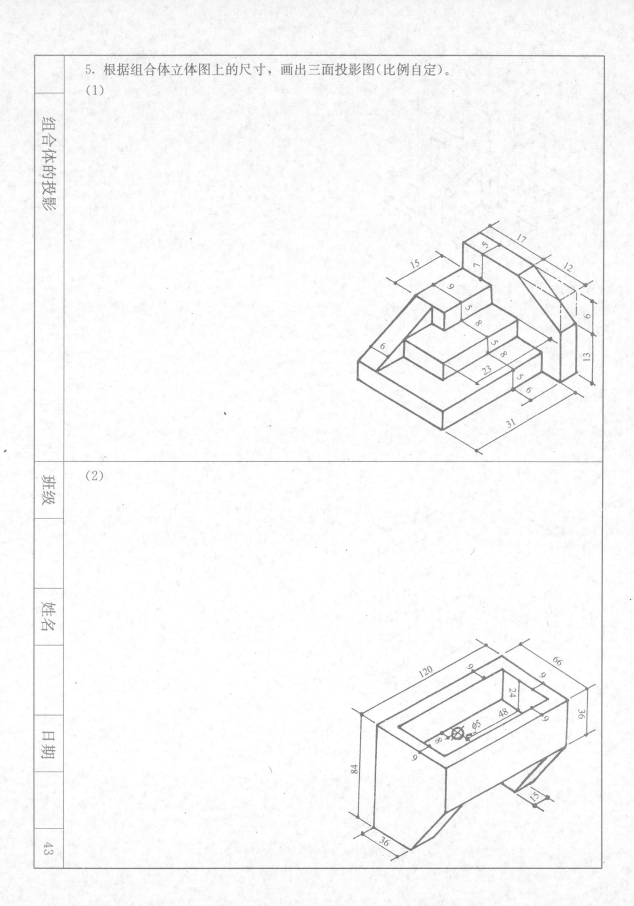

（2）

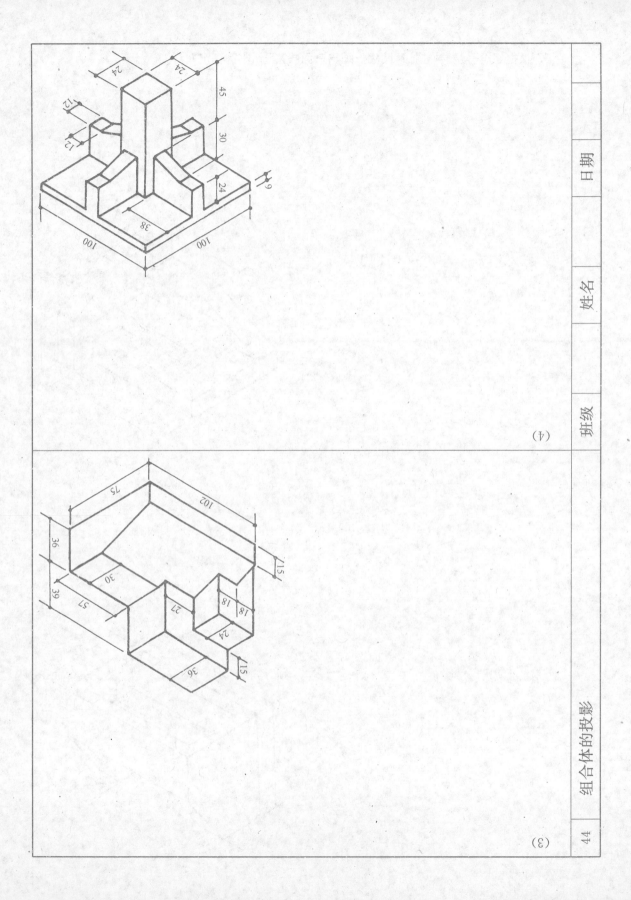

(4)

(3)

6. 根据组合体立体图上的尺寸，用比例 1：20 画出三面投影图。

（1）

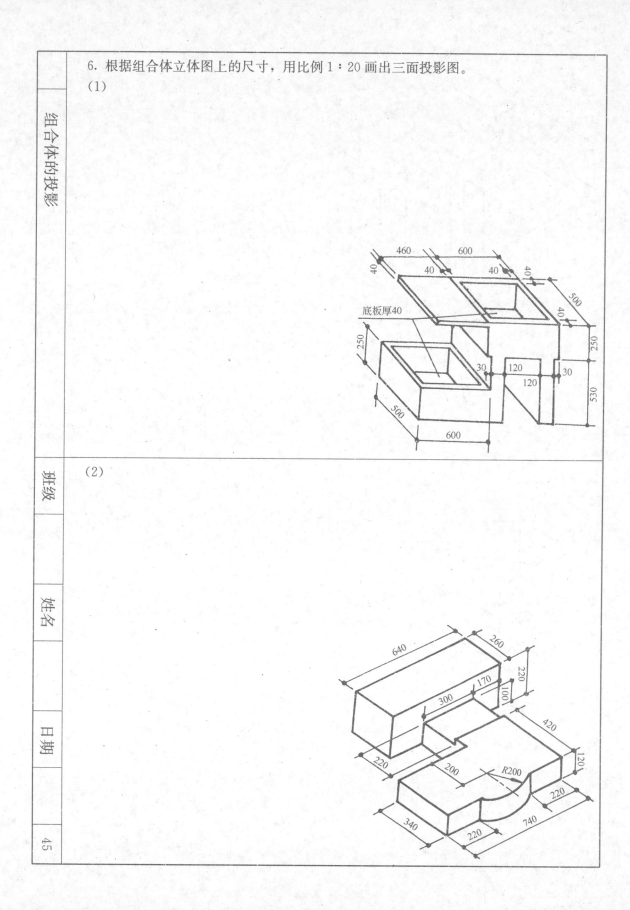

（2）

（2）

（1）

7. 根据组合体图上的尺寸，画出三面投影图，并在三面投影图上标注尺寸。

组合体的投影

46

| 班级 | 姓名 | 日期 |

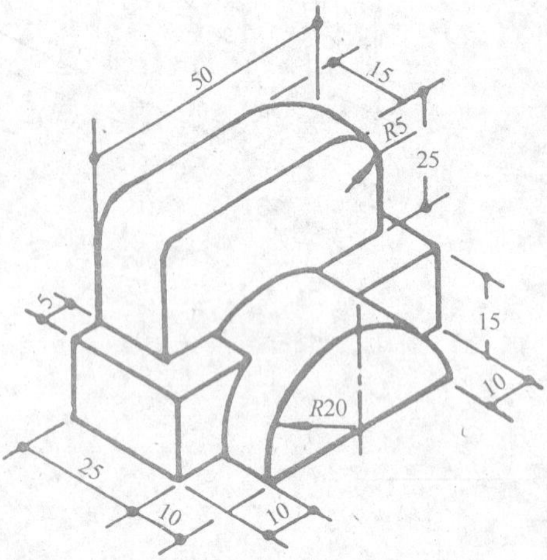

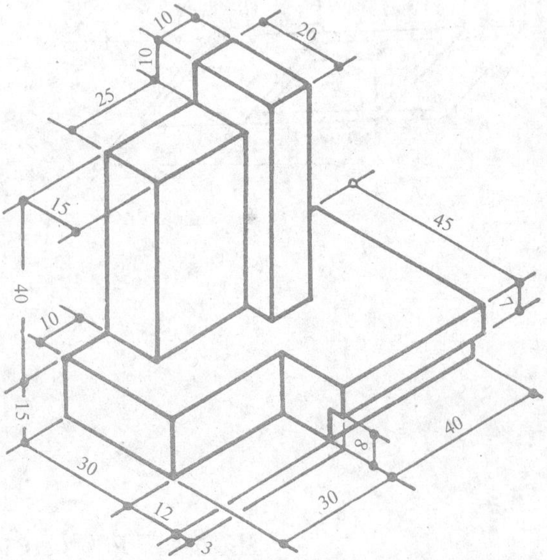

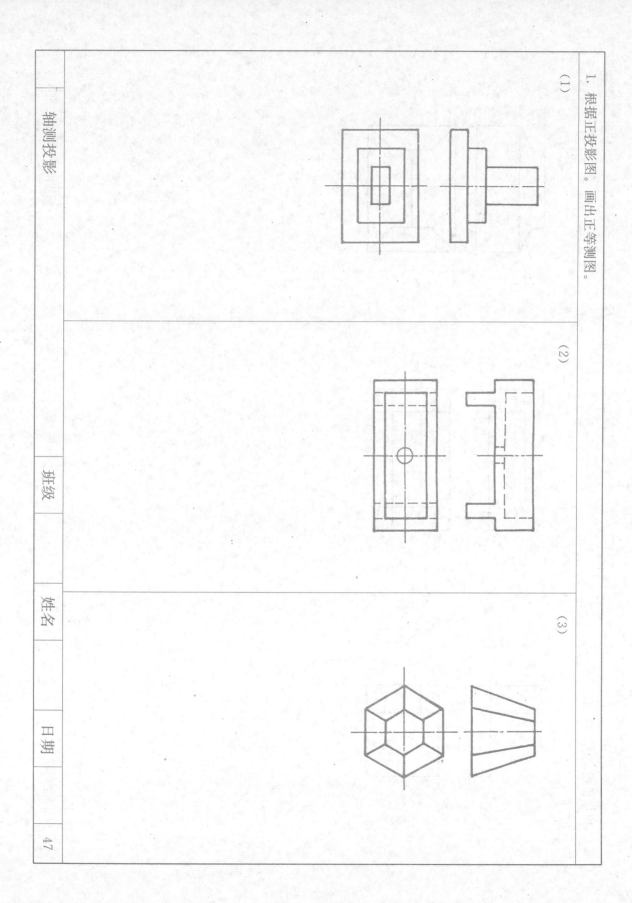

1. 根据正投影图。画出正等测图。

(1)

(2)

(3)

轴测投影 班级 姓名 日期 47

2. 根据正投影图，画出正二测图。

(1)

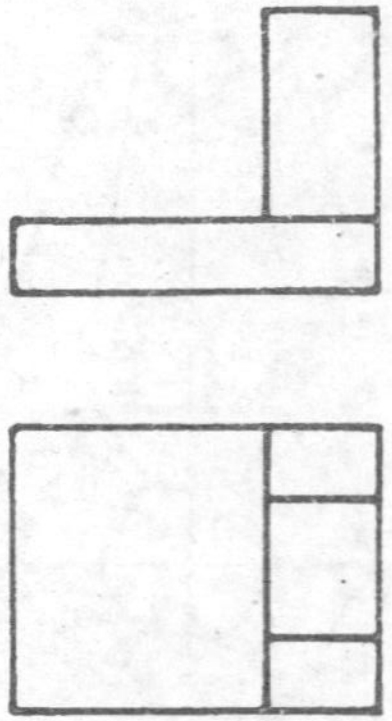

(2)

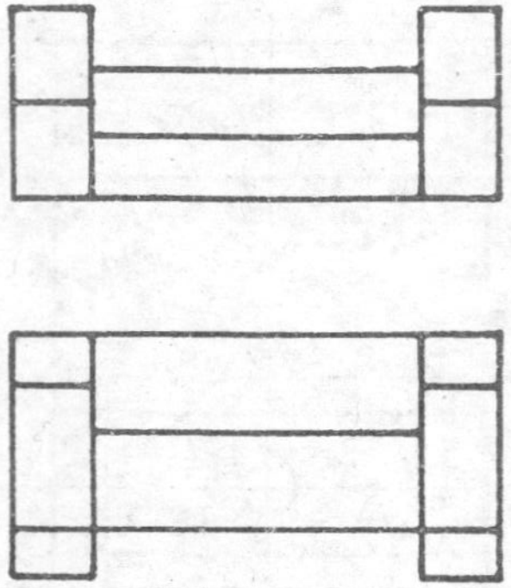

(3)

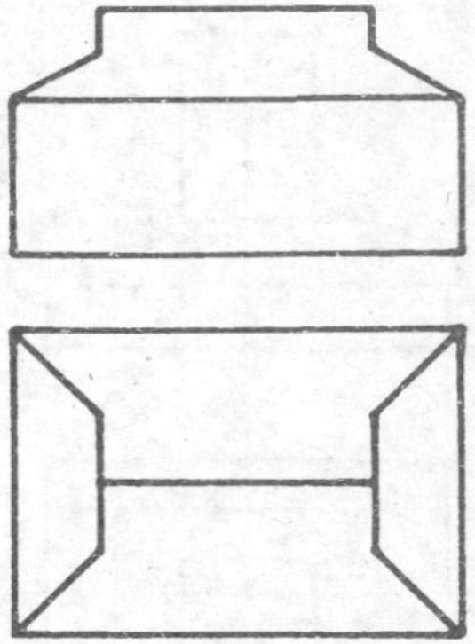

轴测投影

班级　　　　姓名　　　日期

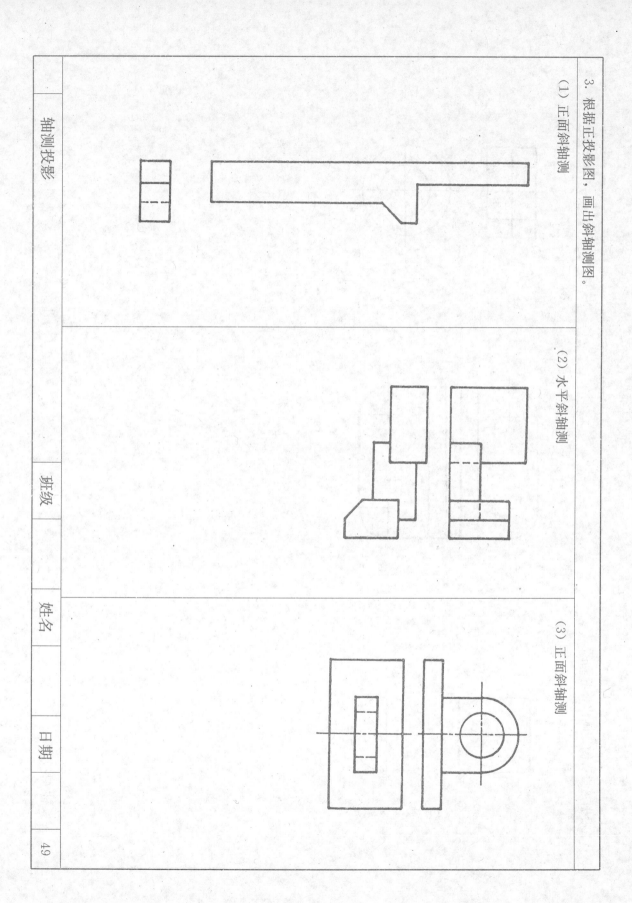

3. 根据正投影图，画出斜轴测图。

(1) 正面斜轴测

(2) 水平斜轴测

(3) 正面斜轴测

轴测投影　　　班级　　姓名　　日期　　49

4. 根据正投影图，画出正等测图。

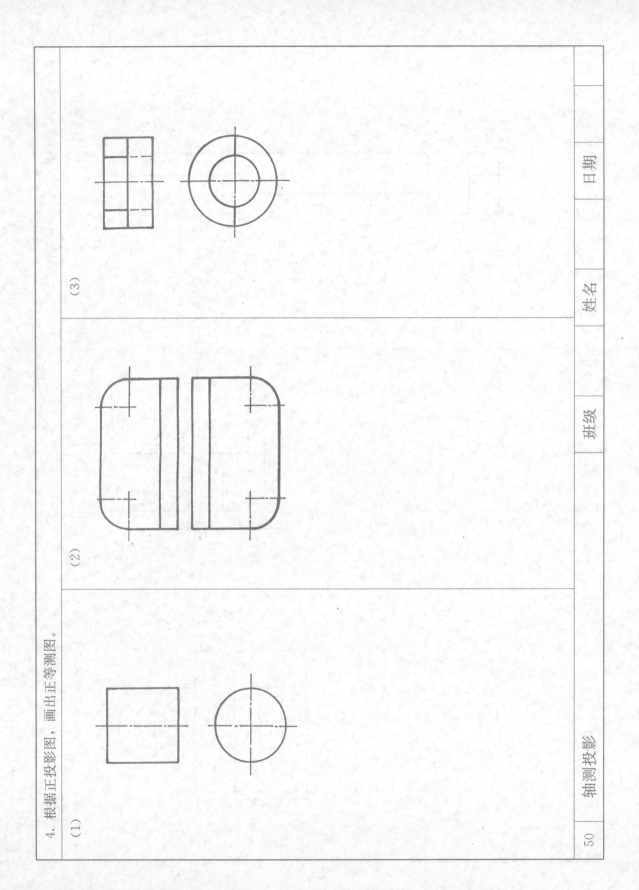

(1)

(2)

(3)

班级　姓名　日期

5. 用 A₄ 绘图纸作轴测图，自选轴测种类。

(1)

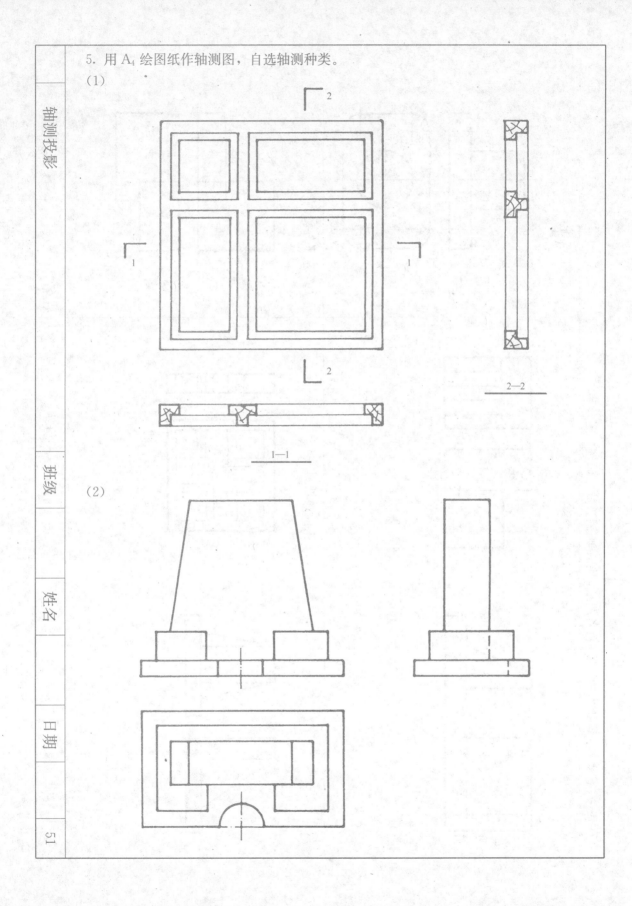

2—2

1—1

(2)

6. 根据正投影图，画出轴测图（自备图纸，铅笔画图，放大比例自定）。

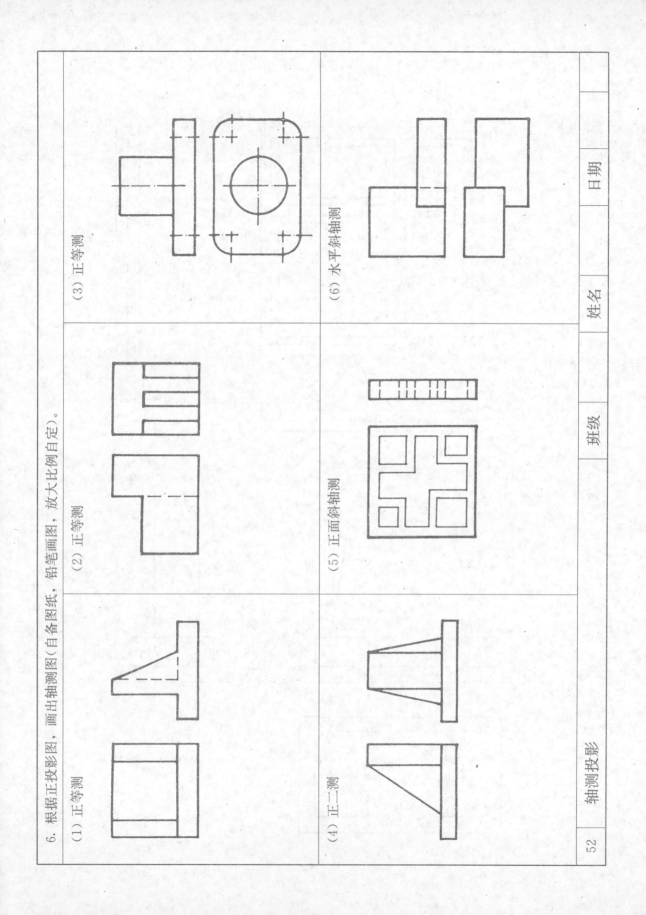

(1) 正等测

(2) 正等测

(3) 正等测

(4) 正二测

(5) 正面斜轴测

(6) 水平斜轴测

轴测投影

班级　　姓名　　日期

52

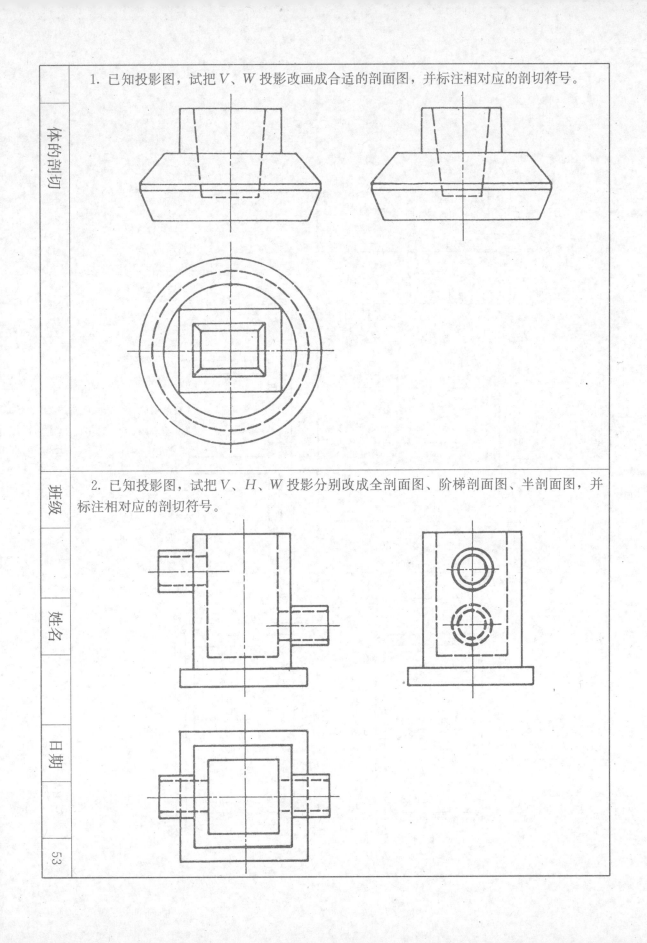

1. 已知投影图，试把 V、W 投影改画成合适的剖面图，并标注相对应的剖切符号。

2. 已知投影图，试把 V、H、W 投影分别改成全剖面图、阶梯剖面图、半剖面图，并标注相对应的剖切符号。

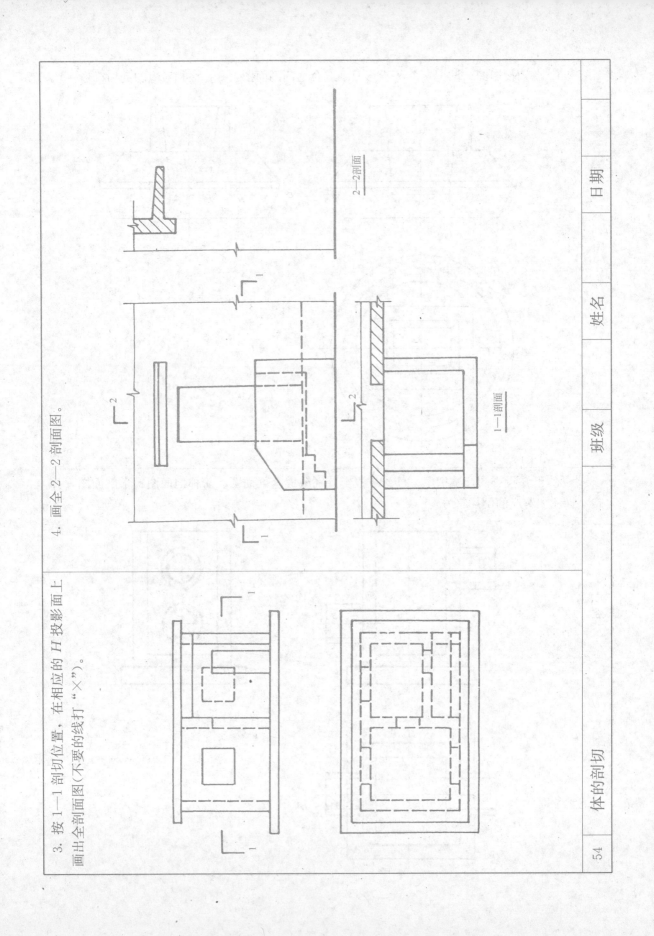

3. 按 1—1 剖切位置，在相应的 H 投影面上
画出全剖面图(不要的线打 "×")。

4. 画全 2—2 剖面图。

2—2剖面

1—1剖面

体的剖切

54

| 班级 | 姓名 | 日期 |

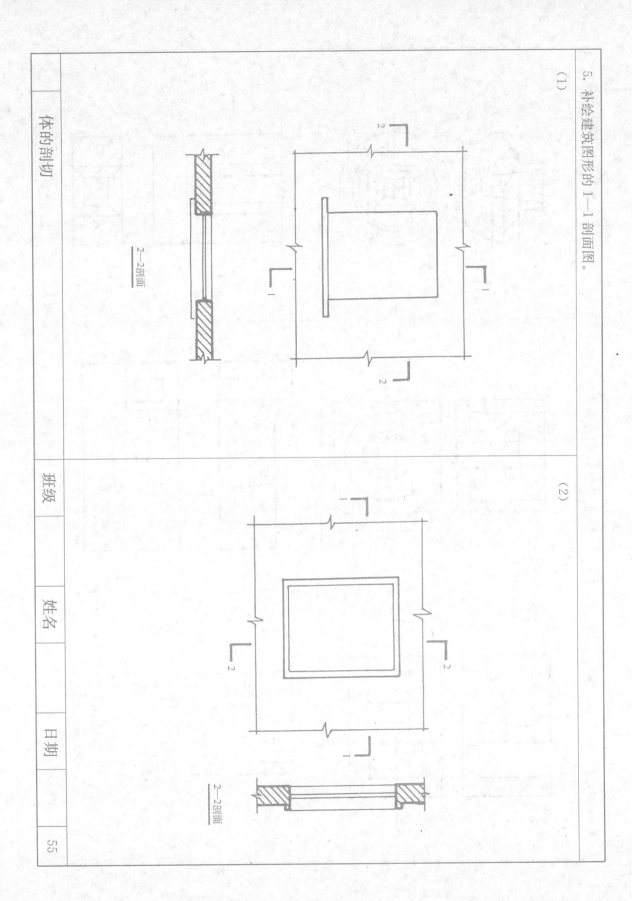

5. 补绘建筑图形的 1—1 剖面图。

(1)

(2)

2—2剖面

2—2剖面

体的剖切

班级　姓名　日期　55

6. 读剖面图，并且改错（画错线的地方打"×"，缺线的位置必须补画）。

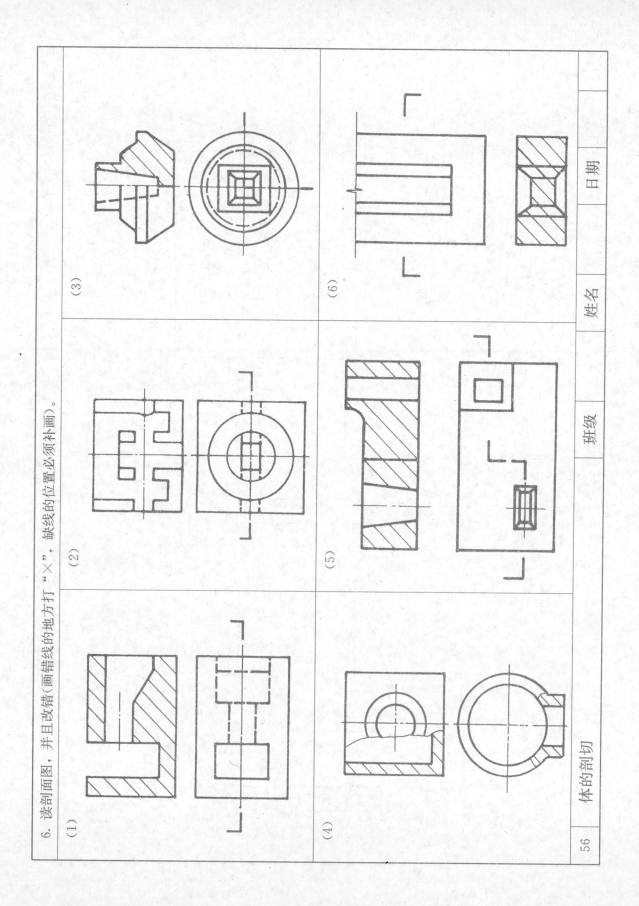

(1)

(2)

(3)

(4)

(5)

(6)

体的剖切

班级 　　姓名 　　日期

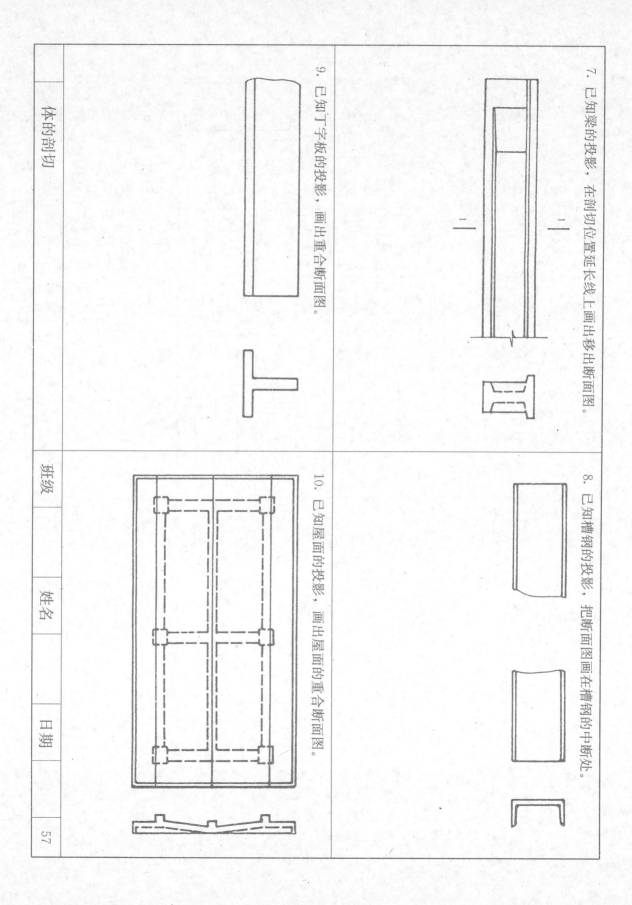

7. 已知梁的投影，在剖切位置延长线上画出移出断面图。

8. 已知槽钢的投影，把断面图画在槽钢的中断处。

9. 已知丁字板的投影，画出重合断面图。

10. 已知屋面的投影，画出屋面的重合断面图。

体的剖切

班级　姓名　日期

57

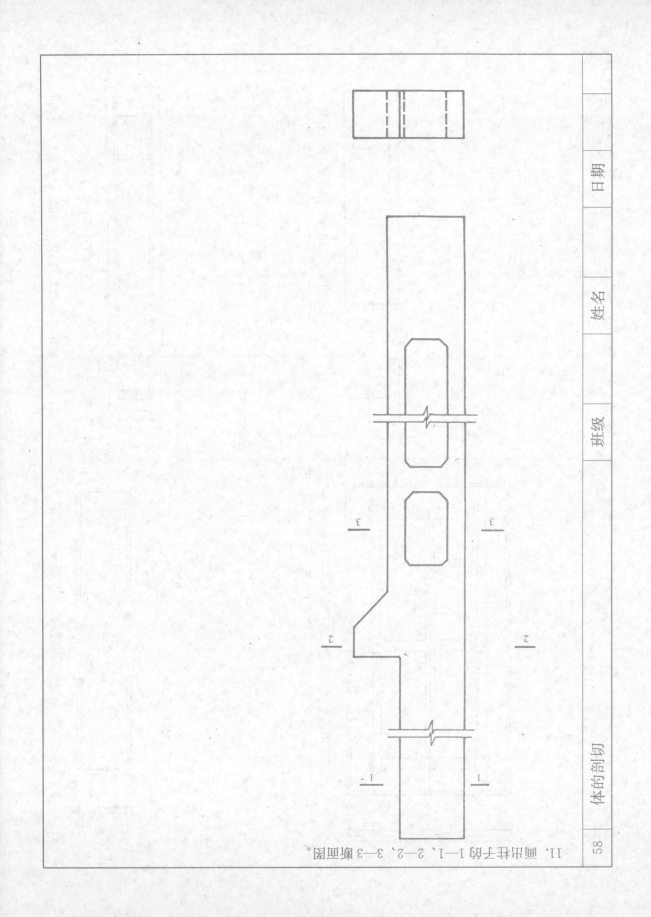

11. 画出柱子的 1—1、2—2、3—3 断面图。

体的剖切

班级　　姓名　　日期

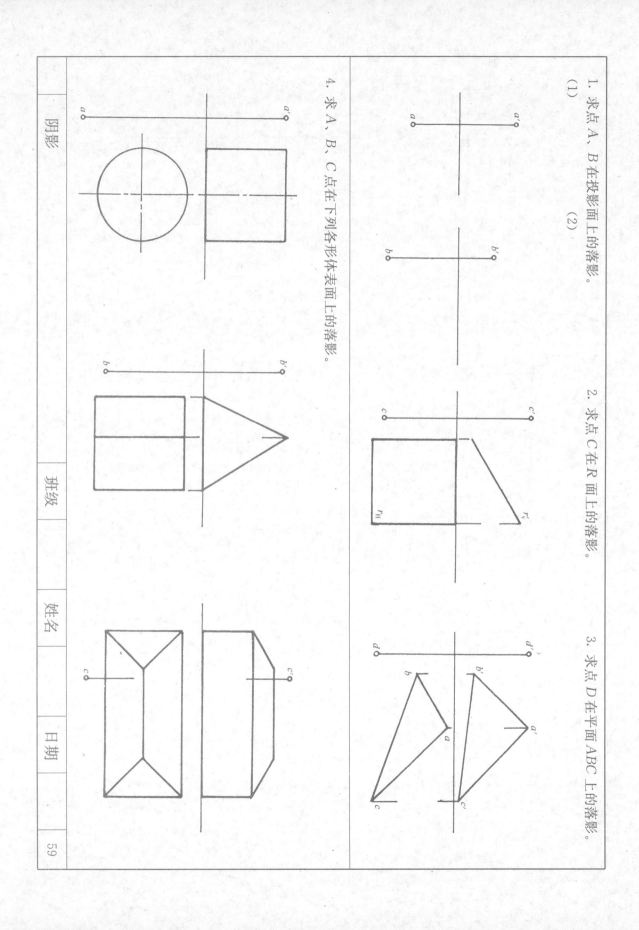

1. 求点 A、B 在投影面上的落影。

（1）　　　　　　　　（2）

2. 求点 C 在 R 面上的落影。

3. 求点 D 在平面 ABC 上的落影。

4. 求 A、B、C 点在下列各形体表面上的落影。

| 阴影 | | 班级 | | 姓名 | | 日期 | | 59 |

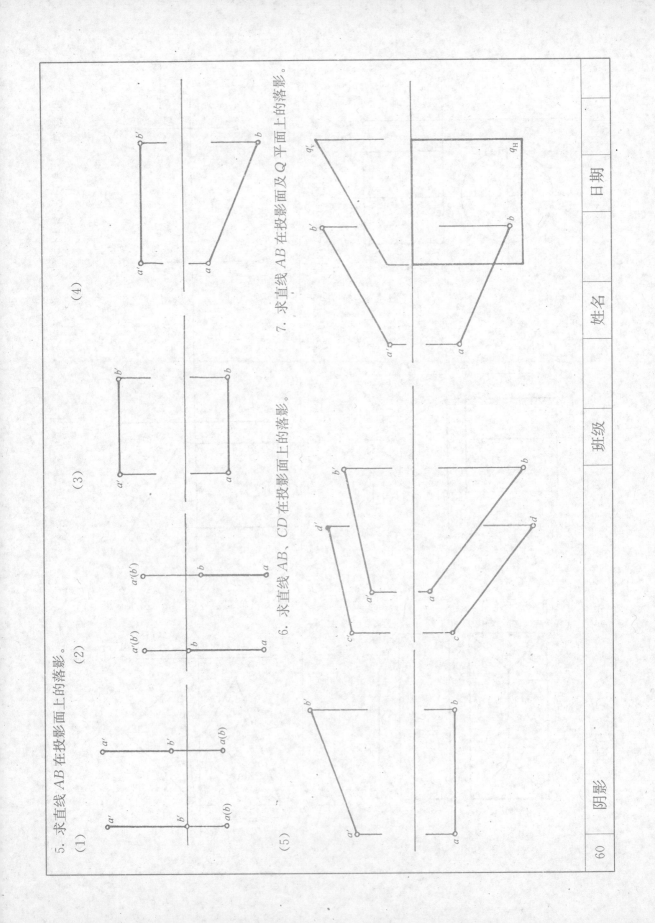

5. 求直线 AB 在投影面上的落影。

(1)

(2)

(3)

(4)

6. 求直线 AB，CD 在投影面上的落影。

(5)

7. 求直线 AB 在投影面及 Q 平面上的落影。

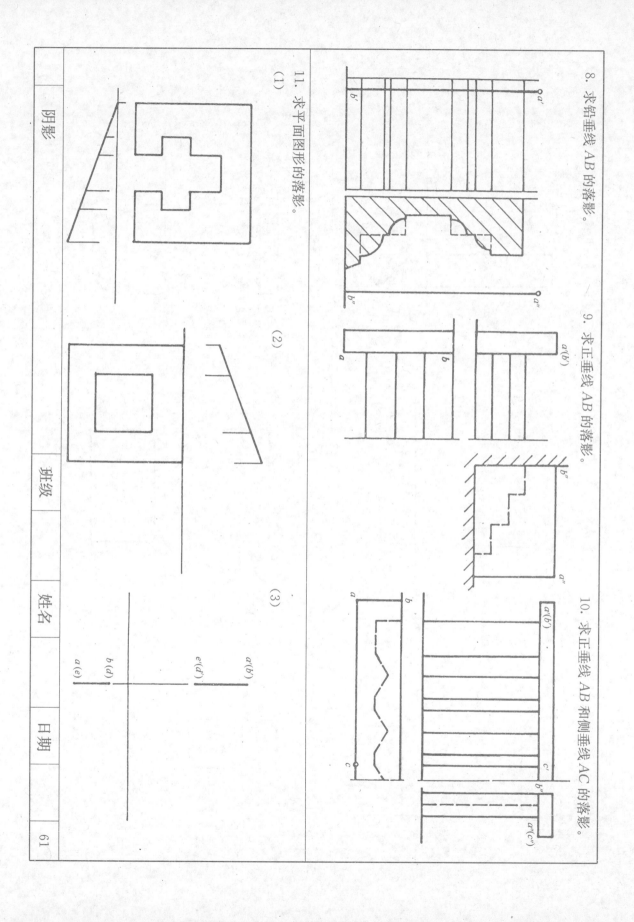

8. 求铅垂线 AB 的落影。

9. 求正垂线 AB 的落影。

10. 求正垂线 AB 和侧垂线 AC 的落影。

11. 求平面图形的落影。

(1)

(2)

(3)

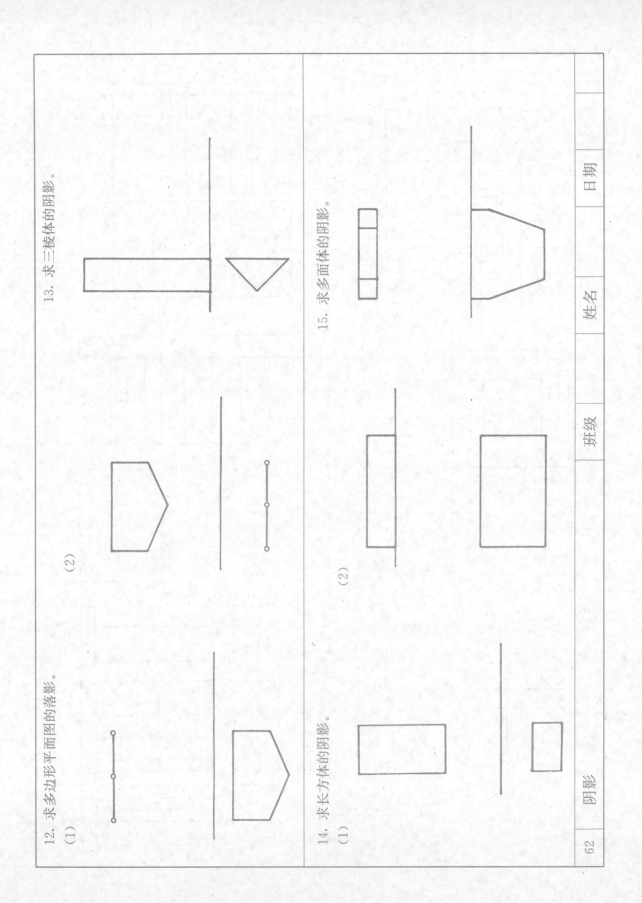

13. 求三棱体的阴影。

15. 求多面体的阴影。

12. 求多边形平面图的落影。
(1)

(2)

14. 求长方体的阴影。
(1)

(2)

阴影

班级　　姓名　　日期

62

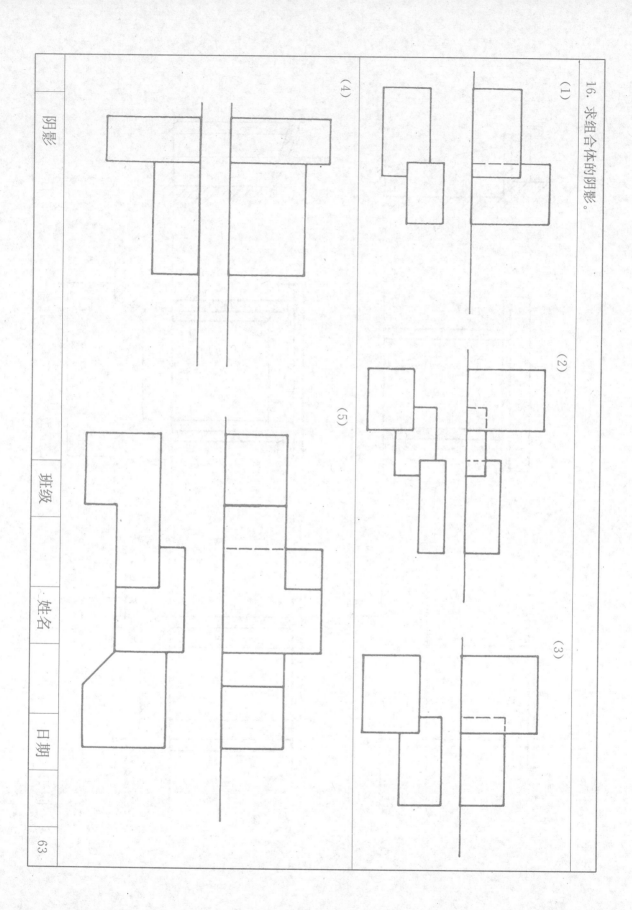

16. 求组合体的阴影。

(1)　(2)　(3)

(4)　(5)

阴影　班级　姓名　日期　63

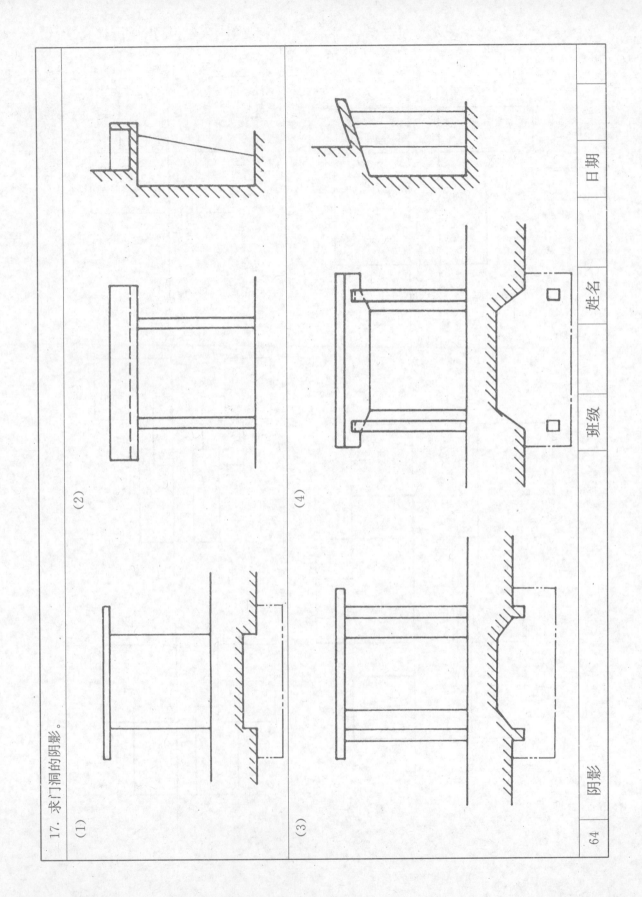

17. 求门洞的阴影。

(1)　(2)　(3)　(4)

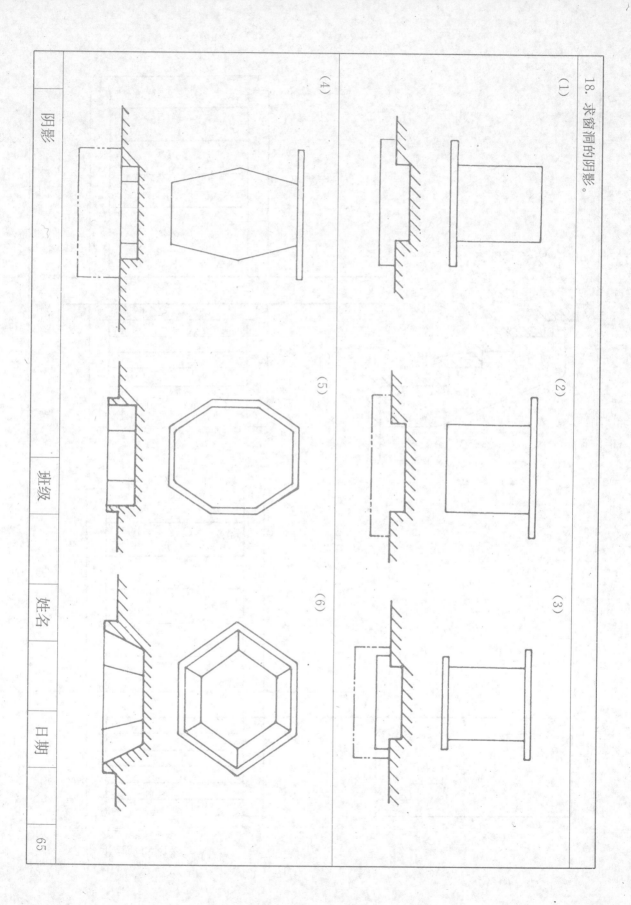

18. 求窗洞的阴影。

(1)

(2)

(3)

(4)

(5)

(6)

| 阴影 | | 班级 | | 姓名 | | 日期 | | 65 |

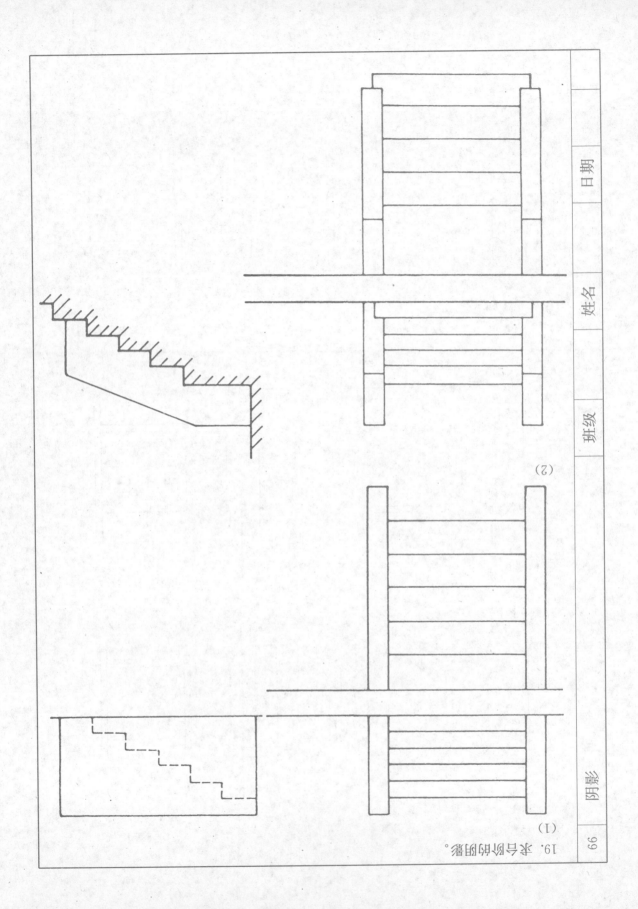

19. 求台阶的阴影。

（1）

（2）

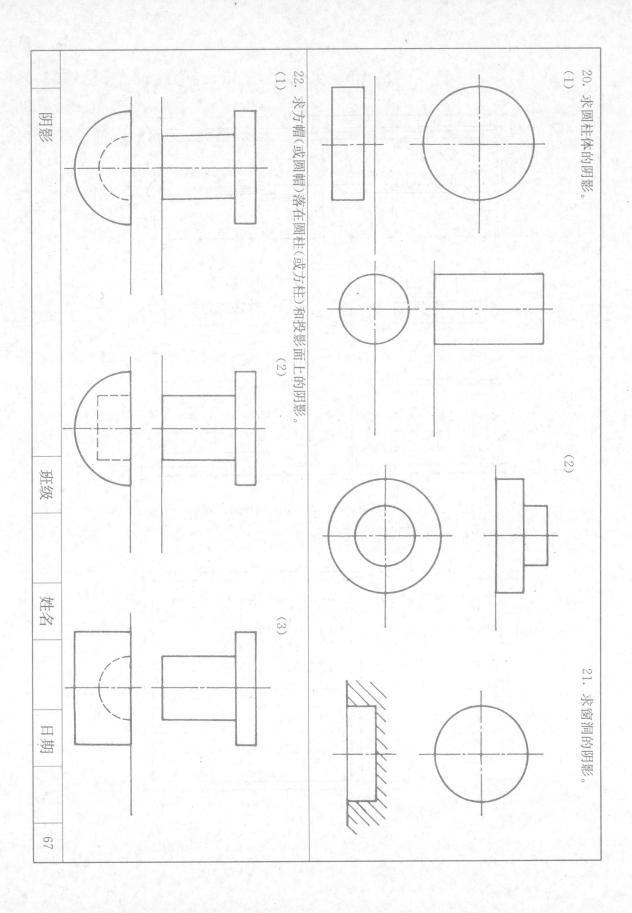

20. 求圆柱体的阴影。
(1)

(2)

21. 求窗洞的阴影。

22. 求方帽（或圆帽）落在圆柱（或方柱）和投影面上的阴影。
(1)

(2)

(3)

| 阴影 | 班级 | 姓名 | 日期 | 67 |

25. 求某建筑施工图图 12-1 作示建筑南立面图的各阴影。

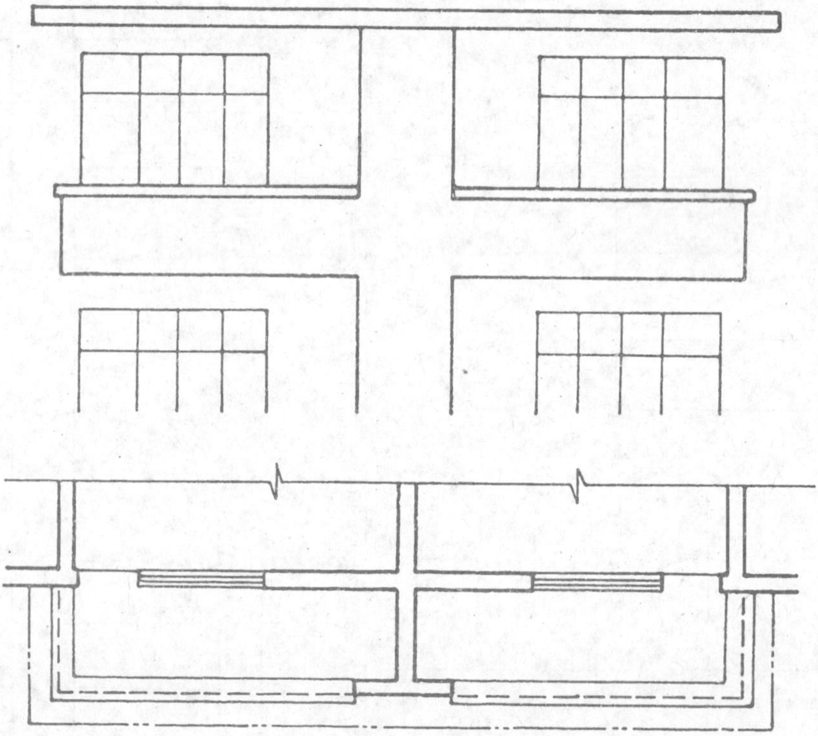

24. 求某门、窗洞、窗套、出右的阴影。

23. 求花格的阴影。

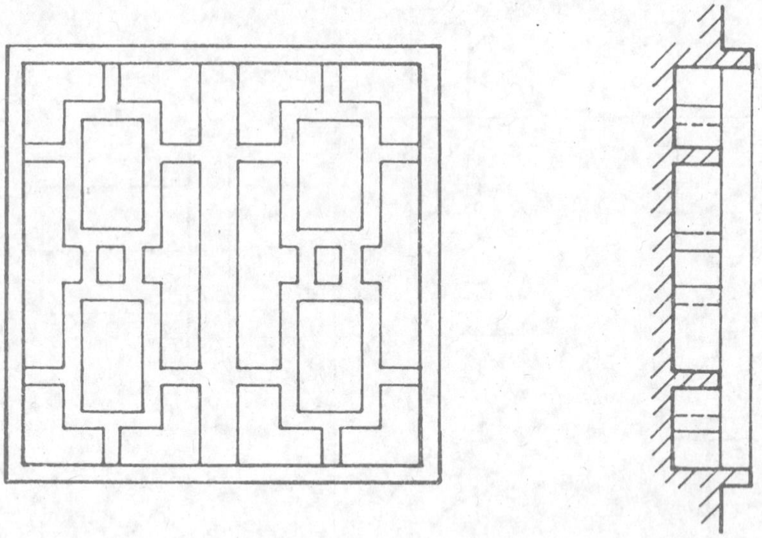

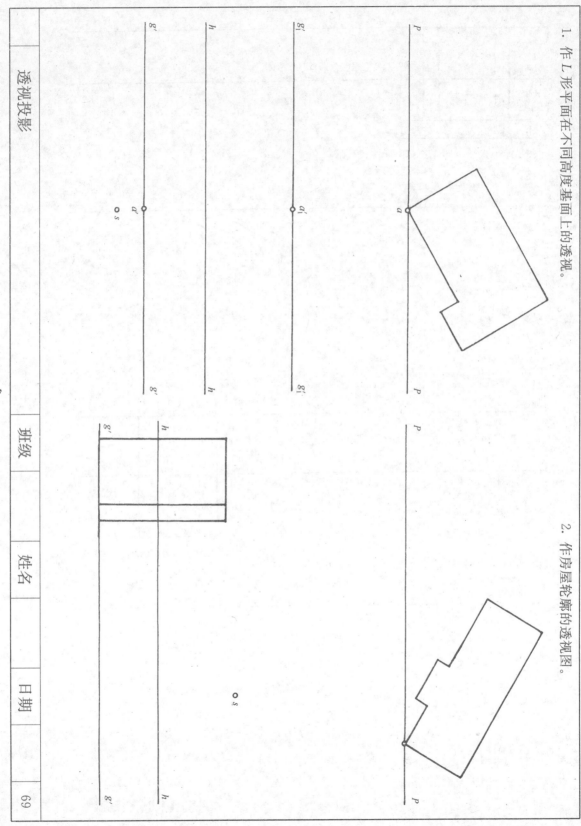

1. 作 L 形平面在不同高度基面上的透视。

2. 作房屋轮廓的透视图。

| 透视投影 | 班级 | | 姓名 | | 日期 | | 69 |

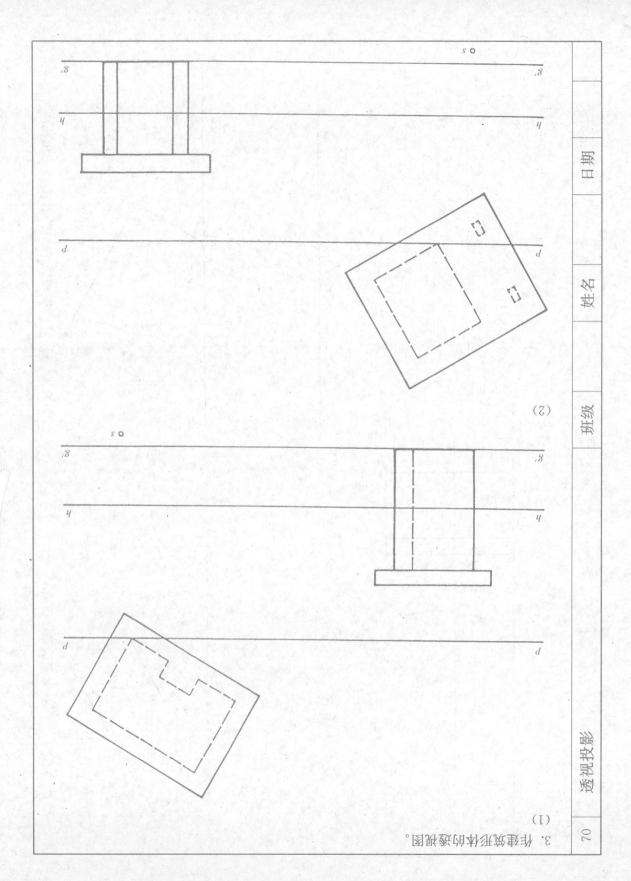

透视投影

班级　姓名　日期

3. 作建筑形体的透视投影图。

(1)　(2)

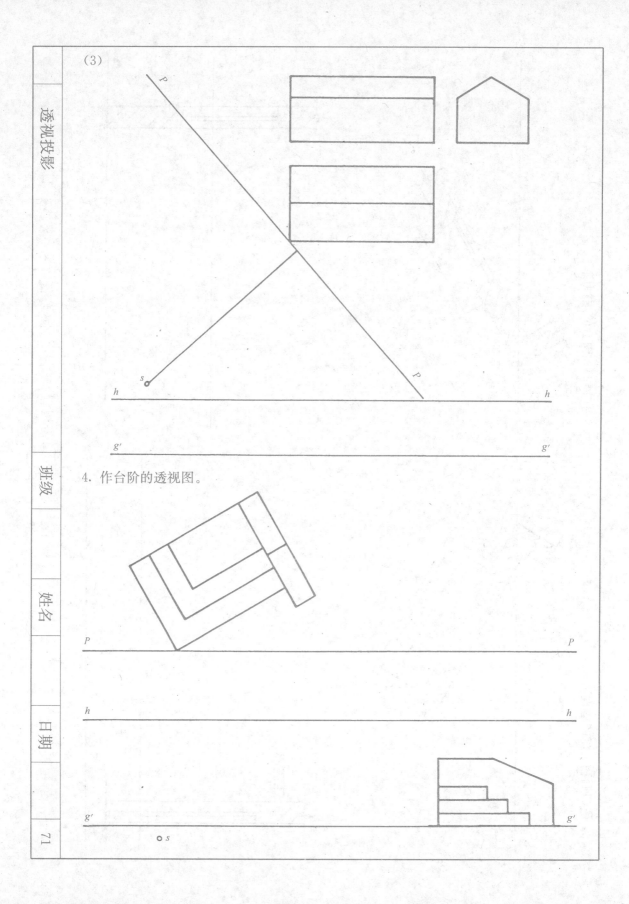

（3）

4. 作台阶的透视图。

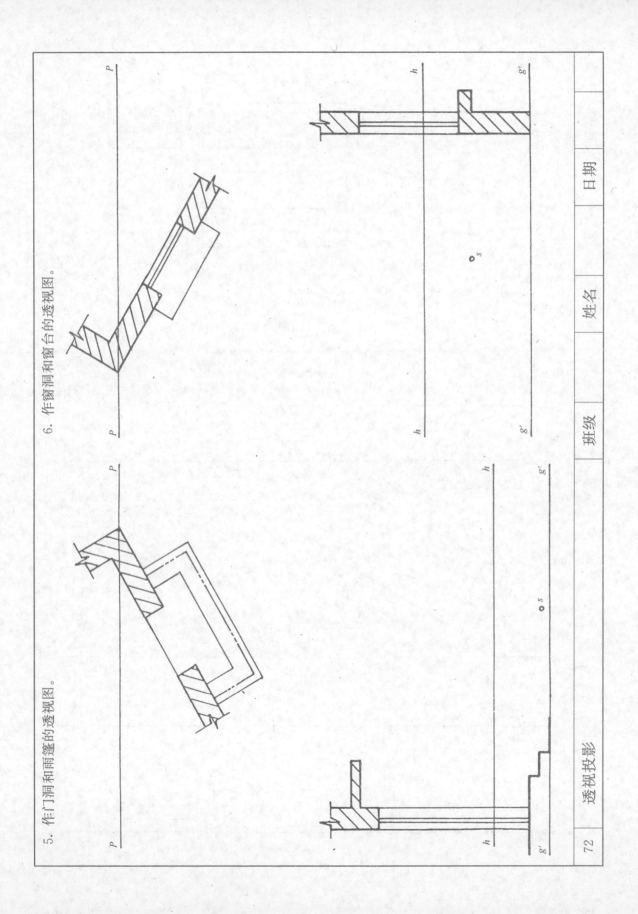

5. 作门洞和雨篷的透视图。

6. 作窗洞和窗台的透视图。

透视投影　　　班级　　姓名　　日期

72

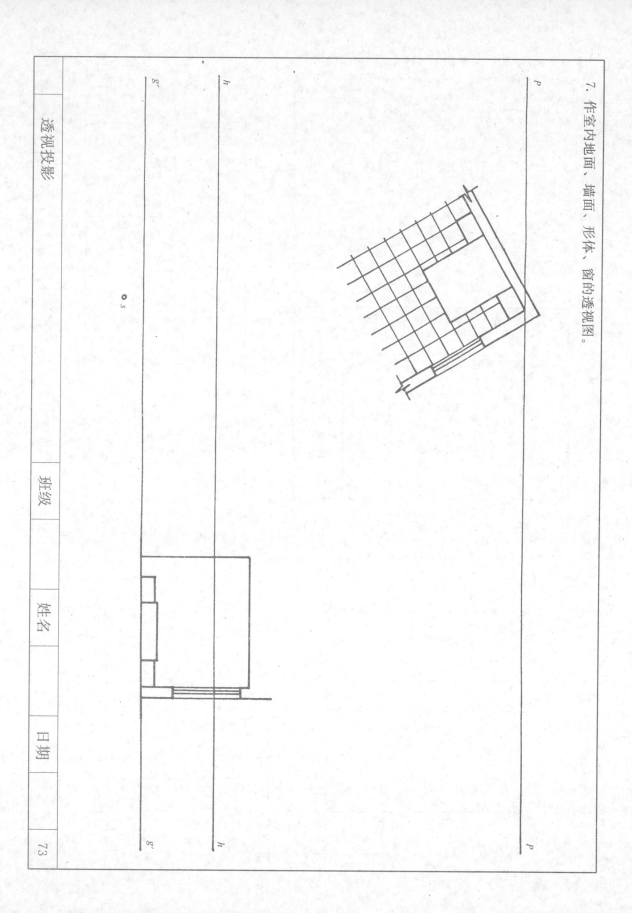

7. 作室内地面、墙面、形体、窗的透视图。

透视投影

| 班级 | 姓名 | 日期 | 73 |

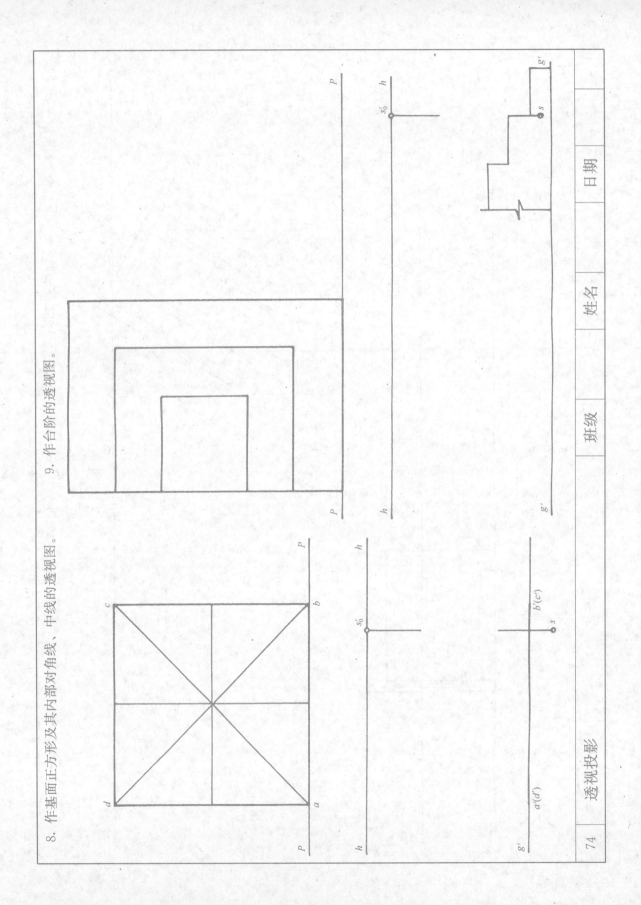

8. 作基面正方形及其内部对角线、中线的透视图。

9. 作台阶的透视图。

透视投影

班级　　　姓名　　　日期

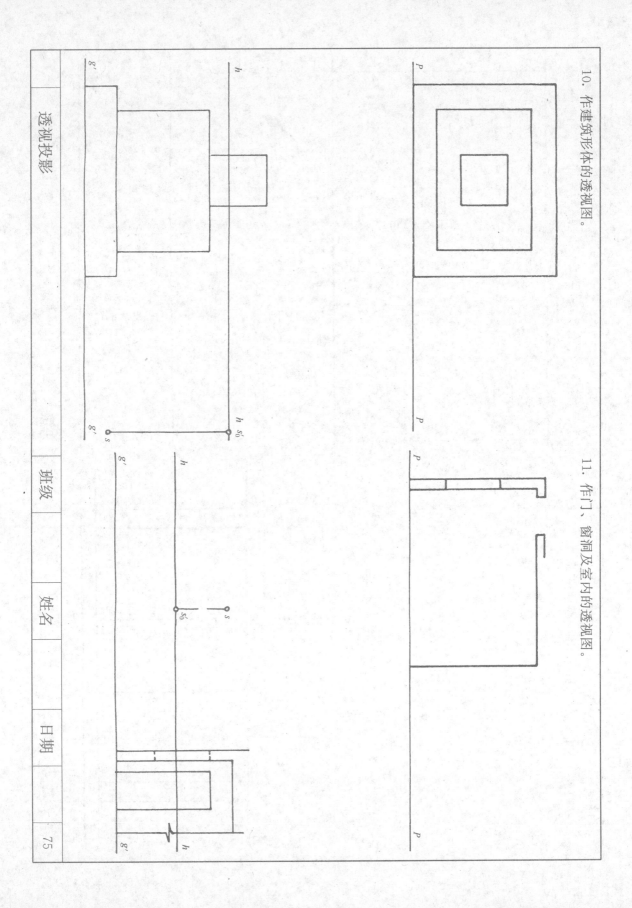

10. 作建筑形体的透视图。

11. 作门、窗洞及室内的透视图。

透视投影

| 班级 | 姓名 | 日期 | 75 |

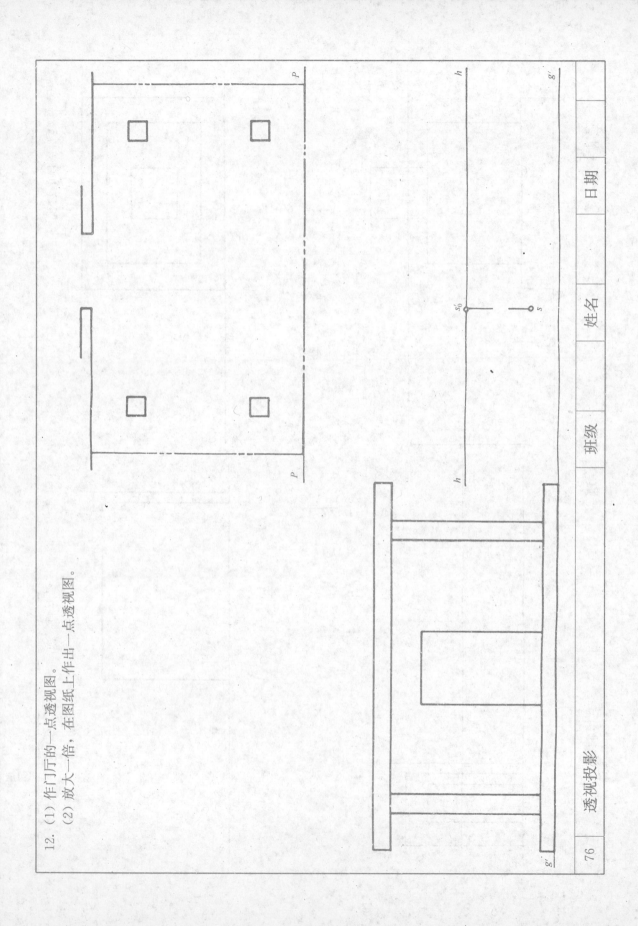

12. （1）作门厅的一点透视图。
　　（2）放大一倍，在图纸上作出一点透视图。

透视投影

76

班级　　　姓名　　　日期

13. (1) 作室内布置的一点透视。
   (2) 放大1～2倍，在图纸上作出一点透视图。

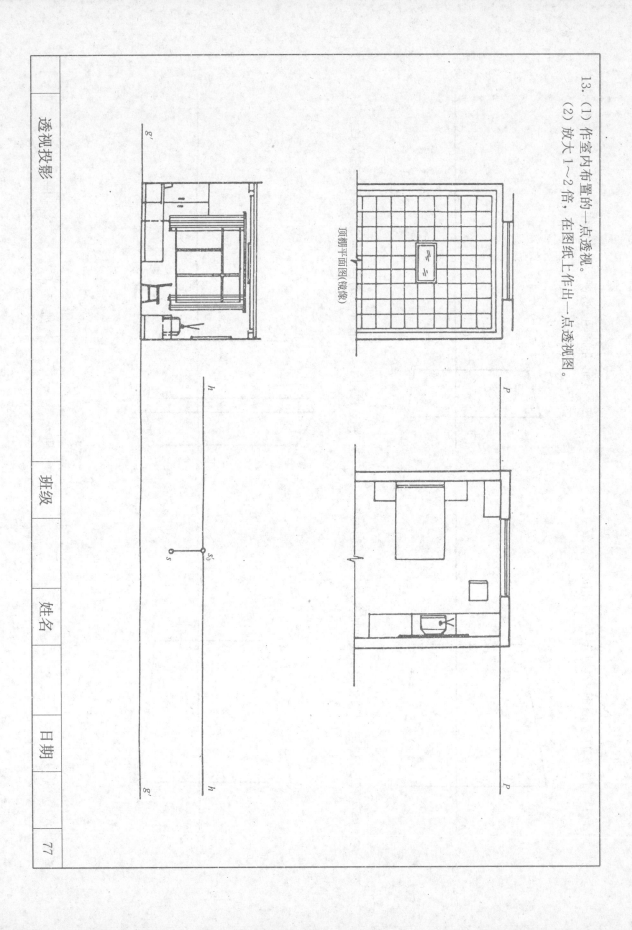

顶棚平面图(镜象)

| 透视投影 | 班级 | 姓名 | 日期 | 77 |

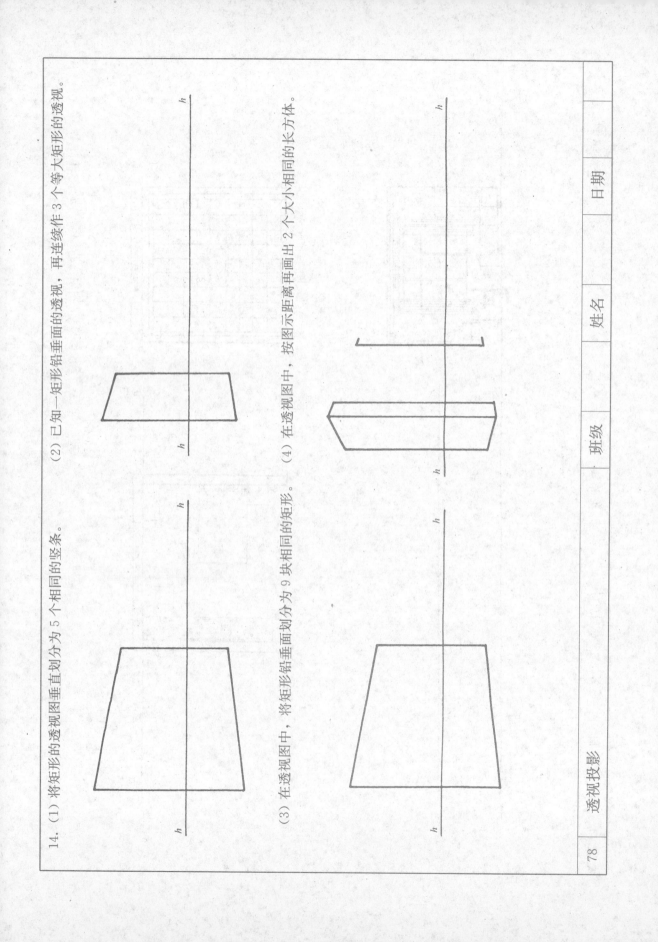

14.（1）将矩形的透视图垂直划分为 5 个相同的竖条。　　（2）已知一矩形铅垂面的透视，再连续作 3 个等大矩形的透视。

（3）在透视图中，将矩形铅垂面划分为 9 块相同的矩形。　　（4）在透视图中，按图示距离再画出 2 个大小相同的长方体。

透视投影

班级　　姓名　　日期

78

15. 放大一倍，用量点法作建筑形体的透视图平面和两点透视图。

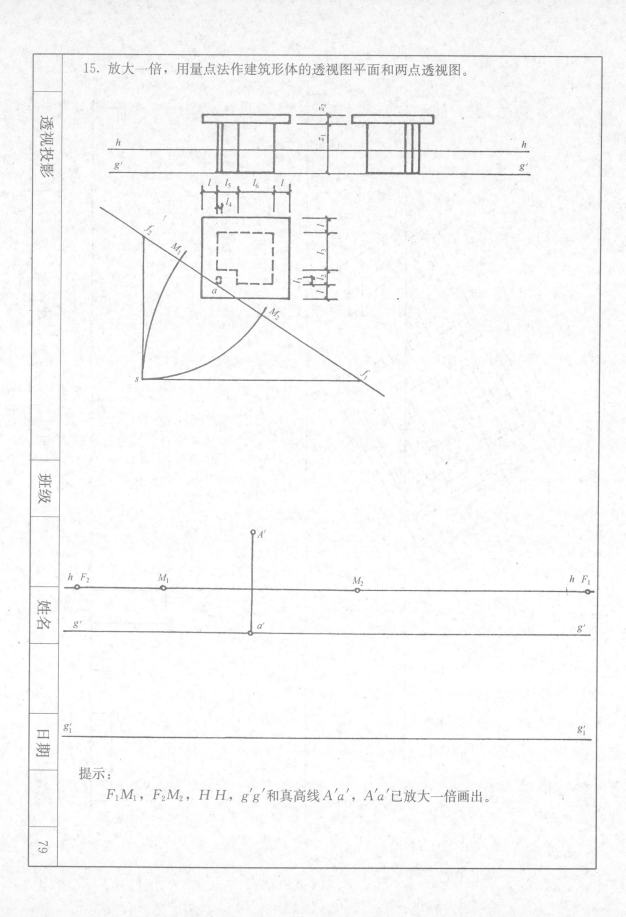

提示：

　　F_1M_1，F_2M_2，HH，$g'g'$ 和真高线 $A'a'$，$A'a'$ 已放大一倍画出。

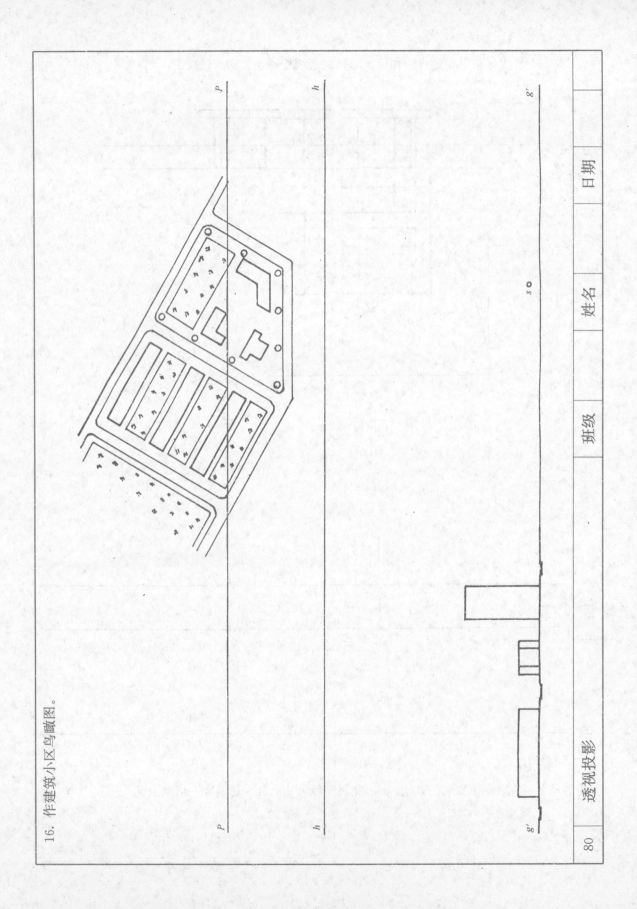

16. 作建筑小区鸟瞰图。

	班级	姓名	日期
透视投影			
80			

17. 作平行街景鸟瞰图。

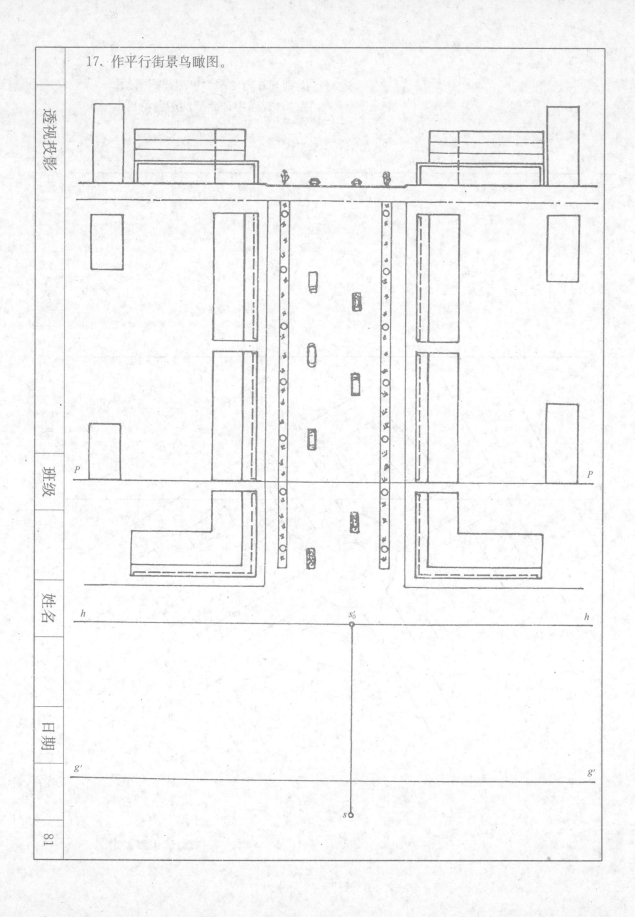

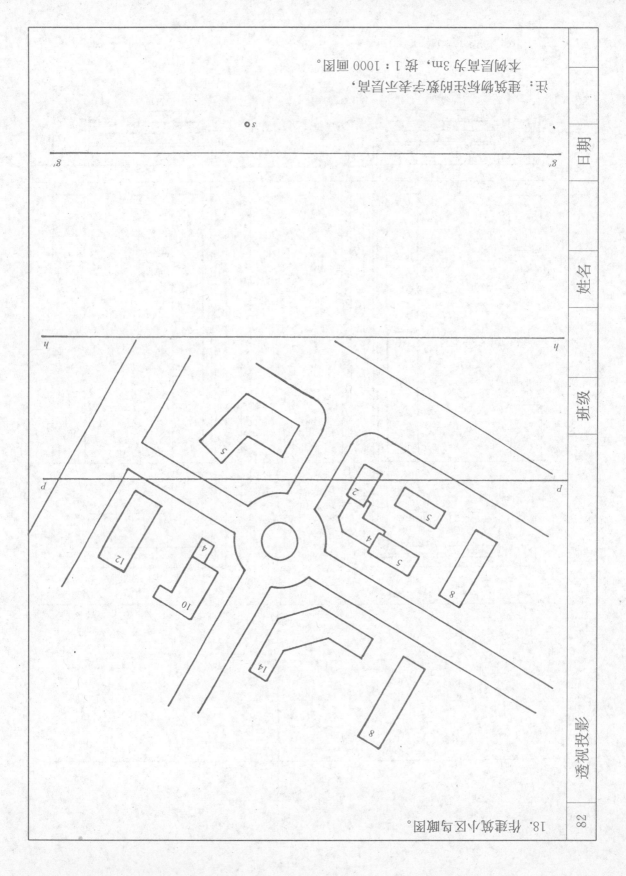

注：建筑物后边的数字表示层数，
本例层高为3m，按 1：1000 画图。

18. 作建筑小区乌瞰图。

透视投影

82

日期

姓名

班级

19. 用网格法绘制建筑群的一点透视。

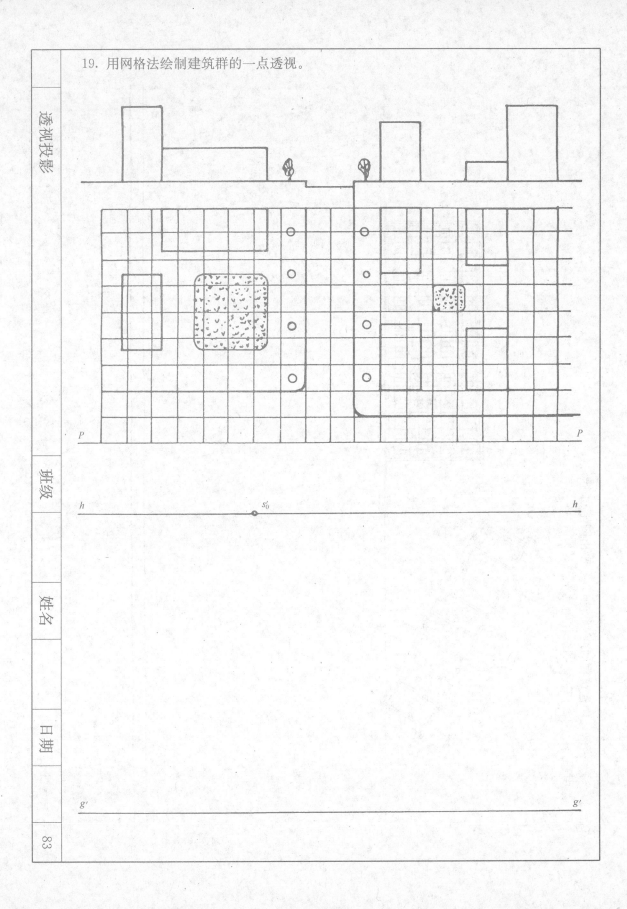

20. （1）放大一倍，作建筑物的两点透视，并画出阴影与配景。
　　（2）用适当比例，把透视图图画在图纸上。

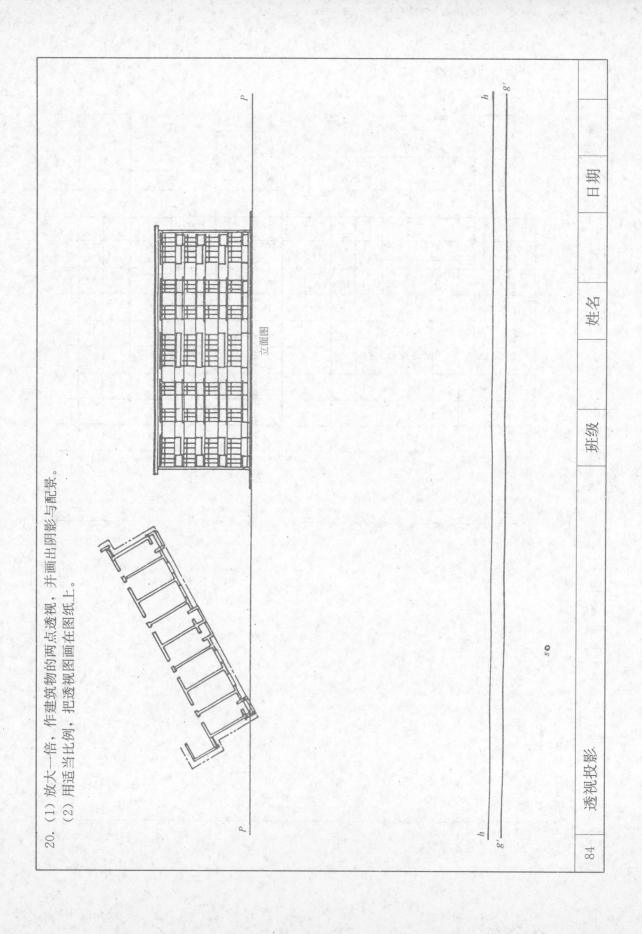

立面图

P

P

h

g'

h

g'

s

透视投影		班级		姓名		日期	
84							

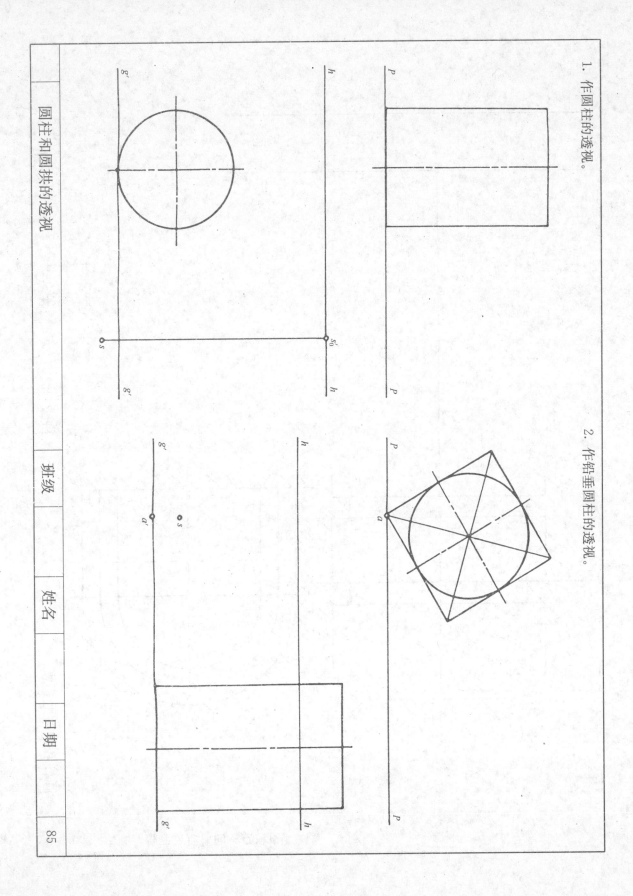

1. 作圆柱的透视。

2. 作铅垂圆柱的透视。

圆柱和圆拱的透视

班级　姓名　日期　85

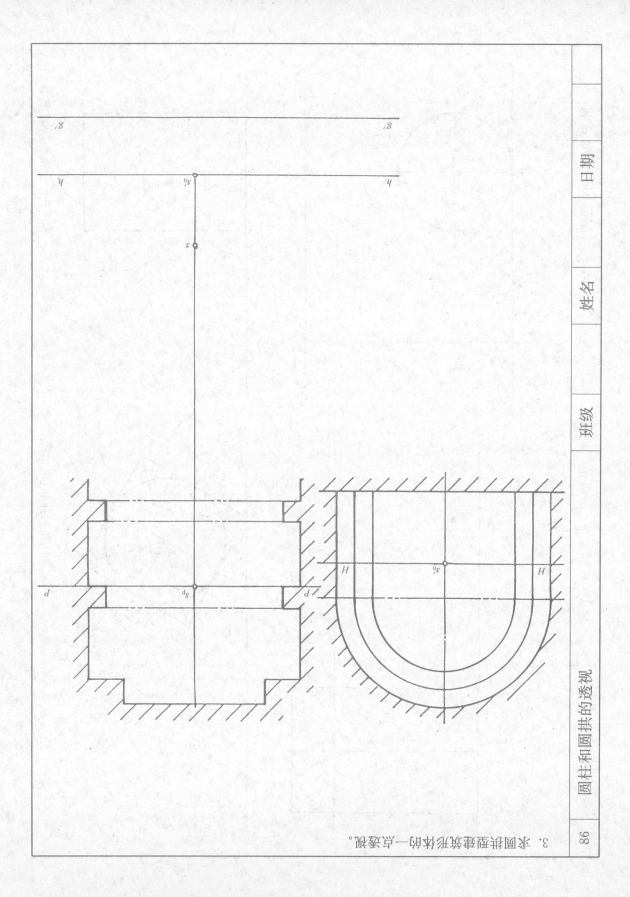

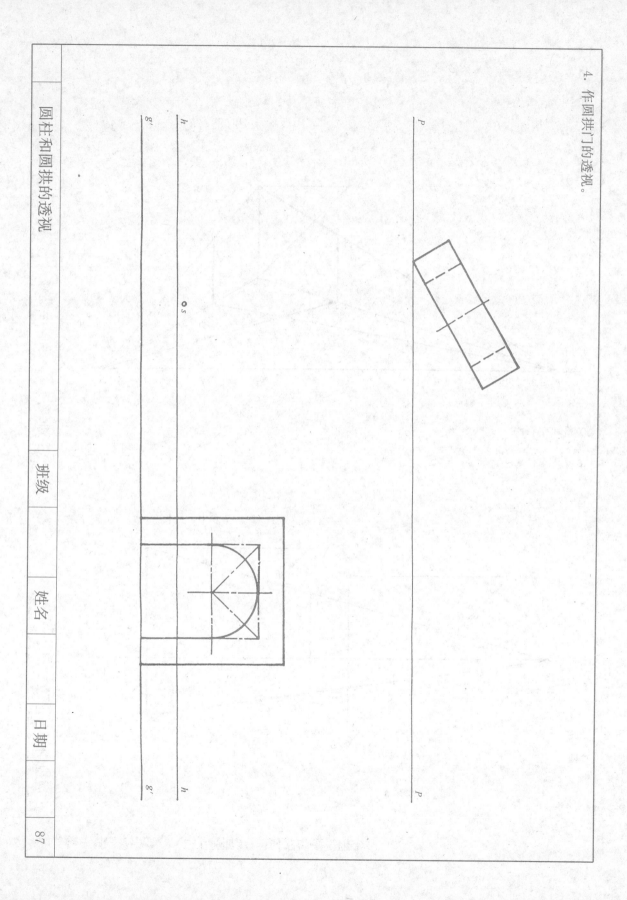

4. 作圆拱门的透视。

圆柱和圆拱的透视

| 班级 | 姓名 | 日期 | 87 |

1. 求平行光线 $L(L \parallel$ 画面 $P)$ 照射下的透视阴影。

(1)

(2)

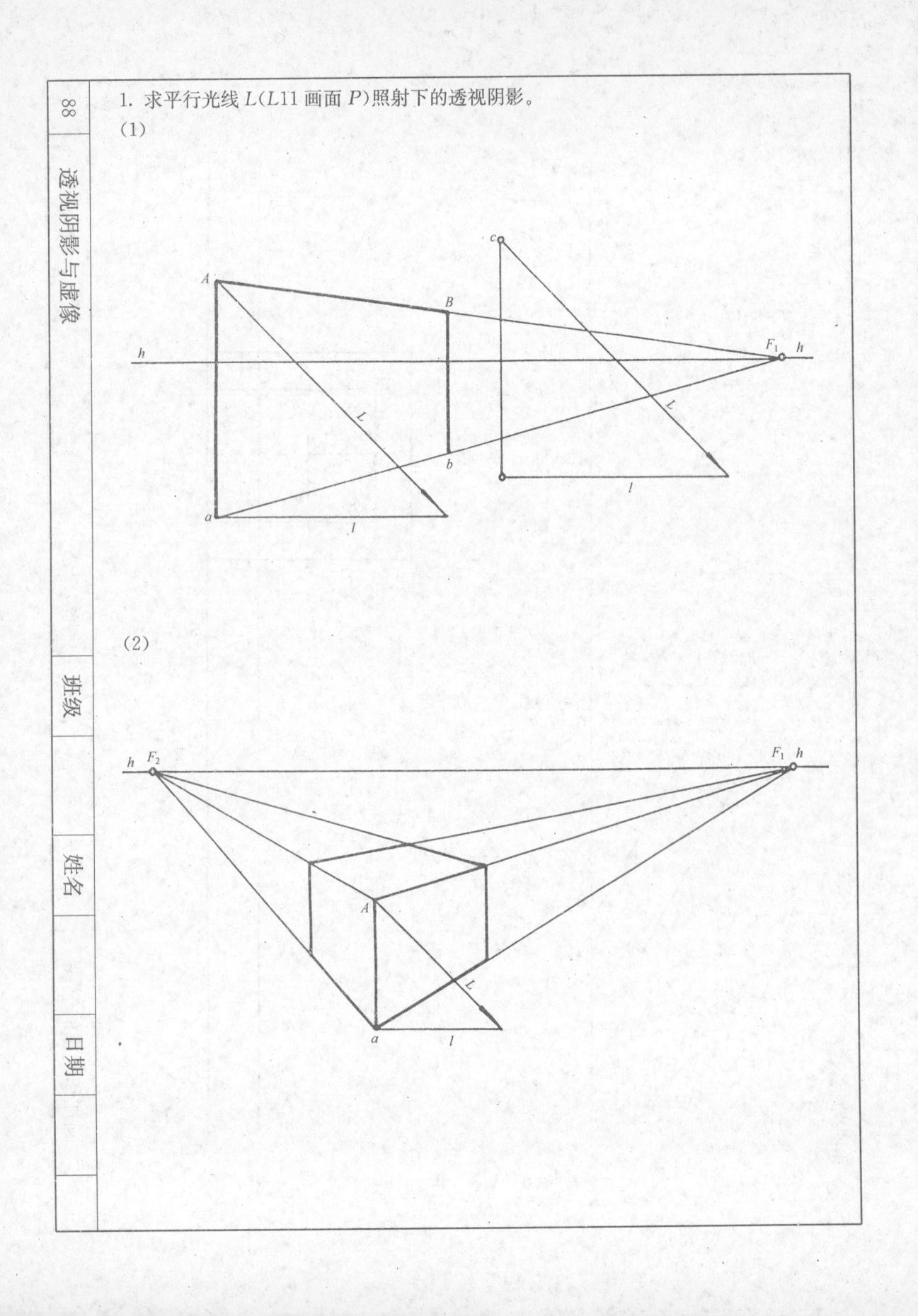

(3)

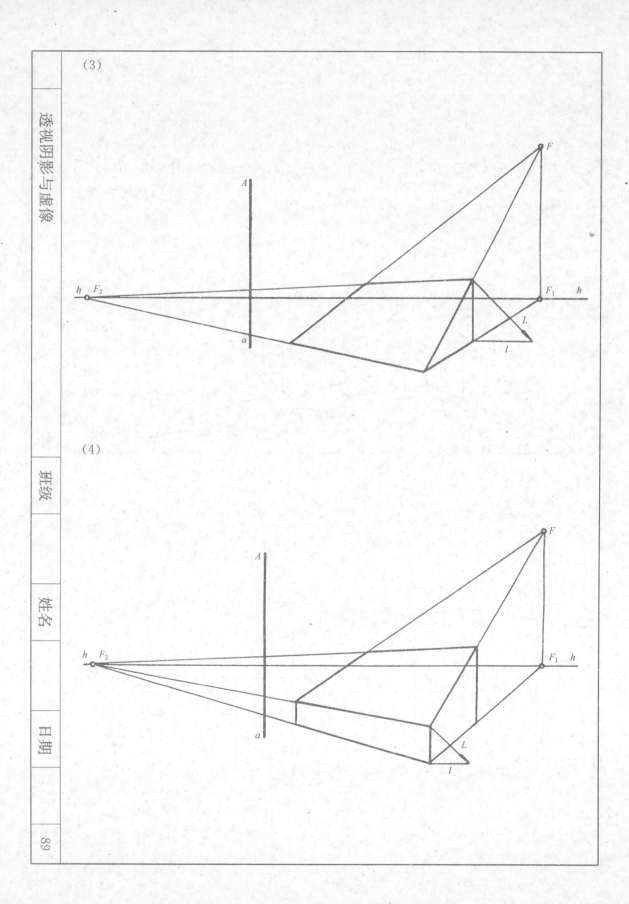

(4)

（5）

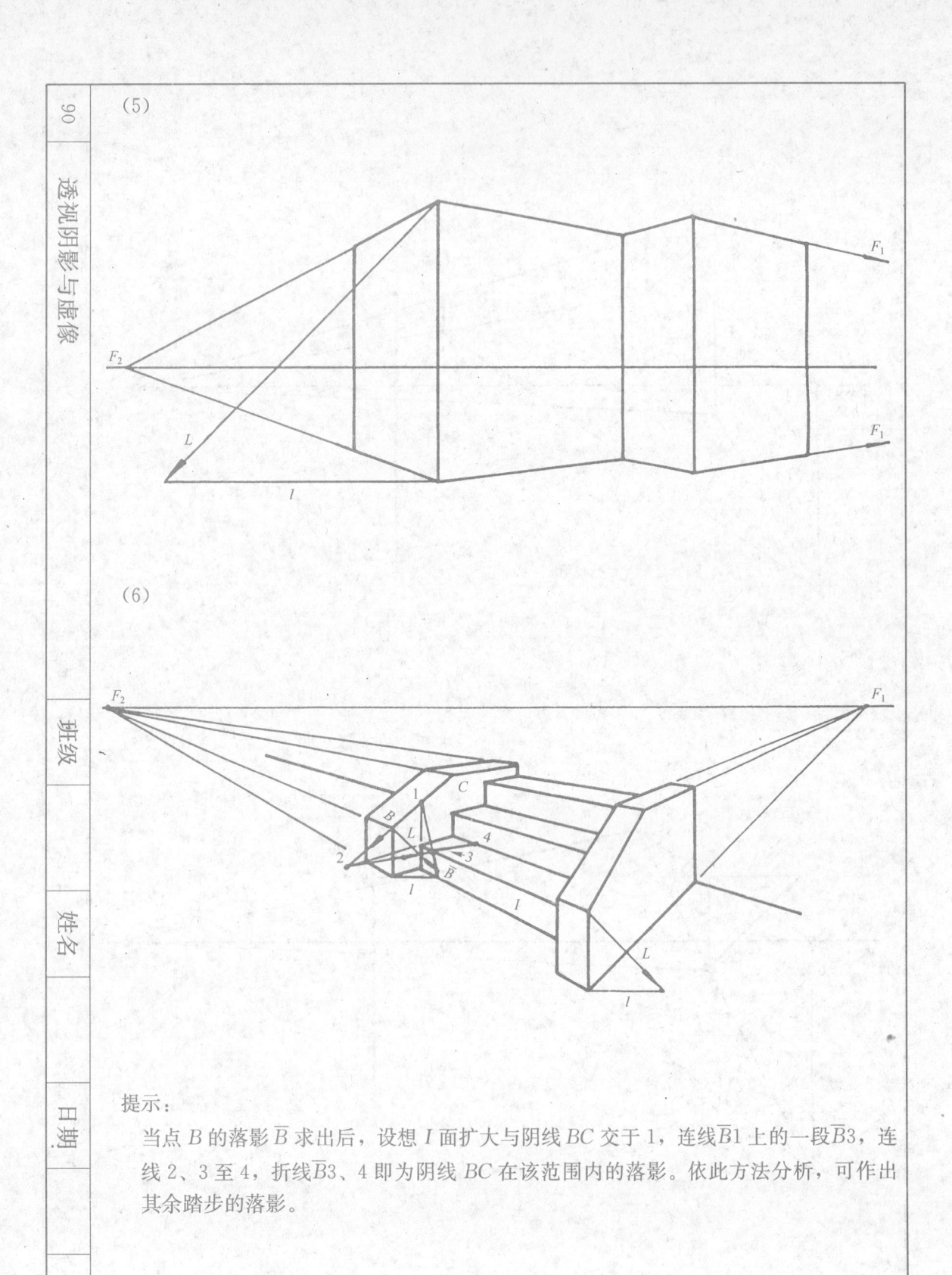

（6）

提示：

当点 B 的落影 $\overline{B}$ 求出后，设想 I 面扩大与阴线 BC 交于 1，连线 $\overline{B}$1 上的一段 $\overline{B}$3，连线 2、3 至 4，折线 $\overline{B}$3、4 即为阴线 BC 在该范围内的落影。依此方法分析，可作出其余踏步的落影。

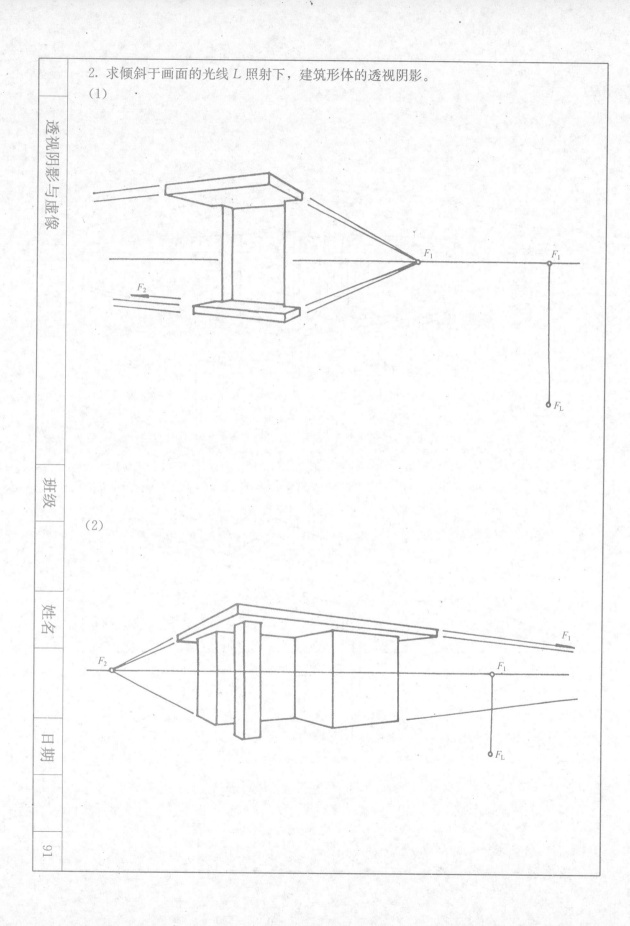

2. 求倾斜于画面的光线 L 照射下，建筑形体的透视阴影。

(1)

F_1 F_1

F_2

F_L

(2)

F_1

F_2 F_1

F_L

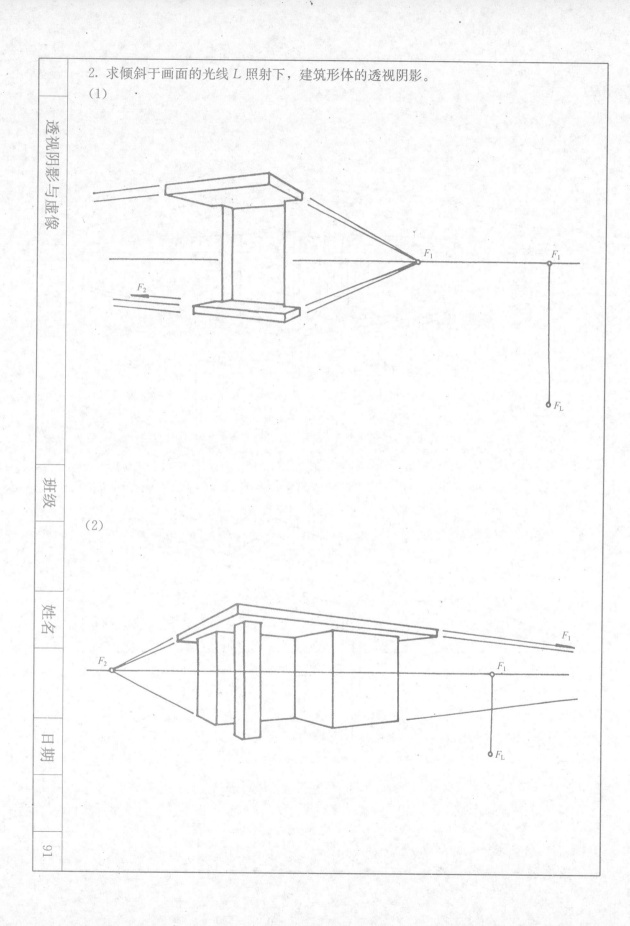

透视阴影与虚像

班级

姓名

日期

91

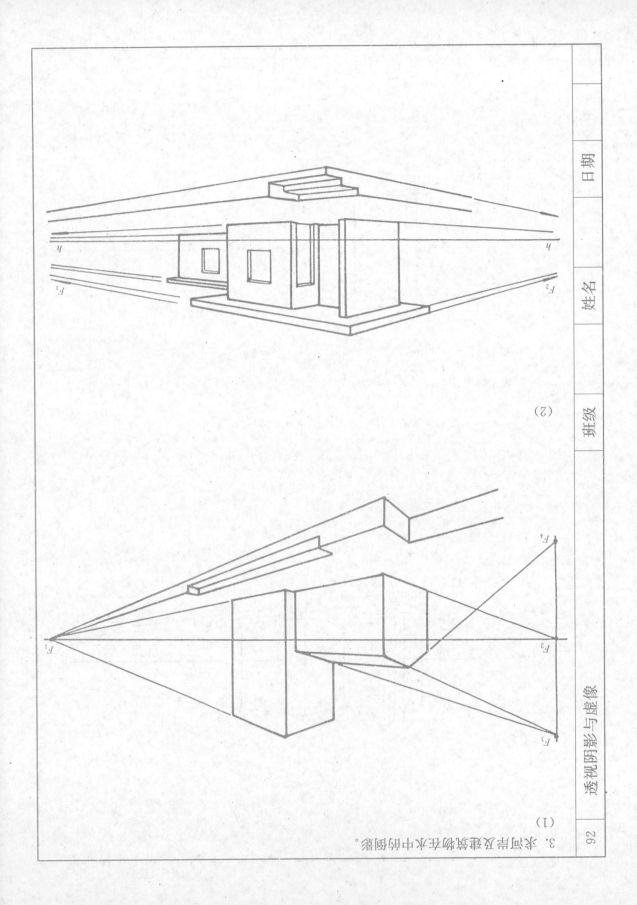

（2）

（1）

透视阴影与虚像

3. 求阳光及建筑物在水中的倒影。

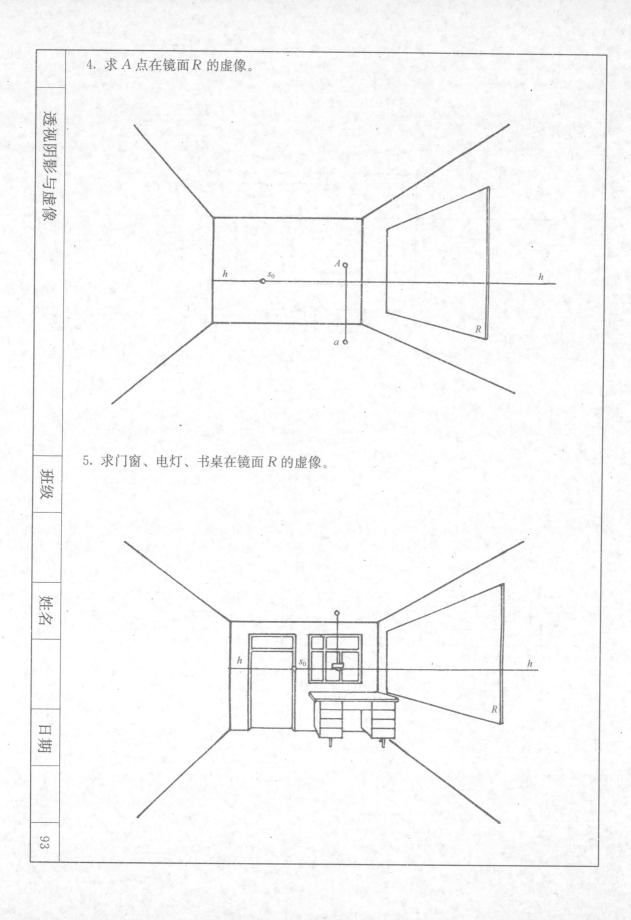

4. 求 A 点在镜面 R 的虚像。

5. 求门窗、电灯、书桌在镜面 R 的虚像。

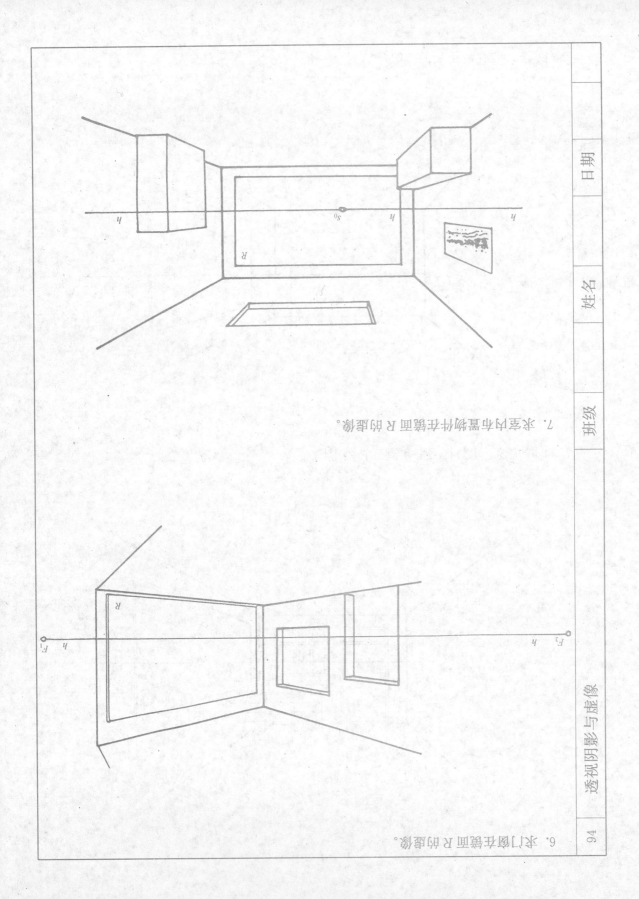

7. 求室内布置物体在碰面 R 的阴影。

6. 求门洞在碰面 R 的阴影。

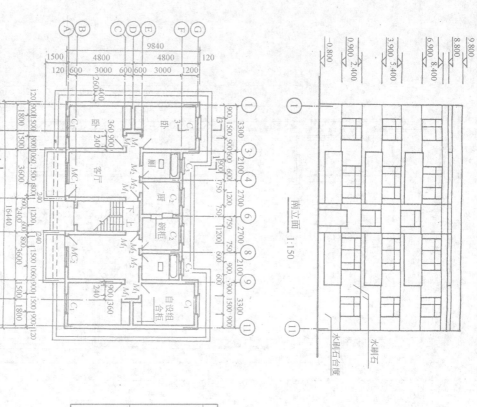

南立面 1:150

一层平面 1:150

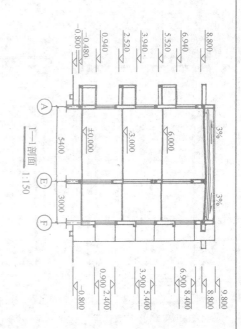

1—1剖面 1:150

门窗表

类别	编号	尺寸	数量	中南标准图集代号及备注
门	M_1	900×2100	18	88ZJ601-SM21-0921
	M_2	700×2100	12	88ZJ601-M21-0721
	MC_1	2300×2400	3	88ZJ601-SM92D-2424(参)
	MC_2	2300×2400	3	88ZJ601-SM92C-2424(参)
窗	C_1	1500×1500	12	88ZJ701-SC123-1515
	C_2	1200×1500	6	88ZJ701-SC122-1215
	C_3	900×1500	6	88ZJ701-SC122-0915
	C_4	1200×1500	2	88ZJ701-C122-1215

说明

1. 结合本校实际情况，阅读一套单体房屋（住宅或办公楼）的建筑及结构施工图。
2. 抄绘南立面、一层平面、1—1剖面，补绘北立面，比例1：100。A2图幅。
3. 抄绘楼梯间平面、剖面，比例1：30；补绘3—3剖面，比例1：20，A2图幅。
4. 未给定的有关尺寸，由任课教师提供。

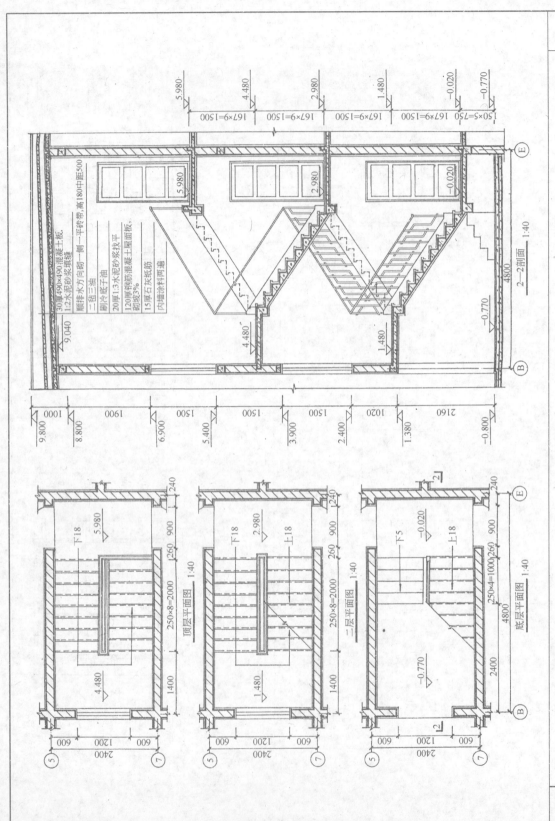

2—2剖面 1:40

顶层平面图 1:40

二层平面图 1:40

底层平面图 1:40

附图（建筑与结构施工图）

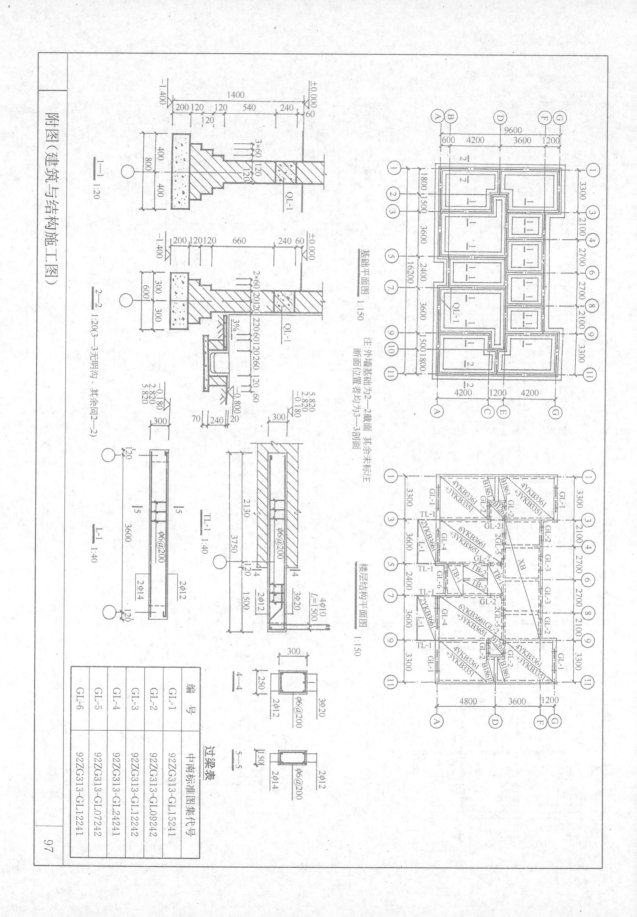

附图（建筑与结构施工图）

基础平面图 1:150

注：外墙基础为2—2截面，其余未标注
断面位置者均为3—3剖面。

楼层结构平面图 1:150

1—1 1:20

2—2 1:20(3—3无明沟，其余同2—2)

TL-1 1:40

L-1 1:40

过梁表

编号	中南标准图集代号
GL-1	92ZG313-GL15241
GL-2	92ZG313-GL09242
GL-3	92ZG313-GL12242
GL-4	92ZG313-GL24241
GL-5	92ZG313-GL07242
GL-6	92ZG313-GL12241

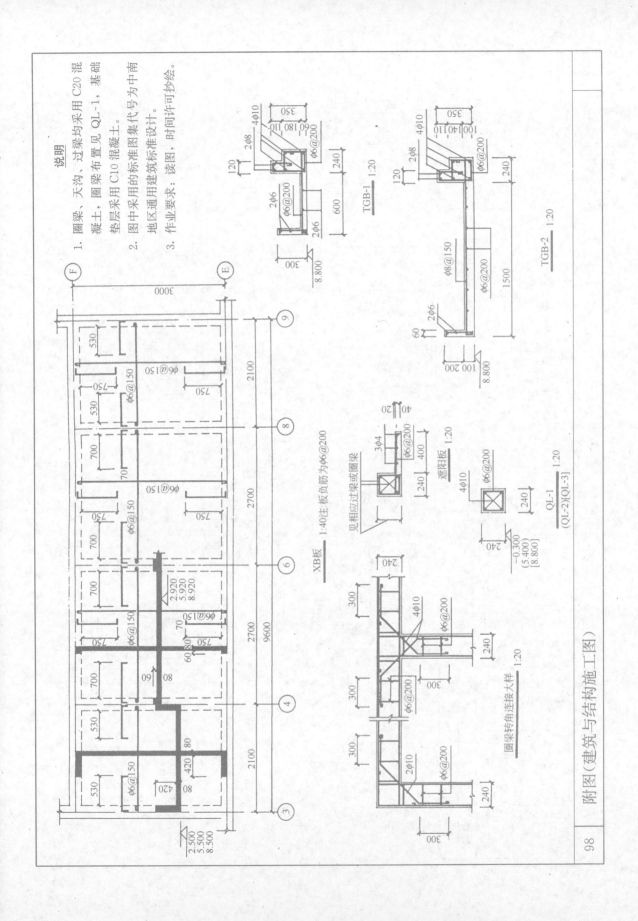

说明

1. 圈梁、天沟、过梁均采用C20混凝土，天沟、过梁均采用C20混凝土，圈梁布置见 QL-1，基础垫层采用C10混凝土。

2. 图中采用的标准图集代号为中南地区通用的建筑标准设计。

3. 作业要求：读图、时间详可抄绘。

TGB-1 1:20

TGB-2 1:20

遮阳板 1:20

QL-1 1:20
(QL-2)[QL-3]

XB板 1:40 注: 板负角筋为φ6@200

见相应过梁或圈梁

圈梁转角连接大样 1:20

附图 (建筑与结构施工图)

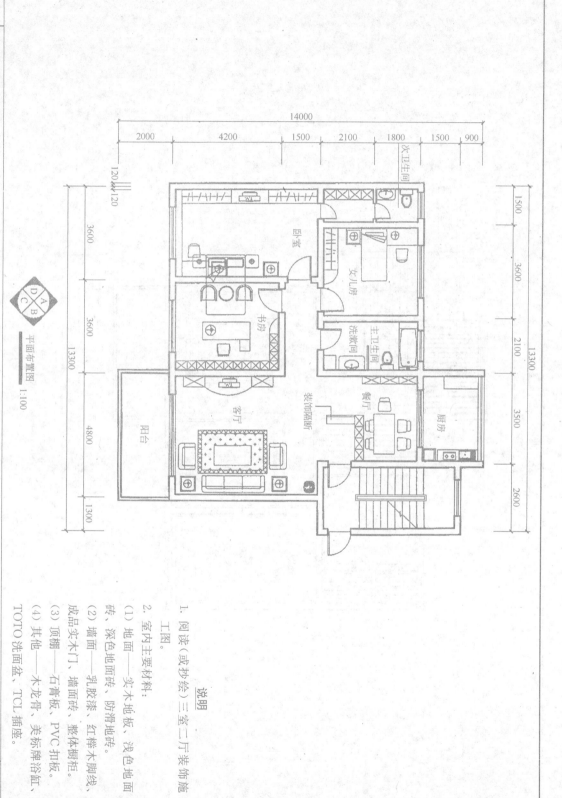

平面布置图
1:100

次卫生间
卧室
女儿房
书房
主卫生间
洗漱间
装饰隔断
餐厅
厨房
客厅
阳台

14000
2000　4200　1500　2100　1800　1500　900
13300
1500　3600　2100　3500　2600
120
3600　3600　4800　1300

说明

1. 阅读（或抄绘）三室二厅装饰施工图。
2. 室内主要材料：
   (1) 地面——实木地板，浅色地面砖，深色地面砖，防滑地面砖，红榉木脚线。
   (2) 墙面——乳胶漆，墙面砖，整体橱柜。
   (3) 顶棚——石膏板，PVC扣板。
   (4) 其他——木龙骨，美标牌浴缸，TOTO洗面盆，TCL插座。

成品实木门，墙面砖，

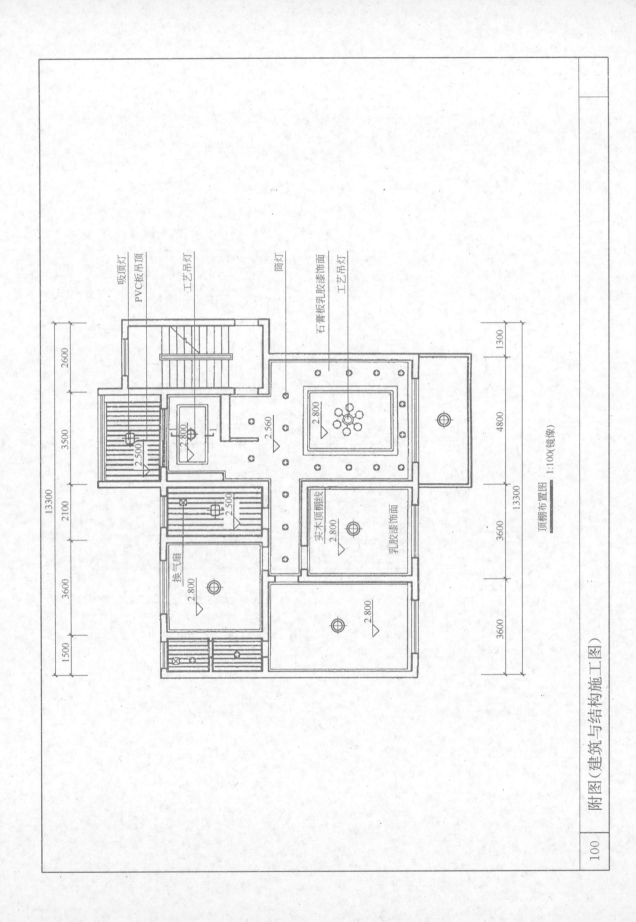

吸顶灯
PVC板吊顶
工艺吊灯
筒灯
石膏板乳胶漆饰面
工艺吊灯

2.600
3500
2100
3600
1500
13300

1300
4800
13300
3600
3600

2.500

2.800
2.560
2.800

2.500

实木顶棚线
2.800

乳胶漆饰面

换气扇
2.800
2.800

顶棚布置图　1:100(镜像)

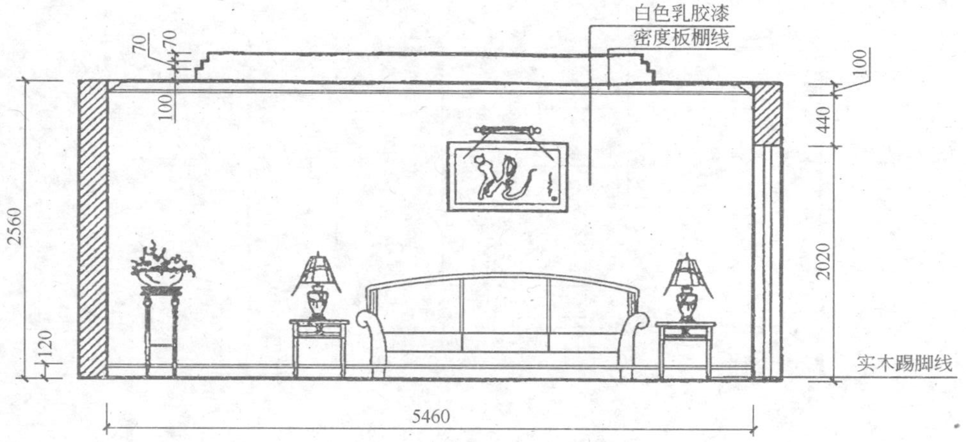

客厅B立面图 1:50

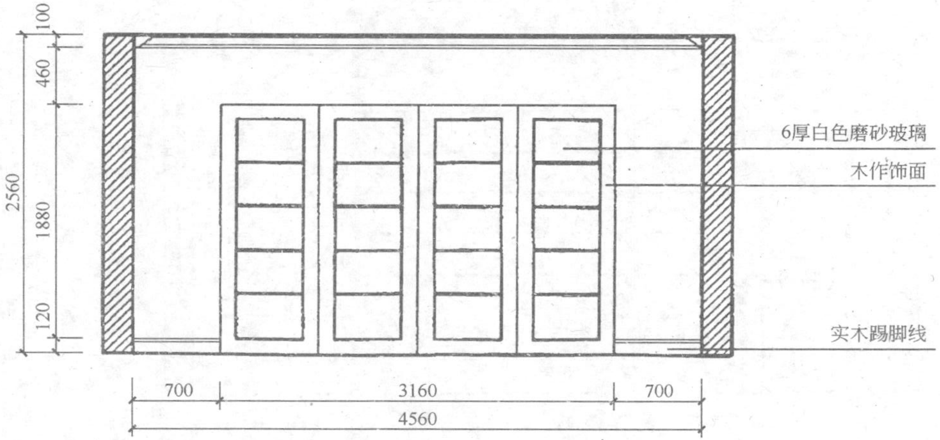

2560
120
2560
120
5460
70
70
100
100
2020
440
100

白色乳胶漆
密度板棚线

实木踢脚线

客厅C立面图 1:50

2560
120
1880
460
100
700
3160
4560
700

6厚白色磨砂玻璃

木作饰面

实木踢脚线

密度板棚线
密度板刷白色乳胶漆
白色乳胶漆
木作饰面
钛金装饰球
大理石台面
实木踢脚线
100
2340
120
450
3300
450
4200

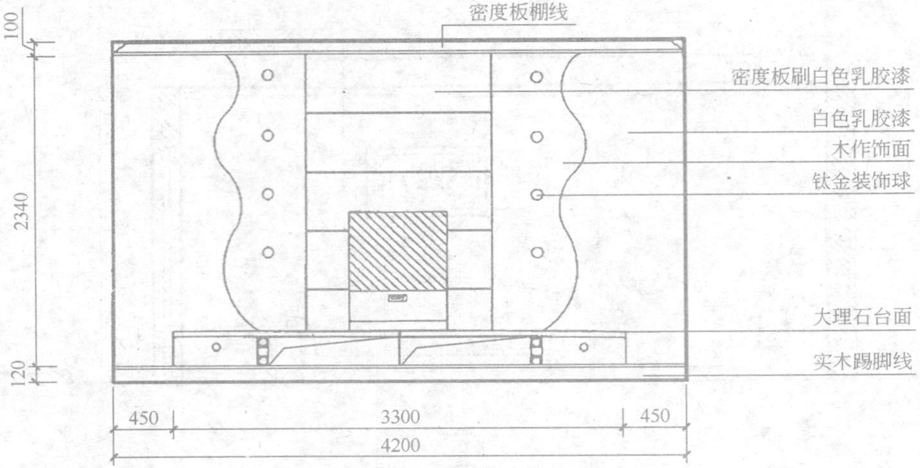

客厅D立面图 1:50

密度板刷白色乳胶漆
镜前灯
壁灯
2800
235
940
210
2800
1125
150
5460

卧室B立面图 1:50

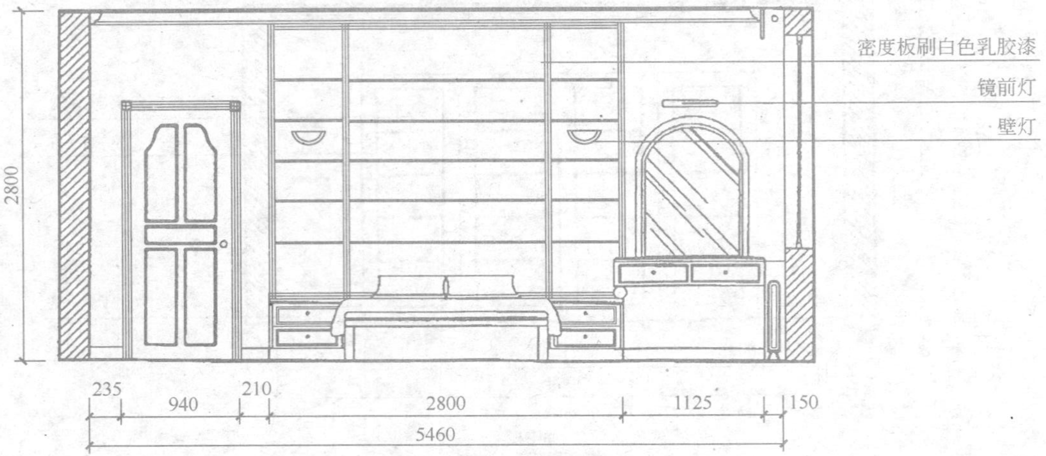

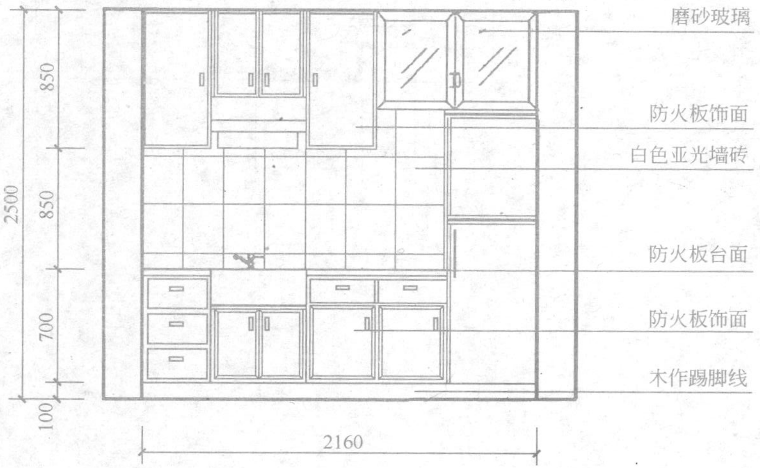

2500

100　700　850　850

2160

厨房B立面图

1:50

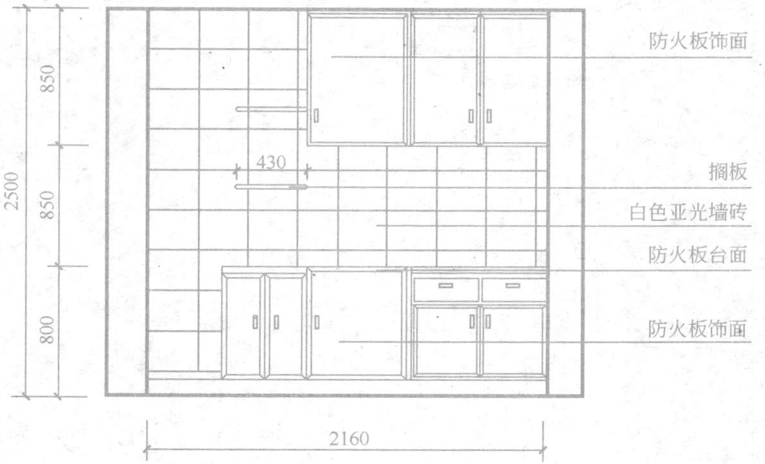

磨砂玻璃

防火板饰面

白色亚光墙砖

防火板台面

防火板饰面

木作踢脚线

2500

800　850　850

2160

430

厨房D立面图

1:50

防火板饰面

白色亚光墙砖

防火板台面

搁板

防火板饰面

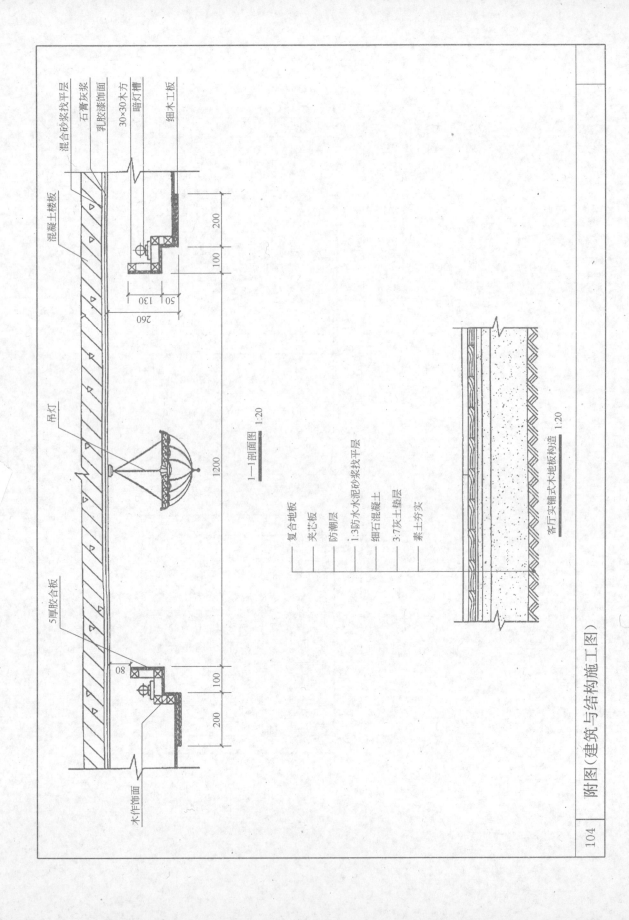

混合砂浆找平层
石膏灰浆
乳胶漆饰面
30×30木方
暗灯槽
细木工板

混凝土楼板

吊灯

1200

5厚胶合板

08

100

200

木作饰面

260
130
50
200
100

1—1剖面图 1:20

复合地板
夹芯板
防潮层
1:3防水水泥砂浆找平层
细石混凝土
3:7灰土垫层
素土夯实

客厅实铺式木地板构造 1:20

附图（建筑与结构施工图）

装饰隔断立面图　1:40

木作饰面

透空处安装6厚雕花玻璃

244　1000　144

40

2560
200　290　140　650　650　140　290　200

2—2剖面图　1:40

35×15木线

40

6厚雕花玻璃

15 15 5
10

木作饰面

15 40 40 15
5

3—3剖面图　1:30

15 40 40 15
5
10 95 10

52 15　15 15　15 52
20

1　1:5

35

15